日本藥妝美研購5

美研力爆發！不藏私日本藥妝特選搜查

日本薬粧研究家／鄭世彬・著

作者序

為了藥妝去旅行！

逛藥妝、買藥妝、理解藥妝

時間過得很快，自 2012 年從醫藥健康日中翻譯轉戰日本藥妝寫作，已經進入第 8 個年頭。一直受到讀者支持的東京、日本藥妝美研購系列，也順利推出第 7 集。在這幾年的採訪寫作生活當中，除了日本的企業經營與研究開發的精神之外，也見證過不少品牌的崛起與沒落。這對我來說，是相當珍貴的學習經驗。

藥妝美研購一直是以消費者與訪日觀光客的角度，設定讀者會感興趣的話題與專題。每一年在決定好整體架構，並且擬定企劃書之後，我就必須一一向廠商說明企劃並提出採訪申請。在採訪之後，除了整理成文章之外，為求內容正確無誤，總是得花上一個多月的時間，與數十家廠商的公關窗口進行校稿工作。在腦力及體力的龐大負荷下，讓我數度閃過放棄寫作的念頭。不過，總是有幾位貼心的讀者，在我想放棄的時候，來信詢問何時會出版新書。我想，這就是讓我能夠堅持至今的最大動力吧！

2019 年是相當特別的一年。在歷史上，日本揮別平成，正式進入令和時代。在藥粧史上，則是打破性別框架限制，男性彩妝崛起的男性美容元年。為迎接全新時代的來臨，日本流行色協會以日本傳統上最具代表性的三種花為藍本，將梅、櫻、堇這三種帶有粉紅色系及深紫色系的顏色作為令和慶祝色。眼尖的讀者或許已經發現，本書的封面正是以這三個元素為主題所設計的哦！

除了極具歷史性意義的男性美容元年專題之外，本書也收錄多個日本藥粧迷不可不知的話題。例如家中長輩指定購買的高回購率 B 群，**武田合利他命**的開發歷史；日用品大廠**花王**的百年洗淨史與美粧發展史；徹底剖析近 250 種產品成分，重視健康的現代人不可錯過的**健康輔助食品特輯**；以及在日本即將重新點燃熱潮，在醫療現場也備受重視的**碳酸保養**新知。

有關注我們粉絲團「日本藥粧研究室」的讀者們，應該也發現最近我們造訪法國的次數變多。自從我 2016 年首度踏上巴黎之後，就發現法國的藥粧市場與日本一樣有活力。許多人到法國旅遊時，到藥粧店添購美妝保養品也是重要的行程之一。

或許是語言隔閡的問題，在網路上所搜尋到的法國藥妝清單，內容總是大同小異，種類不到法國藥粧店裡的千分之一。其實，這個狀況跟十多年前的日本藥粧相同。當年的日本藥粧資訊不算發達，所以大家到日本所買的東西也都大同小異。隨著訪日旅遊人口增加，藥粧資訊的流通也更加頻繁，讓越來越多人不再跟風亂買，而是能在正確資訊的引導下，選擇自己真正需要的產品。

為了讓更多有趣且優秀的法國藥粧被看見，讓大家到法國後不再只買一樣的藥粧，我們正在努力與法國當地的廠商接觸。或許在不久的將來，我們也能提供法國藥妝資訊給各位讀者哦！

日本藥粧研究家 

CON
TENTS

備註

- 本書中的價格皆為日本藥粧研究室調查之未稅參考價格，實際販售容量及價格請以各賣場為準。
- 書中之產品資訊若與原廠有所不同，請以廠商公告之資料或官網為準。

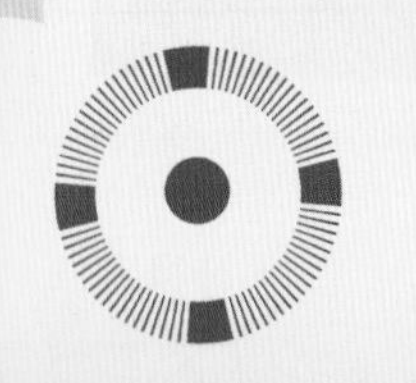

ビタミンC
胃薬
免税
TAX FREE
¥CASHIER
クスリ OSドラッグ

Chap1ter

日本藥妝必BUY筆記本

KOWA

第2類医薬品

新ウナコーワクール

添加兩種止癢成分，清涼感恰到好處的蚊蟲止癢液。透過罐子上的海綿頭，可將止癢液均勻塗抹於蚊蟲叮咬部位，使用起來相當方便。

池田模範堂

第3類醫薬品

ムヒS

許多日本家庭中都可見，熱銷多年的止癢藥膏。乳膏質地清爽好推展，塗抹後不會泛白或黏膩。清涼感較強，所以除了蚊蟲叮咬之外，蕁麻疹等皮膚搔癢症狀也適用。

家庭常備藥 20選

觀光客到日本旅遊時，一定會到藥妝店買些常備藥回國備用。雖然日本每一年都會推出新的OTC市售藥，不過仍有不少經典藥品還是大家至今指定購買的老品牌。在這邊，日本藥粧研究室就為大家整理出20項觀光客購物籃中常見的必BUY常備藥。

ロート製薬

第2類醫薬品

メンソレータムAD

俗稱藍色小護士的AD乳霜。添加3種止癢成分，而且質地較為濃密，適合用來對付乾燥引起的皮膚搔癢症狀，尤其是冬季沐浴後的皮膚搔癢感。不過AD乳霜屬於藥物，可別當保養品擦哦！

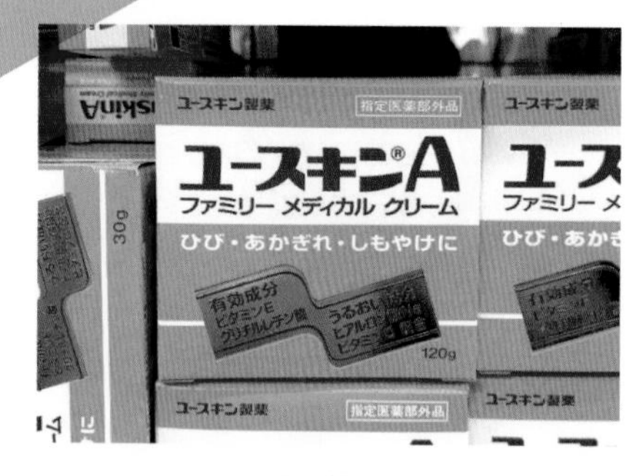

ユースキン製薬

指定醫薬部外品

ユースキンA

添加維生素B_2與E的淡黃色保濕乳霜，對於肌膚乾裂以及凍瘡等皮膚疾患都有不錯的效果。也能厚敷於粗糙的腳跟，讓腳跟變得柔嫩。

大鵬薬品工業

ゼノールチックE

第3類醫薬品

許多上班族抽屜裡都會放的痠痛棒。打開瓶蓋轉一轉，就可直接將對付肌肉痠痛的藥物成分塗抹於患部，使用起來方便不沾手。

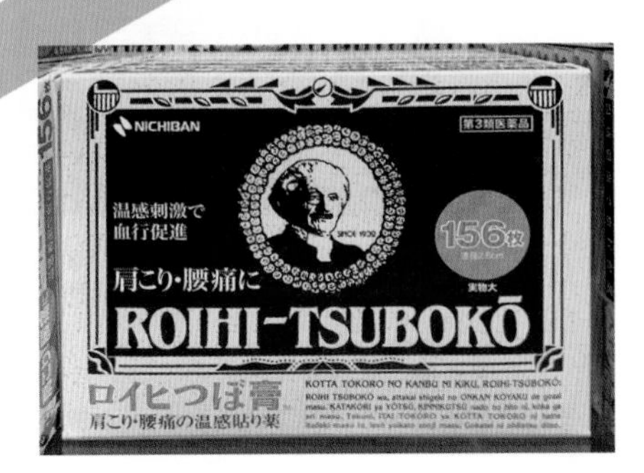

ニチバン
ロイヒつぼ膏TM

第3類
医薬品

製作成圓形的痠痛貼布，可搭配穴位貼在痠痛部位上。溫熱感頗為強烈，建議沐浴後隔一段時間再使用。

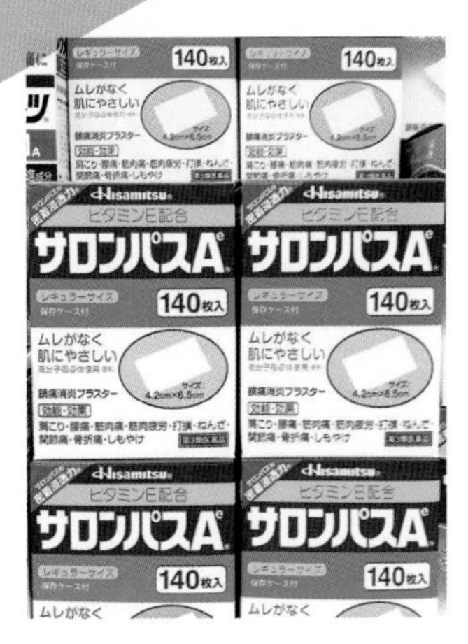

久光製薬
サロンパスAe

第3類
医薬品

添加維生素E，可促進血液循環的痠痛貼片。日本當地的大盒裝版本價位相當親民，是許多人到日本旅遊時都會搬回家的基本款痠痛貼布。

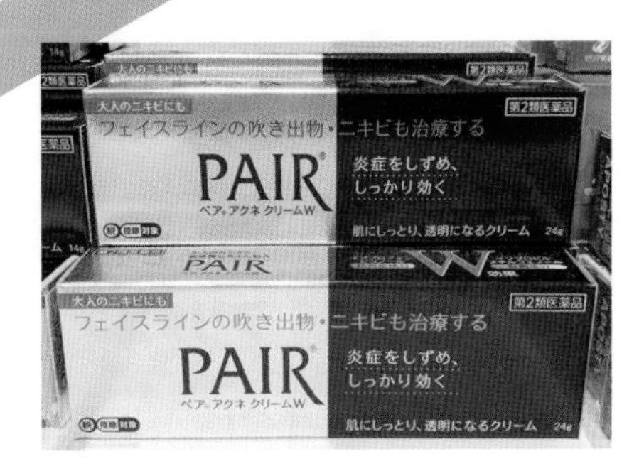

ライオン
ペアアクネクリームW

第2類
医薬品

添加兩種消炎抑菌成份的痘痘乳膏。塗抹後不會泛白留下痕跡，就算是化妝也不會影響妝感，而且也不會散發出硫磺等異味。

資生堂薬品
モアリップ

第3類
医薬品

搭配5種能夠消炎、修復、代謝成分，可用來對付雙唇乾裂與脫皮等問題的護唇膏。除此之外，也可以拿來改善嘴角發炎。在分類上屬於第三類医薬品，並非是保養品哦！

参天製薬
FX NEO

第2類
医薬品

超涼眼藥水的始祖級產品，至今仍是相當熱門的眼藥水，甚至有不少藥妝店將其作為攬客商品，不時推出令人不禁懷疑自己看錯標價的破盤價。

ロート製薬
ロートリセ
コンタクトw

第3類
醫薬品

即使包裝上已經沒有小花圖樣，仍然被暱稱為小花眼藥水。由於包裝配色可愛，外盒上印有隱形眼鏡圖樣的版本，是不少佩戴隱形眼鏡的女性上班族日常必備的眼藥水。

エスエス製薬
イブクイック頭痛薬

指定第2類
醫薬品

白盒EVE是長銷多年，許多人到日本旅遊時都會購買回國的止痛藥。藍盒EVE QUICK則是因為效果較白盒版本快且搭配護胃成分，在這幾年成為觀光客的新選擇。

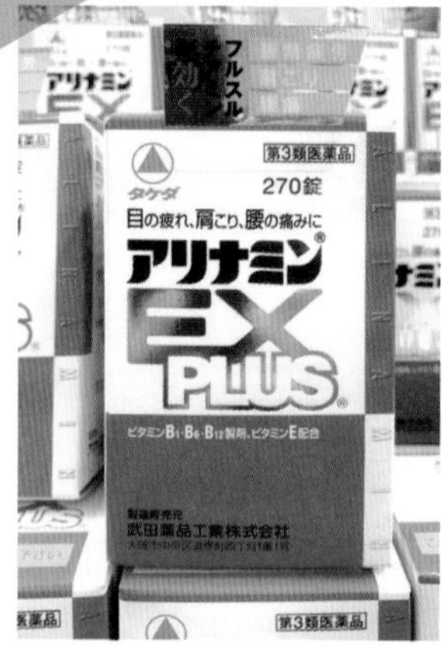

武田
コンシューマー
ヘルスケア
アリナミン
EX プラス

第3類
醫薬品

以維生素B_1衍生物為主打成分，可用來輔助對付疲勞、肩頸痠痛以及腰痛等惱人問題。不只是一般上班族，就連忙碌的家庭主婦也需要，甚至是許多長輩指定想要的健康伴手禮。

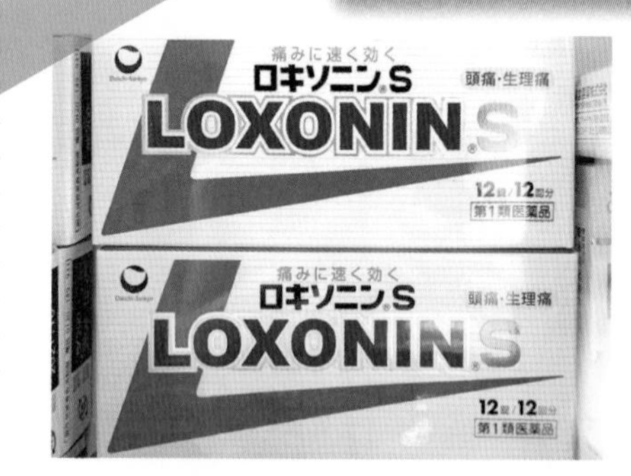

第一三共ヘルスケア
ロキソニンS

第1類
醫薬品

講求速戰力且止痛效果表現優秀的止痛藥。不只是日本人，也有不少外國遊客指名購買。由於是第一類醫藥品的關係，只能在有藥劑師執業的藥妝店裡才能入手。

龍角散
龍角散ダイレクト

第3類
醫薬品

採用好吞服的即溶顆粒技術，搭配薄荷及桃子兩種討喜的口味。華麗變身的止咳化痰百年老藥，這幾年一直都是訪日觀光客必掃的喉嚨保養良方。

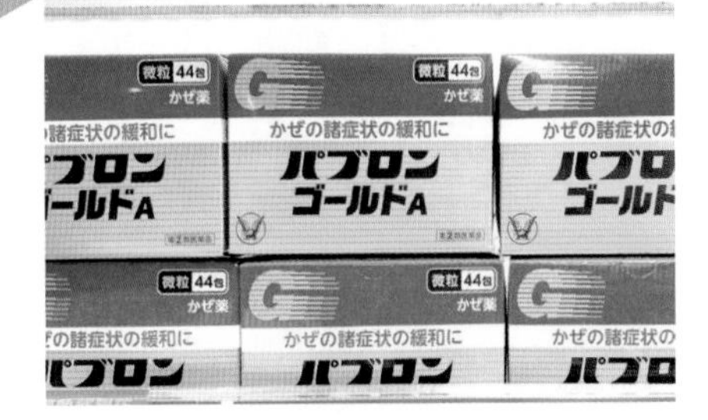

大正製薬

指定第２類 醫薬品

パブロン ゴールドA

適合12歲以上服用，眾多台灣旅客都會採購的綜合感冒藥粉。雖然味道有點苦，但因為藥粉本身溶解速度快，吞服起來算是方便。

KOWA

第２類 醫藥品

キャベジンコーワα

添加輔助修復胃部黏膜、制酸、健胃、幫助消化等成分，是許多台灣婆婆媽媽指定購買的胃腸藥。因為搭配脂肪酶的關係，特別適合用於飲食油膩所引起的胃部不適。

わかもと製薬

強力わかもと

指定 醫藥部外品

以啤酒酵母為基底，搭配乳酸菌及消化酵素，不只能夠用於改善腸胃不適與便祕，還能補充人體營養素。無論是在日本或台灣，都是許多家庭必備的胃腸藥之一。

大正製薬

新ビオフェルミンS細粒

指定 醫藥部外品

添加3種乳酸菌的新表飛鳴，一直是許多媽媽用來改善小朋友便祕與腸道健康的常備藥。因為方便小朋友吞服的粉末狀產品只在日本銷售，所以許多人到日本也會將它搬回家。

太田胃散

第２類 醫藥品

太田胃散〈分包〉

長銷超過百年的太田胃散，不管是在台灣或日本，都是跨世代的家庭常備藥。由於罐裝版本不易攜帶，所以這種分包型產品廣受上班族青睞。

美妝保養&雜貨 20選

除了常備藥之外，許多人到日本旅遊時，也會順道帶回CP超高的開架美妝，以及一些大家用過都說好的美妝雜貨。在這邊，日本藥粧研究室就來告訴大家，有哪些開架美妝與雜貨是不容錯過的必BUY品項！

FANCL
マイルド クレンジング オイル

從1997年上市以來，銷售量早就突破7,000萬瓶的高人氣卸妝油。質地溫和不刺激，卻擁有極為優秀的卸妝力，就連防水彩妝也能輕鬆卸除。

資生堂
專科 パーフェクト ホイップu

可以簡單搓出濃密泡泡，洗後不會感到緊繃的洗面乳。近年來除了華人之外，泰國等東南亞各國觀光客也加入搶貨的行列。

コーセー
雪肌粋 White Washing Cream

日本7&i集團與日本高絲共同開發，只能在7-11以及伊藤洋華堂等集團門市才能入手的台灣旅客最愛洗面乳。搭配漢方草本成分，主打特色是可讓肌膚更顯透亮。

カネボウ化粧品
suisai ビューティ クリアパウダー ウォッシュ

搭配兩種酵素及胺基酸洗淨成分，可溫和潔淨毛孔深層髒汙及老廢角質的洗顏粉。方便攜帶的個別包裝，是不少人外出旅遊時的必備美妝品。

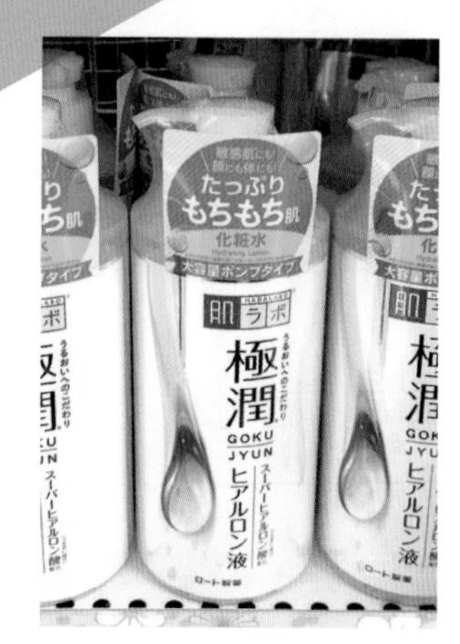

ロート製薬
肌ラボ 極潤 ヒアルロン液

基底為3種分子不同的玻尿酸，就連敏感肌也能使用的保濕化妝水。熱銷多年仍是藥妝店的人氣化妝水，最近甚至推出400ml大瓶裝，方便全家大小一起使用。

菊正宗
日本酒の化粧水

來自關西兵庫的百年清酒廠，日本開架化妝水界的黑馬。利用富含胺基酸保濕成分的清酒作為基底，使用起來清爽且保濕力高，加上價位相當親民，可說是CP值極高的開架化粧水。

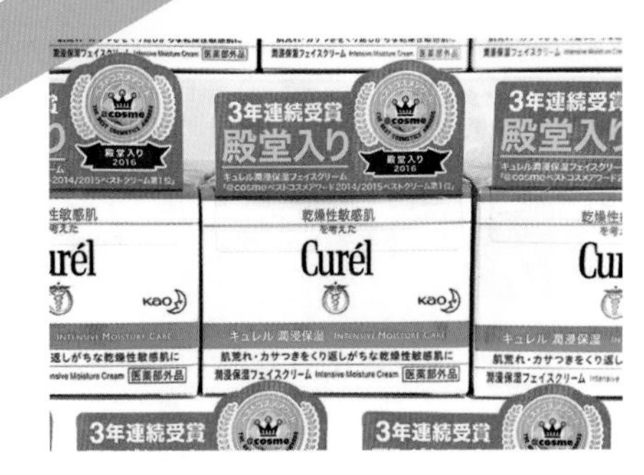

花王
Curél 潤浸保湿フェイスクリーム

專為乾燥敏弱肌所開發，保濕力表現極為優秀的乳霜。在日本已經是深受日本人肯定的殿堂級開架保養單品，近年來則是受到越來越多外國人青睞。

石澤研究所
毛穴撫子
お米のマスク

因為保濕力表現佳，而且面膜紙服貼度也棒而爆紅的大米面膜。包括東京與大阪等都會圈，曾經因為外國觀光客瘋搶而一度大缺貨，至今仍有購買數量上限的規定。

コーセー
コスメポート
美肌職人

面膜紙融合手工和紙製法，不只是服貼度佳，還能搭配各種美肌成分發揮極佳的保濕效果。品牌系列誕生才短短的2年不到，就已經狂銷超過200萬包。

ウテナ
プレミアムプレサ
ゴールデンジュレマスク

強調保濕力，美容成分不易乾燥且有彈力的果凍凝露面膜始祖。自從2014年上市以來，短短4年就狂銷4,800萬盒，是許多藥妝店都會大量鋪貨的熱門商品。

花王
ビオレ UV アクアリッチウォータリーエッセンス

質地極為輕透水感，同時能發揮完整防護力的殿堂級防曬精華。在今年的最新改版中，強調防曬範圍涵蓋皮膚上細微的小皮溝。對於喜歡清爽使用感的人，是夏季不可缺少的防曬幫手！

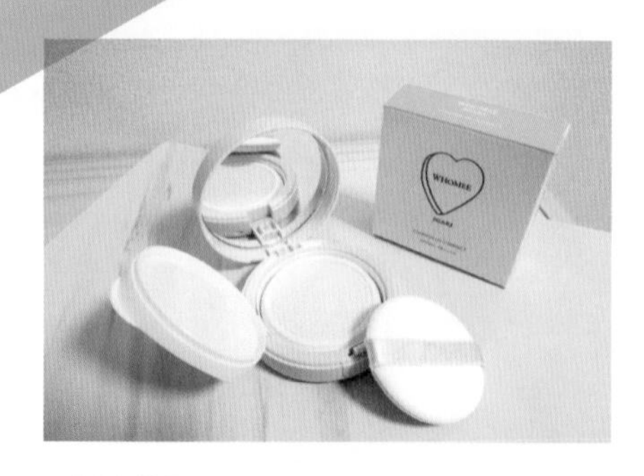

WHOMEE
クッション UV コンパクト

日本藥粧研究室的2019年私心推薦防曬單品。打破傳統防曬的框架，使用起來就像是氣墊粉餅一樣方便。即便是上班或外出時補擦防曬，也不必擔心弄髒雙手！

DHC
薬用リップクリーム

基底為橄欖油，潤澤保濕機能相當優秀的護唇膏。上市20年以來，已經狂銷20億支。日本當地的價位相當親民，是不少人到日本都回大量掃貨的開架護唇膏。

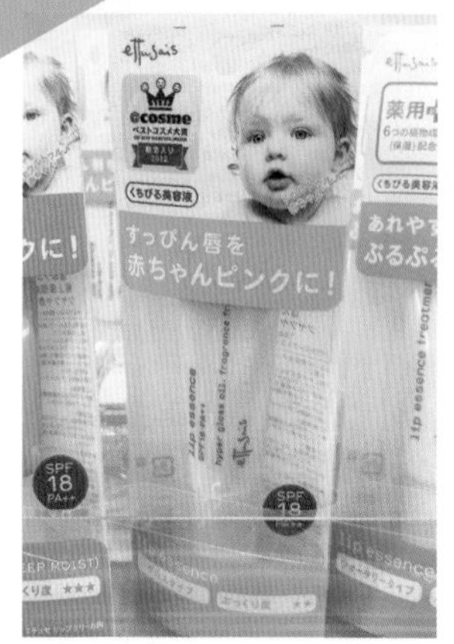

ettusais
リップエッセンス

在日本美妝界獲獎無數，可瞬間滋潤雙唇顯，就像嬰兒般粉嫩的護唇蜜。不只是滋潤還帶有基本的防曬係數，而且使用後雙唇會散發出健康的光澤感。

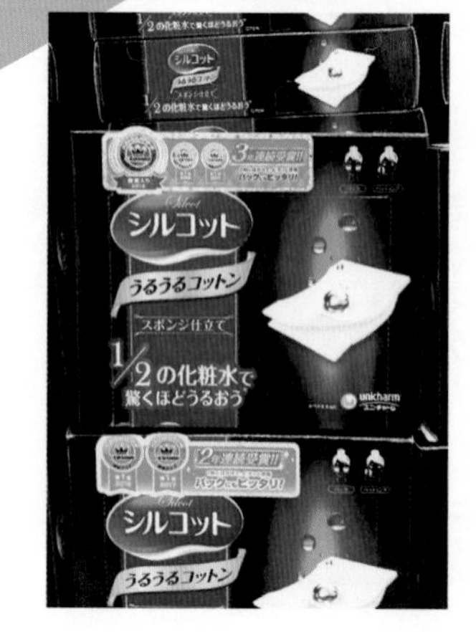

シルコット
うるうるスポンジ仕立て

超級適合搭配化妝水，用來濕敷全臉的化妝棉。化妝棉本身就像海綿一樣吸住化妝水，並在接觸肌膚的同時分批釋放，完全不會浪費化妝水。獨特的波浪狀剪裁與騎線裁切，可簡單撕成兩片，沿著臉部線條服貼於肌膚之上。

ライオン

足すっきりシート 休足時間

搭配5種舒緩草本成分，使用起來帶有清涼感的足部冷卻貼片。不管是逛街走到鐵腿或是工作久站，都很適合在洗澡後貼在小腿肚及腳底，讓疲累的雙腳休息一下。

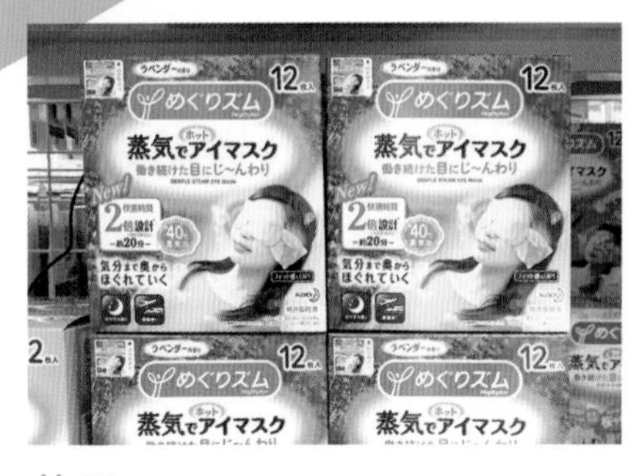

花王

めぐりズム 蒸気でホットアイマスク

喜愛日本藥妝的人，應該都使用過花王美舒律的蒸氣眼罩。採用獨家技術，不只是40℃的溫熱感，還能為眼部及周圍肌膚進行20分鐘舒服的蒸氣浴。對於用眼過度的現代人來說，是相當不錯的舒緩小物。

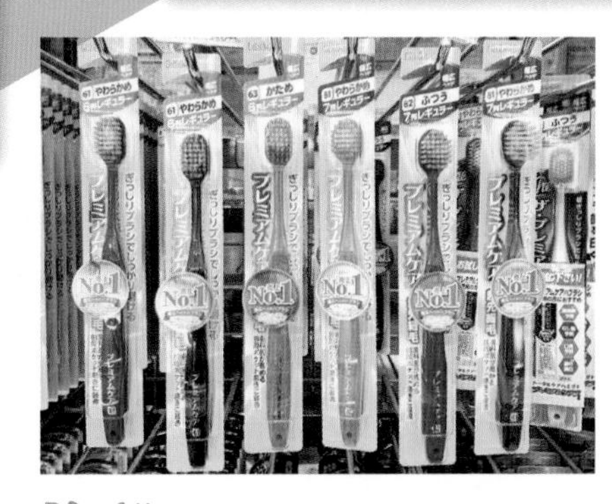

EBiSU

プレミアムケア

使用感相當特別的大刷頭牙刷。不只是刷毛濃密，而且大刷頭可大範圍刷淨牙齒上的牙垢，同時為牙齦進行按摩，是一種使用後就會上癮的神奇牙刷。

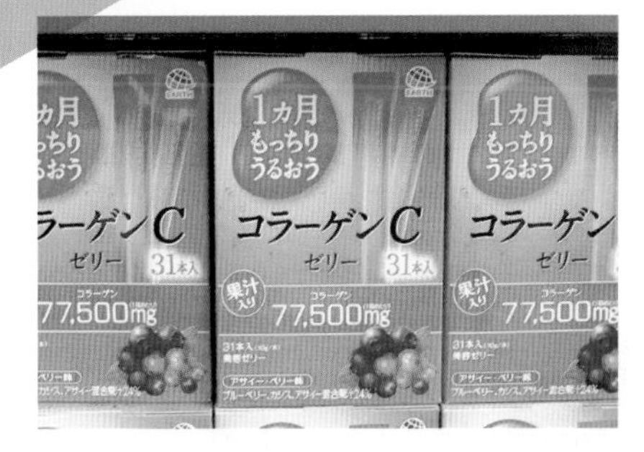

アース製薬

コラーゲンC ゼリー

不需要沖泡或加到其他食物當中，吃起來就像零食一樣美味的美容果凍。除了熱門的膠原蛋白之外，還有玻尿酸、胎盤素以及乳酸菌等類型。

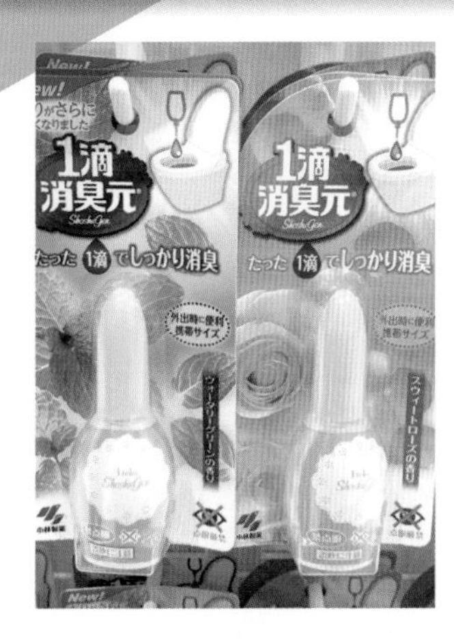

小林製薬

1滴消臭元

近年來超搶手的如廁禮貌小物。上廁所之前，只要滴1滴在馬桶當中，就能消除如廁過程中所產生的異味。小小一瓶在手，就不必擔心上廁所之後會面臨被聞到的尷尬場面。

ビタミンC
アリナミン
EX PLUS
世界で初めてつくられた
新型ビタミンB1剤
★食欲不振 疲労 脚気 肺結核の補助療法
★リウマチ 神経痛 神経炎 坐骨神経痛
アリナミン
糖衣錠
武田薬品工業株式会社

Chap 2 ter

全球前十大製藥巨頭
武田藥品工業與合利他命

創立 240 年

日本罕見的全球規模化製藥公司 武田藥品工業

“

因為合利他命 EX PLUS 以及武田漢方便秘藥等市售成藥的關係，不少台灣人都認識武田藥品工業這家日本製藥界的領頭羊。不過許多人都不曉得，武田藥品工業創立至今即將滿 240 年。在 2019 年收購愛爾蘭專精罕見疾病藥物的夏爾藥廠（Shire）之後，更是一躍成為亞洲第一，同時也是全球十大藥廠之一。在日本製藥界當中，是相當少見的全球規模藥廠。然而，回顧武田藥品工業過去 240 年的歷史，其實不難發現其全球化的腳步走得相當早。

”

以誠實建立信用，成功開拓創業之路

武田藥品工業創始人——近江屋長兵衛

武田藥品工業的企業歷史起點，就在美國獨立之後，法國大革命之前的 1781 年。在如此動盪不安的年代當中，武田藥品工業的創業者「近江屋長兵衛」在大阪素有藥街之稱的道修町開設一家**「藥種仲買商店」**。簡單地說，就是從大盤藥商那邊批貨之後，再分裝銷售給各地的小藥商或醫師。

相傳當年有不少藥商，都會浮報藥草重量，或是利用泡水的方式增加藥草重量，藉此在短時間內增加收益而致富。然而近江屋長兵衛並不為所動，堅持以公正且誠實的方式買賣藥草。這樣的從商態度讓他深受客戶信賴，而且業績也蒸蒸日上，為日後的武田藥品工業奠定下穩定的基礎。

獨到精準的遠見，及早展開西藥進口銷售

在結束 200 多年的鎖國政策之後，日本接受大量的西方事物，並且加快近代化的腳步。對於武田藥品工業而言，1871 年可說是相當重要的改革點。第一個改革點，就是在日本頒布戶籍法之下，**第四代長兵衛**將近江屋改姓為**「武田」**。若當年未選擇改姓為武田，那麼今日的武田藥品工業的名稱就可能會是完全不同的名稱。

另一個改革點，就是第四代長兵衛有著過人的遠見。當藥街業界都還在以傳統草藥為商的時候，就看見西藥發展的前瞻性，因此便和關係良好的同業夥伴，在橫濱共組西藥進口公會，並從 1895 年開始透過外國商務使館，與英、美、德、西等國展開西藥買賣。不僅如此，第四代長兵衛更是在 1907 年的時候成為**德國拜耳**在日本的總經銷商。從此之後，武田藥品工業便從傳統的草藥商成功轉型，將事業重心鎖定在西藥買賣。

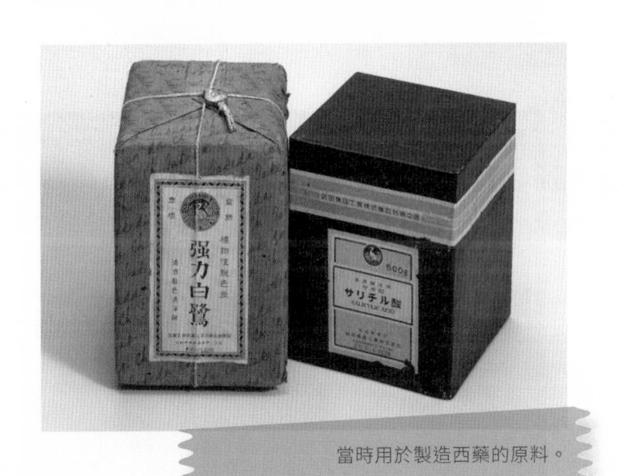

當時用於製造西藥的原料。

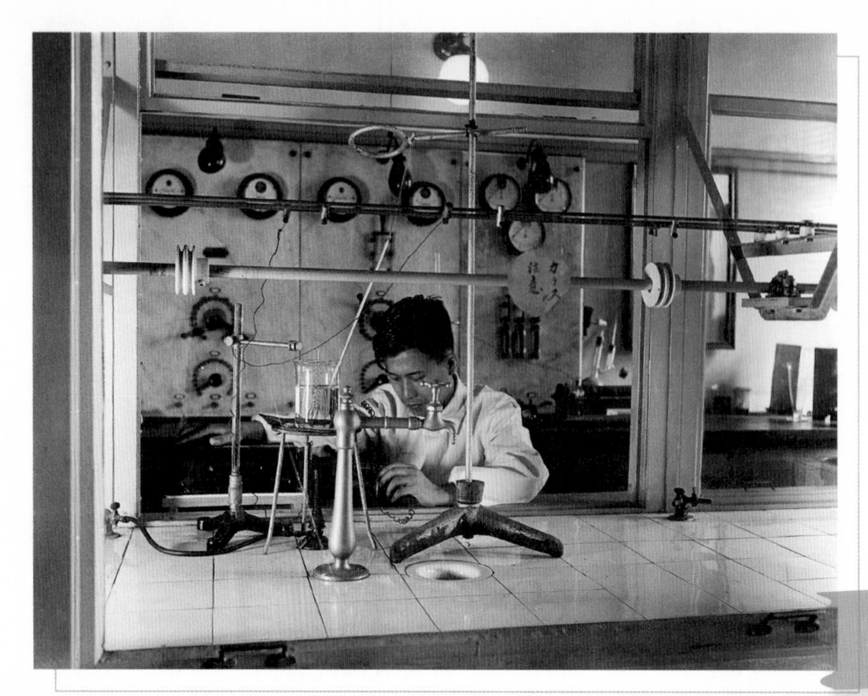

1915 年成立的武田製藥所，可說是百年以上歷史的武田藥品工業研發體制之基礎。

從進口原料到自製國產西藥，逐步成長至具備開發新藥能力

第四代長兵衛在 1895 年時，隨著橫濱港開放國際貿易，開始從歐美各國進口西藥原料，同時也在大阪成立**「內林製藥所」**，躍身成為生產西藥的製藥公司。後來到了第一次世界大戰期間，由於來自德國的進口藥品中斷供給，因此長兵衛便決定輸入原料，自行生產鎮定劑、止痛劑與葡萄糖注射液等西醫用藥。除了供給國內市場需求之外，更進一步出口至中、美、俄等國，堪稱是日本最早展開藥品輸出事業的製藥公司之一。

隨著製藥事業步上軌道，長兵衛在 1915 年成立武田製藥所，並且設立研發部門，展開研發新藥與藥品研究的新事業。武田製藥所的誕生，是武田藥品工業百年以上的研發體制基礎，可說是整個企業史上最重要的里程碑之一。

1920 年代位於大阪道修町一帶的武田店鋪。

展開企業法人化，挺過天災與戰亂接踵而來的混亂年代

隨著第五代長兵衛接班，武田製藥所逐步發展成為一個具備藥品製造與研發能力的製藥公司。因此在 1925 年時，長兵衛將長達一百多年的世代傳承個人商店法人化，成為**「株式會社武田長兵衛商店」**，並在 1943 年時改組成為現今廣為人知的**「武田藥品工業株式會社」**。

在這段期間，日本經歷重創東京的關東大地震，以及百廢待舉的第二次世界大戰。對於武田藥品工業而言，接踵而來的天災人禍是前所未有的考驗，同時也是奠定日後基礎的動力。

全力投入維生素製劑研發，同時在亞洲擴展事業版圖

在第二次世界大戰之後，由**第六代長兵衛**領導的武田藥品工業逐步邁向另一個事業高峰。在這個階段當中，在關注日本國民營養不良的問題之下，武田藥品工業全力投入研發維生素製劑，並在 1950 年推出日本第一瓶綜合維生素製劑**「パンビタン」(PANVITAN)**。同時間，在深入研究維生素 B_1 與人體健康的關聯性之下，催生出熱賣 65 年的長銷維生素 B 群製劑「合利他命」系列。

武田藥品工業與台灣的關係，其實最早可追溯至 1935 年。當時武田藥品工業在台北市開設**台北出張所**，作為銷售醫藥品的重要據點。甚至在六年之後，將原本的出張所升格為台灣武田藥品株式會社，並且同時在台東與苗栗等地設立工廠。然而，隨著第二次世界大戰落幕，武田藥品工業不得不退出台灣市場。

不過在第六代長兵衛的國際化策略下，武田藥品工業於戰後的 1962 年便再次往海外發展，而**台灣**正是他重回國際舞台的**第一站**。正是這樣的長期深耕，才讓台灣民眾對於武田藥品工業以及合利他命如此熟悉與信賴。

1960 年代的台灣武田公司。

武田藥品工業與武田コンシューマーヘルスケア

初代長兵衛於 1781 年白手起家的藥草買賣事業，於 1925 年正式法人化，並於 1943 年改組為沿用至今的武田藥品工業株式會社。在過去近 240 年的時光當中，武田藥品工業從世代傳承的個人商店，不斷成長與壯大成為今日的國際級製藥大廠。

除了一般訪日旅客所熟悉的合利他命等 OTC 醫藥品之外，擁有高端研發能力的武田藥品工業在國際上更是規模少見的跨國製藥公司。由於日本近年來提倡健康壽命與自我療護等健康概念，武田藥品工業於 2016 年分化出新的子公司「武田コンシューマーヘルスケア」(Takeda Consumer Healthcare)，藉此強化合利他命等 OTC 醫藥品與保健食品事業。正因為如此，合利他命外盒與瓶身上所標示的廠商名稱，才會從原本的**武田薬品工業株式会社**更改為**武田コンシューマーヘルスケア株式会社**。

武田藥品工業企業LOGO演進

1781年　抱山本印

創始初期「近江屋長兵衛商店」所採用的第一個LOGO。設計概念為兩座山上下接合在一起，因此被稱為「抱山」。這兩座山則是分別代表長兵衛的故鄉近江（今・滋賀縣）以及創業地大阪。

1898年　魚鱗印

1898年所註冊的商標，最早是使用在符合當時日本製藥規範標準的醫藥品包裝上。圓圈當中的三角形代表魚鱗，和年輪一樣能夠隨著成長持續刻劃軌跡，因此被視為吉利的象徵。因為辨識度高，所以在1943年改組為武田藥品工業株式會社時，成為象徵企業形象的企業LOGO，也是許多台灣人熟悉的標章。

1909年　白鷺印

將純白的白鷺作為主角的商標。雖然現今已經不再使用，但在當時則是使用於品質比日本製藥規範標準還高的高純度藥品之上。

1961年　國際化LOGO

1961年創業180周年時所設計的LOGO，從創業初期的抱山本印簡化而來，並將中央文字改成武田拼音「Takeda」的海外取向版本LOGO。隨著武田藥品工業的全球化腳步，大家所熟悉的魚鱗印即將在2019年4月功成身退，並由這個原本只用於日本海外的標章，正式成為武田藥品工業的全新企業LOGO。因此，合利他命的包裝上，預計將可能會陸續更換成這個版本的LOGO。

▶ 大蒜與維生素 B_1 ◀

合利他命
息息相關的兩大關鍵字

▶品牌誕生於 1954 年，在今（2019）年迎向 65 周年的合利他命，在台灣認知度極高，許多訪日台灣遊客都會購買回國必買單品之一。除了自用之外，更是許多長輩指定想要的保健伴手禮。

“

合利他命的日文名稱為「アリナミン」，其英文標示為「Alinamin」。說到合利他命的品牌名稱由來，就不得不提起合利他命的靈魂成分「維生素 B_1 衍生物」。全球最早被發現的第一項維生素 B_1 衍生物，就是由大蒜及維生素 B_1 所組成，因此在命名時便以大蒜的學名「Allium Sativum」以及維生素 B_1 的學名「Thiamin」，組合出「Allithiamine」這個中文名稱為「蒜硫胺素」的成分。由於第一代合利他命是從蒜硫胺素的改良研究下誕生，因此便以其英文名稱創造出「Alinamin」這個產品名稱。爾後，合利他命隨著時代與消費者的需求不斷進化，並且衍生出一系列的產品，成為日本藥妝店中認知度極高的維生素 B 群製劑品牌。正因為是史上第一個維生素 B_1 衍生物的開發並持續改良者，所以才能開發出長銷 65 周年，備受日本人與台灣人所信賴的合利他命。

”

維生素B群與人體健康

目前發現的維生素共有13種，其中被歸類在維生素B的類型就多達8種之多，而這些維生素B就是我們常說的「維生素B群」。在人體許多代謝及能量產生活動當中，維生素B群都扮演著相當重要的觸媒角色。尤其是維生素B群當中的B_1、B_6及B_{12}更是維持神經系統機能正常運作的營養成分，因此用於改善神經痛、手腳發麻、眼睛疲勞、肩頸僵硬以及腰痛等健康問題的醫藥品當中，也都常見這些維生素B群成分。

從合利他命EX PLUS的配方
探索維生素在人體健康上所發揮的機能

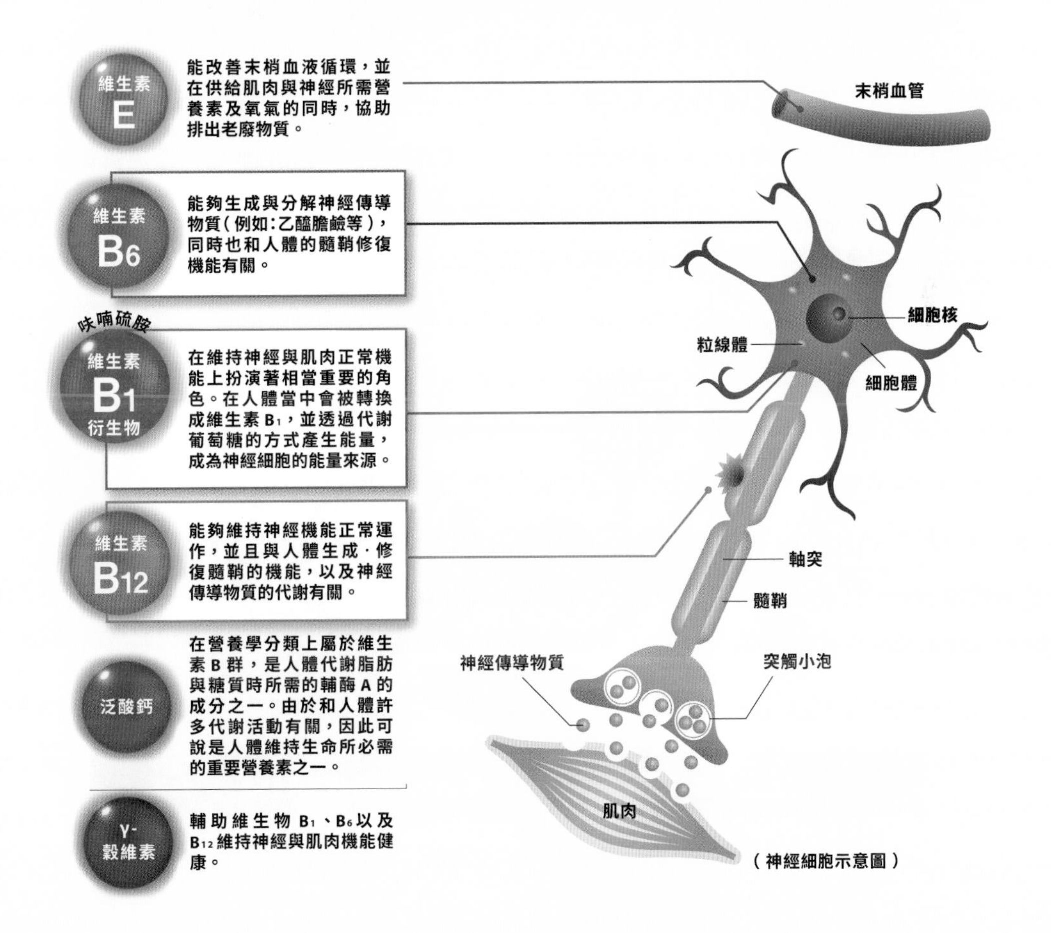

（神經細胞示意圖）

抗疲勞與維持神經機能健康

合利他命的核心成分 維生素 B_1

“合利他命品牌旗下所有的產品，都有個共同的核心成分，那就是維生素 B_1 衍生物。大家都知道，當人體缺乏維生素 B_1 時，就會容易引發能量不足，這也是造成疲勞的原因之一。從現今的營養學觀點來看，維生素 B_1 的主要功能有以下兩種。”

透過代謝產生能量

在人體代謝糖質的過程當中，維生素 B_1 是相當重要的一種營養素。當人體當中缺乏維生素 B_1 時，就會無法順利透過代謝糖質的方式來產生能量，進而造成身體容易處於疲勞狀態。因此在感到身體疲勞時，補充維生素 B_1 便是很重要的一件事。

輔助神經機能維持正常

葡萄糖是人體全身神經細胞的養分來源，但若是缺少維生素 B_1 代謝葡萄糖的作用，神經細胞就會因為營養不足而無法正常運作。由於部分神經痛問題是神經機能異常所引起，因此補充維生素 B_1 也能有助於改善部分神經痛等問題。

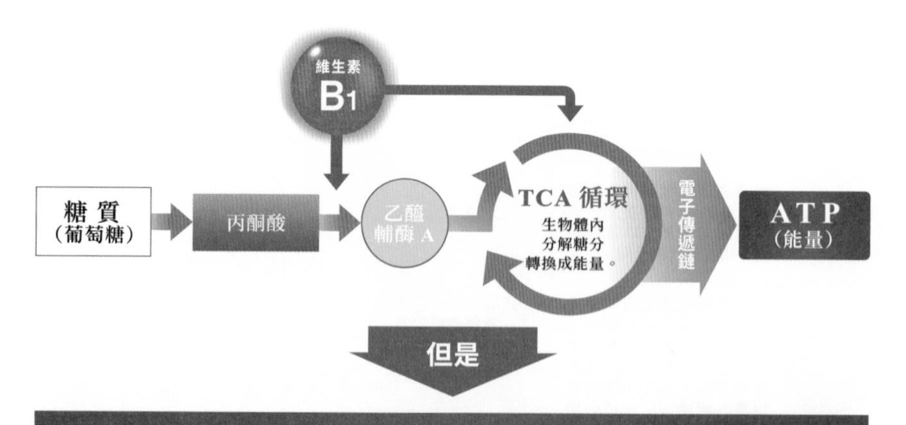

▲ 維生素 B_1 作用機轉圖

從腳氣病預防治療中，被發現的維生素 B_1

現代人營養不良的問題已大幅改善，因此對於腳氣病這種缺乏維生素 B_1 所引起的疾病較為陌生。然而在過去的日本，腳氣病曾經是動搖國本的神祕疾病，直到發現腳氣病與維生素 B_1 有關之後才獲得控制。

在日本歷史當中，腳氣病最早可追溯至西元 8 世紀的奈良時代，甚至在源氏物語等平安時代的經典文學當中，都可見腳氣病相關記載。

不過直到 17 世紀的江戶時代，日本人才開始意識到腳氣病的嚴重性。當時許多從農村移居到江戶城（今・東京）這個都會區的人，都因為飲食習慣改變的關係而罹患腳氣病，因此還被稱為「江戸患い」（江戶病）。在這背後最大的飲食習慣變化，就是主食從原先的糙米變成白米。

在日本展開現代化改革的明治時代，腳氣病因為患者暴增而成為日本的國民病。當時日本海軍的軍醫高木兼寬認為腳氣病可能與白米飲食有關，因此他便大膽地進行一項實驗，那就是把日本海軍飲食中的白米改成麵包。沒想到，如此一來竟然讓日本海軍的腳氣病患者人數大幅減少。

維生素 B_1 容易攝取不足的原因

在維生素 B 群當中，維生素 B_1 堪稱是最容易有攝取不足問題的種類。最主要的原因，包括維生素 B_1 不易受人體吸收，而且也容易在清洗與烹調過程當中流失。

另一方面，富含維生素 B_1 的食物包括糙米、豬肉、鰻魚以及大蒜。現代人大多攝取精米，或是因為限醣飲食而減少穀類攝取量，有些人則是飲食習慣問題而極少攝取豬肉、鰻魚或大蒜。因此很可能會在不知不覺當中，讓自己的身體長期處於維生素 B_1 不足的狀態之中，這也是現代人總是感到疲勞的原因之一。

維生素 B_1 是人類最早發現的維生素，但究竟是誰最早發現維生素的呢？若從日本歷史來看，農藝化學家鈴木梅太郎（Suzuki Umetarou）可說是相當重要的一號人物。

鈴木梅太郎在預防及治療腳氣病的研究過程當中，曾經閱讀過一份有關腳氣病相關的研究報告。該研究報告中，指出餵食白米的雞隻容易罹患腳氣病，但改為餵食米糠或大麥之後卻能快速恢復健康。於是，鈴木梅太郎便將研究目標鎖定在米糠內的有效成分，並且在 1910 年時順利從米糠當中萃取出能夠有效治療腳氣病的成分。不過在那時候，鈴木梅太郎是以稻米的學名「Oryza」為該成分命名為「Oryzanin」。可惜的是，當時這項發現並沒有受到醫學界的重視，而且因為相關論文以日文撰寫的緣故，所以並沒有在國際舞台上發表。

農藝化學家鈴木梅太郎

波蘭化學家豐克

到了1912年，波蘭化學家豐克（Cashmir Funk）順利從米糠中分離出抗腳氣病因子，並以「生命」（Vital）所需要的胺類（Amine）為概念，將該物質命名「Vitamin」，也就是我們今日所稱的維生素，而這項維生素就是日後人們所稱的「維生素 B_1」。

維生素 B_1 衍生物

維生素 B_1 不只是容易在清洗或調理的過程中流失，而且還不容易受人體所吸收。不過當維生素 B_1 與特定物質結合之後，就會變身為所謂的維生素 B_1 衍生物，並且會變得較容易受人體所吸收。全世界最早開發的維生素 B_1 衍生物來自日本，也就是大家再熟悉不過的合利他命主成分前身。

從維生素 B_1 分解因子的研究，意外發現史上第一個維生素 B_1 衍生物

雖然人類早在 1910 年代，就已經解開維生素 B_1 與腳氣病之間的關聯性，但因為從米糠萃取的維生素 B_1 造價高，而且含量也不算高，所以效果不算有太大的突破。然而，這一切的轉機，就發生在 1940 年代的日本。

在 1940 年代初期，美國及日本等地分別有研究者發現鯉魚或貝類當中，含有破壞維生素 B_1 的分解酵素。當時日本京都大學的藤原元典教授，就針對維生素 B_1 分解酵素中的**「噻吐胺酶」（Thiaminase）**進行深度研究，結果發現日本人喜愛的蕨菜當中，還有大量的維生素 B_1 分解酵素，因此還引發一陣騷動。後來證實蕨菜當中所含的維生素 B_1 分解酵素在加熱之後會失去作用，這才平息日本民眾心中的疑慮。

在維生素 B_1 分解酵素的研究當中，藤原教授發現大蒜也具有類似的作用。不過他同時也質疑，若大蒜真的會破壞維生素 B_1，那為何大蒜自古以來就被當成增強體力的食材？於是，藤原教授便決定深入研究大蒜當中的維生素 B_1 分解因子。

藤原教授

經過一番研究之後，藤原教授確定大蒜中的大蒜素作用不是分解維生素 B_1，而是將維生素 B_1 變成另一種物質。該次實驗之中，藤原教授發現受驗者尿液中的維生素 B_1 濃度提升 10 倍，因此認為人體吸收率應該也有所提升。

後來，藤原教授以大蒜的學名「Allium Sativum」以及維生素 B_1 的學名「Thiamin」，為人類史上第一個被發現的維生素 B_1 衍生物命名為**蒜硫胺素（Allithiamine）**。1951 年時，武田藥品工業的松川泰三博士注意到蒜硫胺素具備相當高的人體吸收性，因此邀請藤原教授與武田藥品工業展開共同開發計畫，希望能夠研發出更容易受人體所吸收的維生素 B_1 製劑。

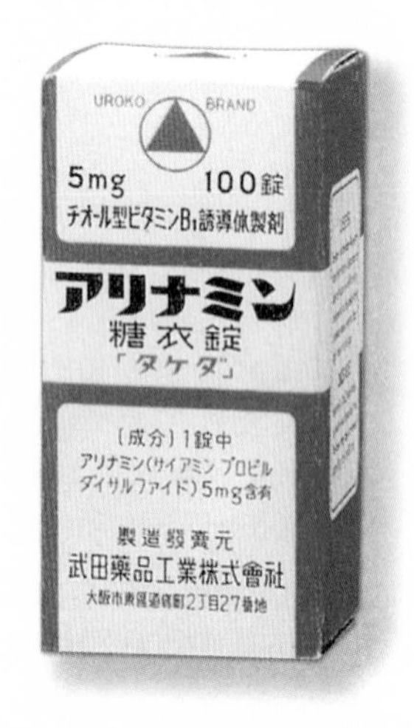

經過一段日以繼夜的研發過程之後，武田藥品工業應用多年來的開發與製劑技術，合成出許多蒜硫胺素的同系物，最後選定人體相容性高，而且化學穩定性也高的**丙硫硫胺（Prosultiamine）**作為維生素 B_1 新製劑的主要成分。最後，武田藥品工業在 1954 年採用丙硫硫胺，開發出合利他命史上的第一號商品「合利他命糖衣錠」（アリナミン糖衣錠）。在這之後，日本的醫療現場也開始採用合利他命糖衣錠，為神經痛患者進行高含量維生素 B_1 衍生物療法。

合利他命進化首部曲：消除氣味濃烈的大蒜味——合利他命 F

在合利他命糖衣錠問世之後，日本人順利解決維生素 B_1 不足所引發的健康問題，但卻有一個令人詬病的小缺點。由於合利他命糖衣錠的主成分，是來自於大蒜及維生素 B_1，因此藥錠本身帶有一股相當強烈的大蒜味。

為改善令人退避三舍的大蒜味，武田藥品工業注意到人們吃完牛排之後都會習慣來杯咖啡，藉此消除大蒜片所散發出的濃烈氣味。因此，武田藥品工業的研發人員便將咖啡香味成分**糠硫醇（Furfuryl Mercaptan）**與維生素 B_1 衍生物結合，最後開發出大蒜味明顯消除許多的新成分**呋喃硫胺（Fursultiamine）**，並且推出改良後的處方藥版本——「合利他命 F」。直到今日，這項改良後的新成分仍是合利他命系列的共通有效成分。

合利他命進化二部曲：應對經濟起飛帶來的疲勞問題——合利他命 A 系列

日本在進入經濟成長期之後，透過食物攝取營養的問題已經獲得解決，但接踵而來的卻是工作忙碌之下所帶來的疲勞問題。

針對日常勞動或工作所帶來的疲勞感，武田藥品工業將獨家開發的呋喃硫胺（Fursultiamine）作為主力成分，再搭配維生素 B_2、B_6 以及 B_{12} 等成分開發出**合利他命 A** 系列。

針對不同程度的疲勞問題，合利他命 A 系列以不同濃度的維生素 B_1 衍生物，同時推出 A5、A25 以及 A50 三個類型的產品。現今流通的合利他命 A，則是合利他命 A 系列在 2005 年改版後的版本。

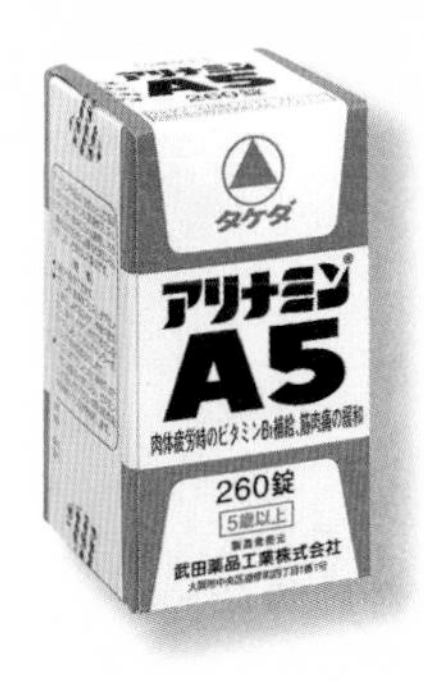

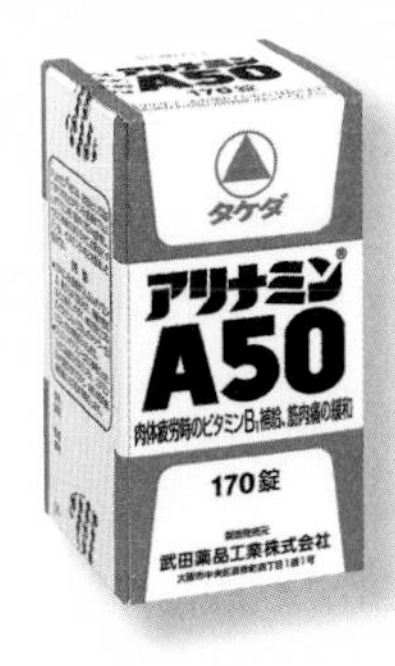

帶有特殊的氣味，竟是合利他命效用的祕密！？

日本藥粧研究室曾經針對「讀者訪日購買維生素 B 群製劑」進行過意見調查。結果發現有一部分女性讀者回答服用合利他命的時候，會聞到一股特殊的氣味。事實上那個味道是來自第一代合利他命糖衣錠的獨家有效成分，由維生素 B_1 與大蒜素所結合而成，因此才會帶有大蒜特殊的氣味。即便已經利用咖啡萃取物進行改良降低氣味，但還是無法完全那令人在意的大蒜味。不過反過來思考，既然維生素 B_1 與大蒜素所結合而成的維生素 B_1 衍生物能夠改善疲勞與神經痛等症狀，那就代表帶有大蒜味的維生素 B 製劑才能真正發揮作用。

合利他命進化三部曲：鎖定辦公室電腦化作業下的疲勞問題——合利他命 EX

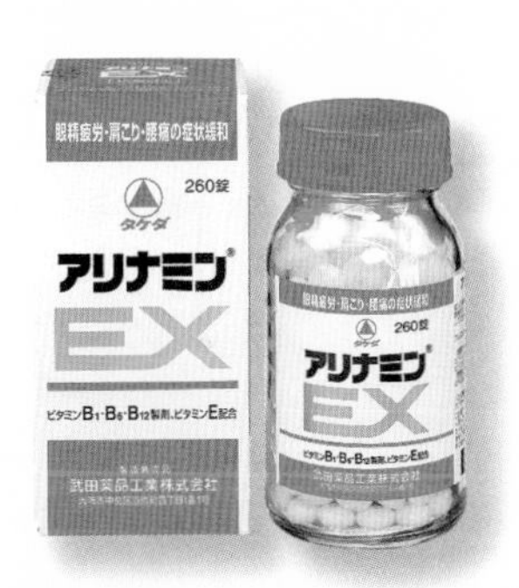

進入 1990 年代之後，日本的職場上出現重大變化，也就是所謂的作業電腦化。在這種工作型態的改變之下，人們的疲勞問題也從原先的「勞動型疲勞」轉變為「少動型疲勞」。

在長時間文書作業之下，有不少人明明就坐在辦公室一整天，卻還是感到雙眼、腰部與肩部疲勞痠痛。為改善這種新工作型態所帶來的疲勞問題，武田藥品工業同樣採用獨家開發的呋喃硫胺（Fursultiamine）作為主成分，再加入維生素 B_6、B_{12} 與 E，開發出新世代的**合利他命 EX**。這項新世代的產品曾在 2005 年進行升級改版，並且成為台灣人訪日經常購買的**合利他命 EX PLUS**。

日本人挑選合利他命的小祕密

“包含台灣人訪日必買的合利他命 EX PLUS 在內，日本藥妝店裡常見的合利他命錠劑系列主要為 4 種類型。據說日本人會在藥劑師的建議之下，根據自己不同的疲勞問題，來選擇最適合自己的合利他命，這樣才能更有效率地對付這些日常生活中令人大感困擾的疲勞問題。”

アリナミン A
合利他命 A

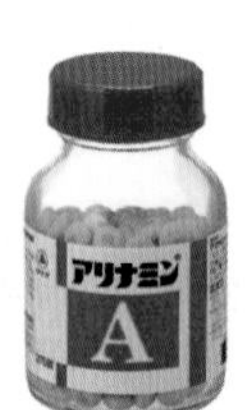

第 3 類 医薬品

攝取建議	每日 1 次。 15 歲以上：1 次 1～3 錠 11～14 歲：1 次 1～2 錠 7～10 歲：1 次 1 錠
價格	60 錠 / 1,440 円　120 錠 / 2,790 円 180 錠 / 4,050 円　270 錠 / 5,900 円
主成分	維生素 B_1 衍生物 100 mg （呋喃硫胺 109.16 mg） 維生素 B_2 12 mg　維生素 B_6 20 mg 維生素 B_{12} 60 μg　泛酸鈣 15 mg
適應症	身體疲勞時之維生素 B_1 補給、肌肉痠痛

日常累積的疲勞總是令人睡醒還覺得累，對於這種讓人全身無力的疲勞問題，日本人偏好選擇合利他命 A。這也是合利他命系列當中，唯一適合全家大小（7 歲以上）的類型。

日本人在這些時候會選擇合利他命 A

☑ 睡了一晚還是覺得累，早上起床後總是感到全身沉重無力。
☑ 每天通勤的疲勞感不斷累積，感覺全身沉重無力。
☑ 運動後肌肉痠痛和疲勞問題總是持續好久一段時間。

アリナミン EX プラス
合利他命 EX PLUS

合利他命系列當中，在台灣可說是無人不知的經典版本。面對每天因為工作、家事或唸書所累積的疲勞問題，日本人會選擇服用合利他命 EX PLUS。

日本人在這些時候會選擇合利他命 EX PLUS

☑ 長時間盯著電腦看，使得雙眼痠痛、模糊而且有時還難以對焦。
☑ 肩膀老是緊繃且有悶痛的感覺，整個人總是覺得不舒服。
☑ 不管是坐著工作還是活動身體時，腰都會覺得疼痛不舒服。

第 3 類 医薬品

攝取建議	每日 1 次。 15 歲以上：1 次 2～3 錠
價格	60 錠 / 2,180 円　120 錠 / 4,080 円 180 錠 / 5,980 円　270 錠 / 7,980 円
主成分	維生素 B_1 衍生物 100 mg （呋喃硫胺 109.16 mg） 維生素 B_6 100 mg 維生素 B_{12} 1,500 μg 泛酸鈣 30 mg 維生素 E 100 mg γ - 穀維素 10 mg
適應症	眼睛疲勞、肩膀僵硬、腰痛

アリナミン EX プラス α
合利他命 EX PLUSα

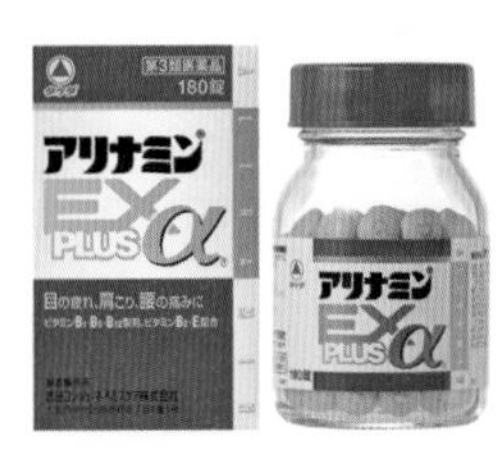

第 3 類 醫藥品

攝取建議 每日 1 次。15 歲以上：1 次 2～3 錠

價格 60 錠 / 2,580 円　120 錠 / 4,580 円　180 錠 / 6,580 円

主成分 維生素 B_1 衍生物 100 mg（呋喃硫胺 109.16 mg）　維生素 B_2 10 mg　維生素 B_6 100 mg　維生素 B_{12} 1,500 μg　泛酸鈣 30 mg　維生素 E 100 mg　γ - 穀維素 10 mg

適應症 眼睛疲勞、肩膀僵硬、腰痛

合利他命系列當中的最新成員。整體成分與合利他命 EX PLUS 相似，但因為額外添加能輔助將三大營養素轉化為能量的維生素 B_2，因此日本人在疲勞感較為強烈時會選擇這一瓶。

日本人在這些時候會選擇合利他命 EX PLUSα

☑ 因為用眼過度，造成眼睛痠痛、模糊，偶有不易對焦等疲勞症狀。
☑ 腰痛特別嚴重，動也不是，坐也不是。
☑ 不管怎麼按摩，肩膀肌肉還是容易僵硬不舒服。

アリナミン EX GOLD
合利他命 EX GOLD

合利他命系列中的頂級版本。除維生素 E 採用效果更加優異的天然型配方外，維生素 B_6 及 B_{12} 更是採用活性更高的類型。其中，活化型維生素 B_{12} 具有輔助修復末梢神經機能，因此日本人在想要全面性對付重度疲勞問題時，就會選擇這個類型。

日本人在這些時候會選擇合利他命 EX GOLD

☑ 眼睛痠痛、模糊以及難以對焦等眼睛疲勞症狀非常不舒服的時候。
☑ 無論是活動身體還是坐著工作，腰痛問題格外明顯的時候。
☑ 不只是肩膀，就連頸部也覺得肌肉緊繃且明顯疼痛不舒服的時候。

第 3 類 醫藥品

攝取建議 每日 3 次。15 歲以上：1 次 1 錠

價格 45 錠 / 3,000 円　90 錠 / 5,000 円

主成分 維生素 B_1 衍生物 100 mg（呋喃硫胺 109.16 mg）　活化型維生素 B_6 60 mg　活化型維生素 B_{12} 1,500 μg　葉酸 1 mg　天然型維生素 E 100 mg　γ - 穀維素 10 mg

適應症 難受的眼睛疲勞、肩頸僵硬、腰痛

日本藥粧研究室心得報告書

合利他命 EX PLUS 的 11 個小常識

1 提升安全性的封條貼紙：合利他命 EX PLUS 外盒頂端的側面上有張封條貼紙，這貼紙一旦撕開就無法恢復原狀，因此可以用來判斷是否被開封過。

2 看似平凡卻有多樣功能的外盒：許多人在打開外盒之後，都會習慣直接丟棄外盒。不過把玻璃藥瓶放在紙盒中保存的話，不只能防止日照影響藥錠品質，也能在不小心掉落時，保護玻璃瓶不容易破碎。

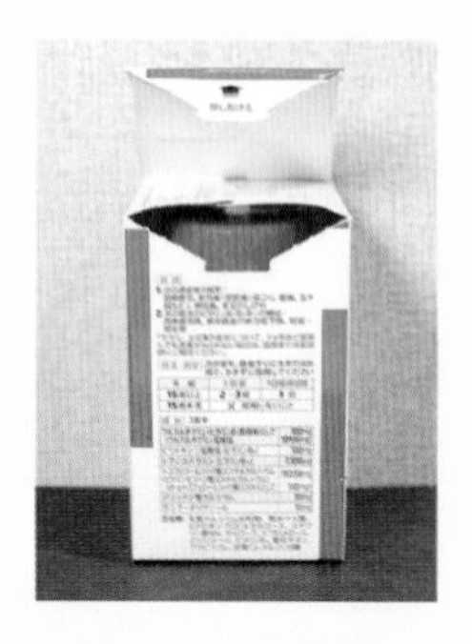

3 善用瓶蓋取錠：有些人在取出藥錠時，會習慣直接倒在手掌。有時不小心倒太多，就會把多餘的藥錠直接放回瓶中。其實手掌上的皮脂和水氣都可能造成瓶內的藥錠變質，因此建議利用瓶蓋取用需要的藥錠。

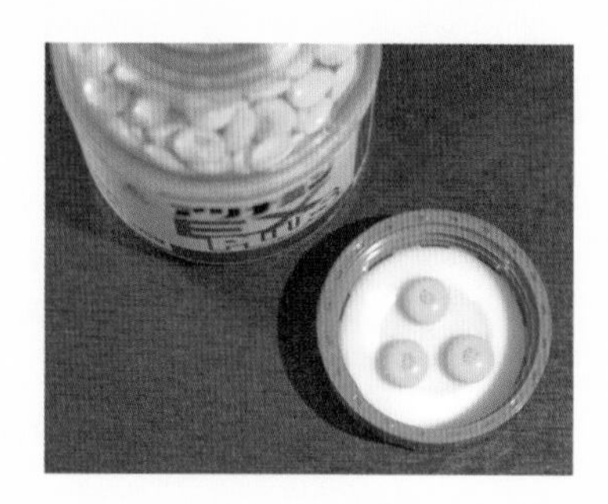

4 標示開封日以確保品質：在未開封狀態下，合利他命 EX PLUS 的使用期限通常是製造後 3 年內，但開封之後為確保品質，一般建議在 6 個月內服用完畢。除了瓶身標籤以外，紙盒上也能寫上開封日以提醒自己。

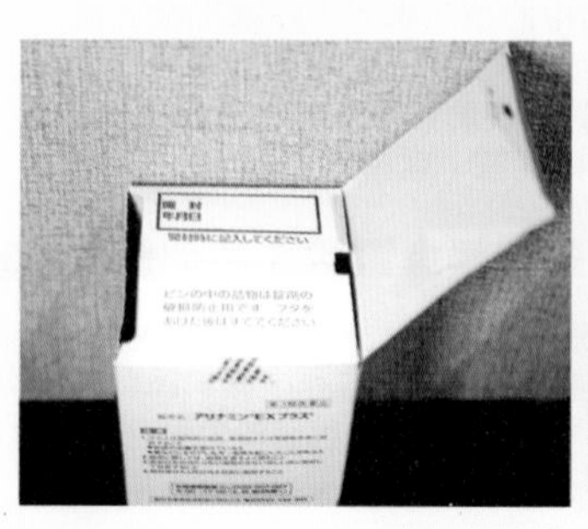

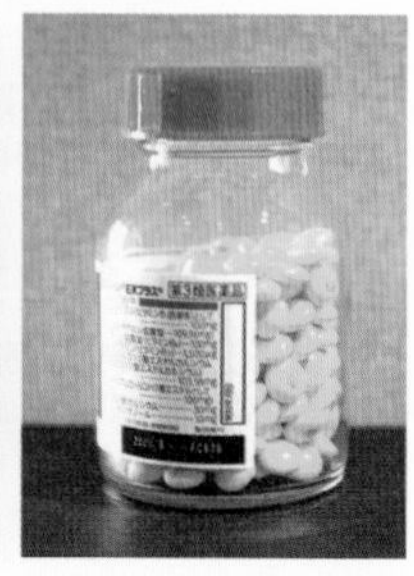

5 錠劑為黃色的原因：合利他命 EX PLUS 的錠劑為黃色。可能有人會以為這是色素的顏色，但其實那是維生素 B_2 的顏色哦！另外，合利他命 EX PLUS 中所含的維生素 B_2 在受人體吸收後，其代謝物會透過尿液排出體外，所以才會使得尿液變成黃色。

6 錠劑小的祕密：合利他命 EX PLUS 錠劑採用噴射包裹糖液的同時，讓糖衣快速乾燥的製作技術，才能實現超薄糖衣層，如此一來就能讓錠劑體積明顯變小。（左：合利他命 EX PLUS，呈現紫紅色為 B_{12} 原色。右：合利他命 A，黃色為 B_2 的原色。）

7 藥錠上的圖樣：合利他命 EX PLUS 的每一粒藥錠上面，都印有品牌名及企業 LOGO 魚鱗印。最主要的作用，就是方便人們在沒有藥罐的情況下，也能判斷那是什麼藥物。

8 藥錠上的魚鱗印圖樣：在武田藥品工業的全球化腳步之下，企業 LOGO 已全面採用 1961 年所發表的國際化 LOGO。就現階段而言，合利他命 EX PLUS 錠劑上仍然採用消費者所熟悉的魚鱗紋，可說是信賴與安心的標記。

9 無咖啡因配方：許多人都認為晚上攝取維生素 B 群會睡不著，但其實真正讓人睡不著的兇手是咖啡因。合利他命 EX PLUS 的配方當中不含咖啡因，所以就算是晚飯後服用也 OK。

10 可以每天服用嗎？合利他命 EX PLUS 當中的主成分，都是屬於水溶性的維生素 B 群，其代謝物最後都會隨著尿液排出體外，所以在遵守服用建議量的情況下，基本上可以每天服用。

11 服用的最佳時間點：基本上是建議三餐其中一餐飯後服用，但也可以配合每個人的作息習慣，只要自己能夠記得且持續服用的時間，就是最佳時間點。

研發期間超過十年，能簡單服用的
合利他命飲品

合利他命自 1954 年推出第一代「合利他命糖衣錠」以來，所有產品劑型都是大家所熟悉的錠劑。在 1975 年的內部會議中，為開發新劑型，有人提出建議開發合利他命口服液。

然而，研發人員所遇到的第一個問題，就是合利他命主成分「呋喃硫胺」（維生素 B_1 衍生物）的苦澀味及獨特的氣味。當時武田藥品工業有不少人認為，這些問題都會造成消費者對於合利他命飲品的接受度偏低。

為改善合利他命主成分（維生素 B_1 衍生物）的苦澀味及獨特氣味，研發人員日以繼夜地進行調查，並且採用「品酒」般一步一腳印的方式，按部就班地陸續試喝多達 2,000 種試作品。最後，呋喃硫胺獨特氣味的問題總算是順利解決，但那微苦帶澀的口感卻始終找不到解套的方法。

不過，這時候研發人員認為，這種特別的苦澀為反而給人一種良藥苦口的感覺，因此在最後決定合利他命飲品的配方時，刻意保留這股苦澀味，並且在 1987 年推出第一瓶合利他命飲品「アリナミンV」（合利他命 V）。

合利他命 V 在上市之後，市場反應出乎預料地熱烈，甚至成為日本國內營養補充飲品的新風潮。在那之後，武田藥品工業根據消費者的需求及生活型態，陸續推出多種合利他命飲品。目前藥妝店及便利超商當中，「合利他命 V 系列」以及「合利他命 7 系列」可算是高回購率的產品。

合利他命 V 系列

アリナミンV

— 價格：50mL / 280 円 —

アリナミンVゼロ

— 價格：50mL / 280 円 —

合利他命 V 是合利他命家族最早推出的口服液，該系列包括紅 V 一般版與銀 V ZERO 零糖版兩種類型。一瓶 50 毫升當中所含的維生素 B_1 衍生物為 5 毫克，喝起來帶有微微的苦澀味。適合感到疲勞卻想再加把勁的人飲用。這兩瓶成分基本相似，銀 V ZERO 版本除了熱量只有 3 大卡之外，還額外添加 400 毫克的肌醇。15 歲以上每日最多攝取一瓶，可用於預防及改善疲勞。

合利他命 7 系列

アリナミン7

— 價格：100mL / 146 円 —

アリナミン7ゼロ

— 價格：100mL / 146 円 —

合利他命 7 誕生於 2001 年，而 7 ZERO 則是在 2012 年開始販售。這系列同樣分為紅色一般版與銀色零糖版。兩瓶的成分組合大致相同，不過跟 V 系列相較之下，雖然維生素 B_1 衍生物的含量只有 2.5 毫克，但卻多加 1,000 毫克牛磺酸。喝起來沒有 V 系列的苦澀味，適合想緩解疲勞卻在意口感的口服液初心者。15 歲以上每日最多攝取一瓶，可用於預防及改善疲勞。

在日本藥妝店或超商的小冰箱當中，很容易發現合利他命飲品的蹤跡。因為這些口服液都是裝在玻璃瓶當中，所以重量偏重，一般旅客不太會刻意扛回台灣。不過，相信不少人平時窩在辦公室，到日本後天天行軍到精疲力盡。這時候，就蠻推薦買回飯店裡喝，為隔日的行程增添活力哦！

守護日本人健康的五大人氣品牌
武田 Consumer Healthcare

“ 無論是在台灣或日本，堪稱無人不知曉的武田 Consumer Healthcare 除了合利他命系列之外，其實還有許多深受日本人信賴的醫藥品及健康輔助食品。在此，日本藥粧研究室精選武田 Consumer Healthcare 五大人氣品牌，並深入介紹每個品牌的特色及系列產品的選擇重點。”

許多人到日本旅遊時，都會帶些綜合感冒藥回家備用。不過日本藥妝店裡常見的綜合感冒藥，大多是針對所有感冒症狀平均調配適當劑量。不過在感冒時，每個人身上所出現的症狀都不太一樣。有些人流鼻水的症狀比較嚴重，而有些人只有發燒或喉嚨痛的症狀。

對於這種每個人感冒症狀不盡相同的問題，武田藥品工業推出 BENZA BLOCK 這個能夠依照自己感冒狀態，對症加強下藥的綜合感冒藥系列。整個系列分為黃色、銀色及藍色三種類型。

雖然這三種類型都屬於綜合感冒藥，不過**黃色**版本適合感冒時先出現**鼻子**症狀者、**銀色**適合感冒時先出現**喉嚨痛**的人，而感冒時**發燒及畏寒**等症狀先出現的人，則是適合**藍色**版本。在沒有辦法立即請醫師為自己量身打造感冒藥時，這種強化特定症狀的綜合感冒藥是許多日本人聰明自我照護的小幫手。

ベンザブロック S プラス

指定第 2 類 醫藥品

適應症	感冒引起之流鼻水、鼻塞、喉嚨痛、打噴嚏、咳嗽、咳痰、畏寒、發燒、頭痛、關節疼痛、肌肉痠痛等症狀
攝取建議	每日 3 次。 15 歲以上：1 次 2 錠 12 ～ 14 歲：1 次 1 錠 未滿 12 歲：不建議服用
價格	18 錠 / 1,350 円 30 錠 / 1,780 円

綜合感冒藥新觀念・對症加強下藥
BENZA® BLOCK®PLUS 感冒藥系列

ベンザブロック L プラス

指定第 2 類 醫藥品

適應症	感冒引起之喉嚨痛、發燒、鼻塞、咳痰、流鼻水、畏寒、頭痛、關節疼痛、肌肉痠痛、咳嗽、打噴嚏等症狀
攝取建議	每日 3 次。 15 歲以上：1 次 2 錠 未滿 15 歲：不建議服用
價格	18 錠 / 1,650 円 30 錠 / 2,380 円

ベンザブロック IP プラス

指定第 2 類 醫藥品

適應症	感冒引起之發燒、畏寒、頭痛、喉嚨痛、關節疼痛、流鼻水、鼻塞、肌肉痠痛、咳嗽、咳痰、打噴嚏等症狀
攝取建議	每日 3 次。 15 歲以上：1 次 2 錠 未滿 15 歲：不建議服用
價格	18 錠 / 1,650 円 30 錠 / 2,380 円

在訪日華人之間，武田漢方便秘藥的回購率向來頗高。日本市面上用來對付便祕問題的漢方製劑並不算少，為何武田漢方便秘藥能在大家心目中占有一席之地呢？其實最主要的祕密，就藏在它的配方與原料之中。

武田漢方便秘藥所採用的「大黃甘草湯」，來自於東漢流傳至今的《金匱要略》。在這項藥方當中，大黃這項中藥材可說是最重要的靈魂成分。然而，中國原生的大黃難以適應日本的環境，因此大部分的製藥公司只能仰賴進口的方式取得大黃這項中藥材。

然而，品質優良的大黃不僅昂貴，而且供貨數量也較為不穩定。為確保原料的品質與供給量，武田藥品工業耗費 20 年的時間，從數千個大黃品種當中，成功改良出適合日本環境，而且緩下作用穩定的「日本國產信州大黃」。武田藥品工業在日本長野縣高冷地區試種成功的信州大黃，目前最主要的栽植地位於北海道。每一株信州大黃從種植到採收，大約需要耗費 5 年的時間，可說是相當珍貴的日本國產中藥材。

採用中醫臨床經典處方研發．改良獨家新品種調製

武田漢方便秘藥

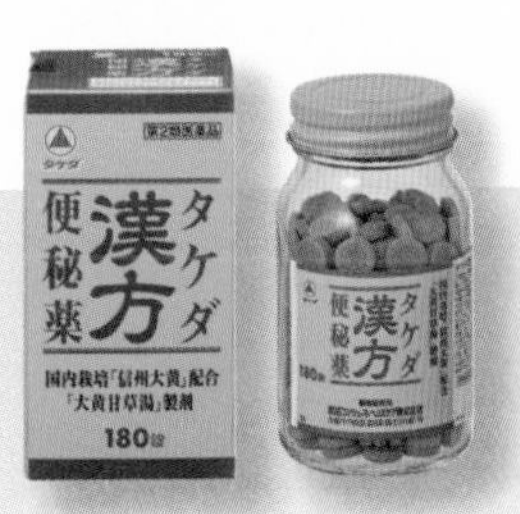

タケダ
漢方便秘薬 第2類醫藥品

價　格　65 錠 / 1,380 円
120 錠 / 2,380 円
180 錠 / 3,280 円

適應症　便祕、便祕所引起之腹部膨脹感、腹飽、腸內異常發酵、痔瘡、頭重、頭昏、濕疹、皮膚炎、食慾不振

富含 59 種營養素．備受關注的綠蟲藻製品

緑の習慣

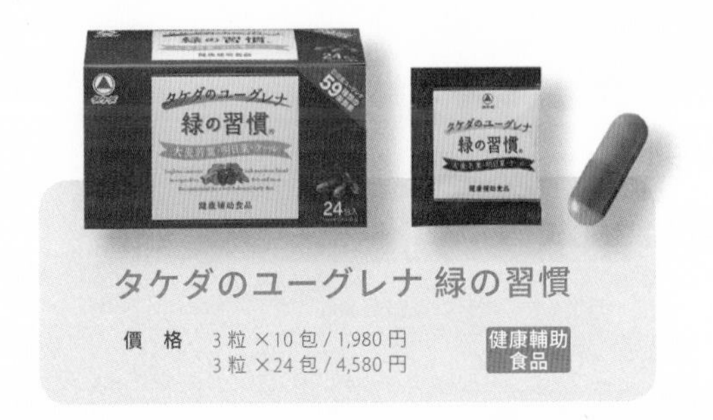

タケダのユーグレナ 緑の習慣

價　格　3 粒 ×10 包 / 1,980 円
3 粒 ×24 包 / 4,580 円

健康輔助食品

若問起近年來日本的健康輔助食品界當中，有哪些備受關注的新成分，就不得不提到極具話題性的綠蟲藻。生長在淡水中的綠蟲藻，其實是從 5 億年前就生存至今的藻類。除了能像植物行光合作用之外，因為綠蟲藻也像動物一樣能夠自行活動，所以也同時具備動物體內所含的營養素。

根據日本研究，綠蟲藻當中含有 59 種營養素，其中包括 14 種維生素、11 種不飽和脂肪酸、18 種胺基酸、9 種礦物質以及其他包括裸藻澱粉這種膳食纖維在內的七種成分。日本甚至有專家直接指出，綠蟲藻在未來甚至可能成為糧食不足問題的解套關鍵。

武田 Consumer Healthcare 所推出的「綠的習慣」，除了來自沖繩石垣島的綠蟲藻之外，還搭配大麥若葉、明日葉以及羽衣甘藍等三種高膳食纖維含量的國產蔬菜。綠的習慣在乍看之下，很容易被誤會是一般的青汁產品，然而實際上是極富營養價值的綠蟲藻製品。因此，不只適合蔬菜或魚類攝取不足的外食、偏食族，對於食量減少的老年人來說，也是相當不錯的營養來源。

日本藥妝店當中的眼藥水種類多到令人眼花撩亂，是許多人訪日必定採買的常備藥類型。撇開眼藥水的機能性成分不說，市售眼藥水大致可分為配戴軟式隱形眼鏡時也可使用及配戴軟式隱形眼鏡時不可使用等兩大類型。武田藥品工業關係企業——千寿製薬所製造的 New Mytear CL，則是市面上相當少見，專為隱形眼鏡族所開發的眼藥水品牌。

由於是軟式隱形眼鏡配戴時也能使用的眼藥水，New Mytear CL 系列格外重視維持配戴軟式隱形眼鏡時的舒適度，因此配方的基底採用接近淚液組合的成分。除此之外，還搭配葡萄糖以供給角膜所需養分。

整個 New Mytear CL 系列可分為基本型與機能型兩大類型。基本型使用起來較接近人工淚液，而且有不同的清涼度可以選擇。另一方面，機能型除了接近淚液的配方之外，還針對眼睛乾澀或疲勞等問題，添加不同的有效輔助成分。對於習慣配戴軟式隱形眼鏡的民眾而言，New Mytear CL 系列可說是軟式隱形眼鏡配戴時也可使用且選擇多樣化的眼藥水系列。

基　本　型

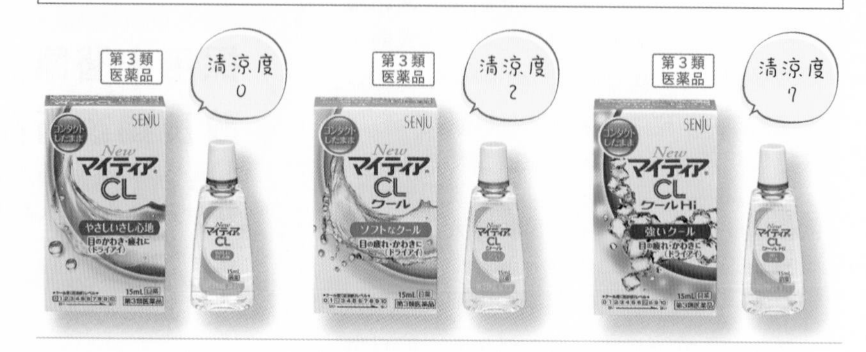

New マイティア CL-a

—價格：15mL / 600 円—

New マイティア CL クール -a

—價格：15mL / 600 円—

New マイティア CL クール Hi-a

—價格：15mL / 600 円—

機　能　型

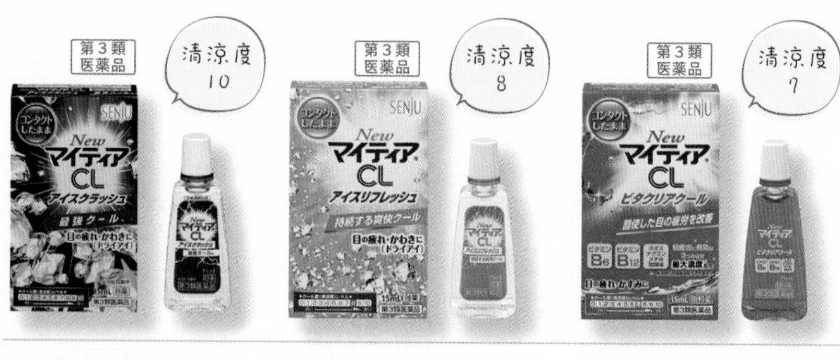

New マイティア CL アイスクラッシュ

—價格：15mL / 680 円—

搭配角膜保護成分，適合眼睛乾燥者。

New マイティア CL アイスリフレッシュ

—價格：15mL / 680 円—

搭配促進代謝成分，適合眼睛疲勞者。

New マイティア CL ビタクリアクール

—價格：15mL / 680 円—

添加促進代謝與調節聚焦機能成分，適合用眼過度的族群。

聚焦淚液和眼睛舒適狀態・
配戴隱形眼鏡時可用的眼藥水系列
New Mytear® CL 系列

誕生即將屆滿百年・日本痔瘡用藥領導品牌
保能痔系列

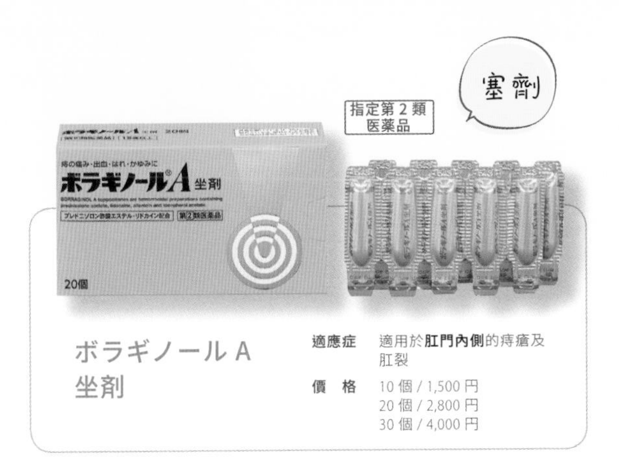

ボラギノール A 坐剤

適應症 適用於**肛門內側**的痔瘡及肛裂

價　格 10 個 / 1,500 円
20 個 / 2,800 円
30 個 / 4,000 円

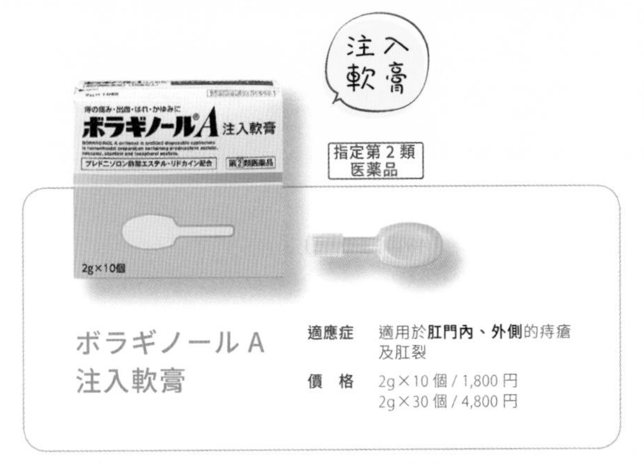

ボラギノール A 注入軟膏

適應症 適用於**肛門內、外側**的痔瘡及肛裂

價　格 2g×10 個 / 1,800 円
2g×30 個 / 4,800 円

無論是男性或女性，都可能深受痔瘡這種令人羞於啟齒的問題所苦。日本藥妝店當中所販售的 OTC 醫藥品種類繁多，但能改善痔瘡問題的產品卻不容易尋得。武田藥品工業關係企業——天藤製薬所製造的保能痔（ボラギノール），堪稱是日本知名度最高的市售痔瘡藥物品牌之一。

誕生於 1921 年，即將迎接百歲生日的保能痔是日本最早問世的痔瘡用藥。外盒包裝設計為鮮亮黃色的保能痔，目前有塞劑、注入軟膏以及塗抹軟膏等三種類型。無論是哪一種類型，皆含有以下四種主要成分：

- **醋酸潑尼松龍（Prednisolone Acetate）：抑制發炎與緩解出血腫脹、搔癢**
- **利多卡因（Lidocaine）：緩解局部疼痛及搔癢**
- **尿囊素（Allantoin）：組織修復作用**
- **維生素 E 衍生物（Vitamin E Acetate）：改善血液循環**

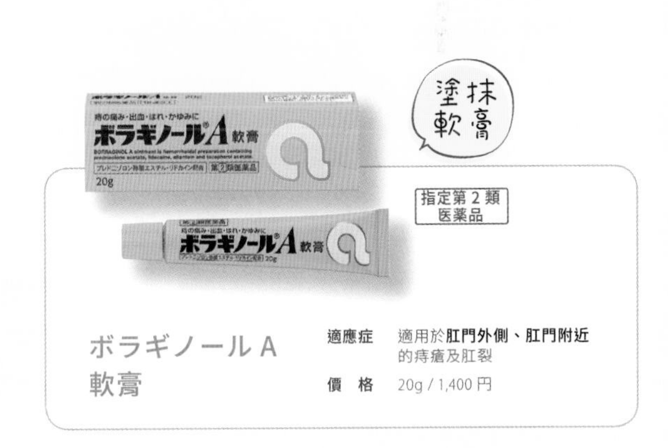

ボラギノール A 軟膏

適應症 適用於**肛門外側、肛門附近**的痔瘡及肛裂

價　格 20g / 1,400 円

ビタミンC
VC
Bioré
UV
Bioré
UV

Chap 3 ter

改變日本人清潔與美容習慣的百年品牌
花王 Kao

跨足日用品及美妝業界

改變日本人清潔與美容習慣的百年品牌
花　王

“

無論是在日本或台灣，花王都是家喻戶曉的家用品及保養品大廠。花王的事業版圖跨足美妝保養、髮妝品、身體清潔、美容雜貨、日常用品以及居家打掃用品，喜歡到日本藥妝店或超市購物的人，絕對都買過花王的產品。

創立於 1887 年的花王，至今已有超過 130 年的歷史。創始至今，花王的創新不只改變許多日本人的生活習慣，也孕育出許多備受喜愛的熱銷及長壽商品。在這個單元當中，日本藥粧研究室就要帶領各位回顧花王百年史，並且鎖定幾個凝聚花王研發技術結晶的代表品牌，解開其背後鮮為人知的祕密。”

1887 年 整個花王百年史源自於一塊肥皂

花王的創始人 —— 長瀨富郎在 1887 年的時候，開了一間專門販售進口商品的「長瀨商店」。從歐美等國進口至日本的肥皂，也是他店裡的商品之一。

▲花王石鹼在 1890 年代剛上市時，是像這樣三個裝在桐木盒當中販賣。在一碗蕎麥麵只要 1 錢（1/100 日圓）的年代，平均一個花王石鹼就要 35 錢之多呢！

▲ 花王石鹼在淺草雷門前所高掛的廣告看板。

當時日本人所使用的肥皂，不是昂貴的舶來品，就是品質不夠完美的國產貨。為打造價格親民，而且又能拿來洗臉的優質國產肥皂，長瀨富郎便開始鑽研相關的化學知識、調香技巧以及調色技術。就在一段時間的努力之下，長瀨富郎終於開發出品質好到能夠用來洗臉的國產肥皂。

這塊名為「花王石鹼」的肥皂，正是花王創業以來的第一號原創商品，也是花王百年來洗淨技術及保養研發的起點。

為何這塊肥皂要以「花王」為名呢？其實這種可以用來洗臉的肥皂，在當時又被人們稱為「顔洗い」（洗面皂），因此長瀨富郎在商品完成之後便以「顏石鹼」的角度思考商品名稱。由於日文中的「顏」（かお／KAO）發音接近花王（かおう／KAŌ），所以最後將這塊肥皂命名為「花王石鹼」。

相傳，當年的同音候選字還包括「香王」以及「華王」。從商品名的選擇來看，長瀨富郎算是相當有品味呢！

▲ 花王的創始人——長瀨富郎創業時的心願，就是「希望能把好商品，帶給更多的客人」。那樣的心願，後來成為花王的企業精神，並且持續流傳至今。

其實仔細觀察花王石鹼的包裝，可以發現到隱藏於其中的三個小祕密。在這邊，日本藥粧研究室就來為各位徹底揭密！

一、製造商為長瀨商店

花王創始者最早所開設的商店名稱為「長瀨商店」。花王石鹼問世之後，短時間內就廣受日本民眾喜愛。在 1925 年時，長瀨富郎在擴大生產及銷售體制的同時，長瀨商店才改組為「花王石鹸株式会社長瀬商会」。在經過幾次體制改革之後，才在 1985 年時更改為「花王株式会社」直到今日。

二、繪製於包裝上的牡丹花

照日本人的邏輯思考，國產品應該是搭配櫻花這些帶有日本元素的圖樣才對。相傳在當時的行銷策略之下，長瀨富郎計畫將中國列為外銷重點區域，因此才會採用雍容華貴的牡丹花作為包裝設計的一環。

三、月亮商標的面向不同

花王最深植人心的企業形象之一，就是那辨識度極高的月亮商標。不過當時商標上月亮面向，卻和今日的設計完全相反。

花王的月亮商標

花王的月亮商標，是長瀨富郎以美與潔淨為意象，於 1890 年時所親手設計的圖樣。這個月亮商標後來成為花王的企業 LOGO，而現今使用的版本則是第七代設計。

相對於現今朝向左方的月亮 LOGO，第一代的月亮商標明顯不同地朝向右邊。

其實月亮商標在一開始是搭配「花王石鹼」的商品名稱繪製成滿月。在經過兩次改版之後，月亮商標便從滿月變成缺口朝右的「下弦月」。據說，當年有人認為下弦月象徵「逐漸消失」，因此才在 1943 年時把月亮商標轉向，更改成缺口朝左，象徵越來越圓滿的「上弦月」。

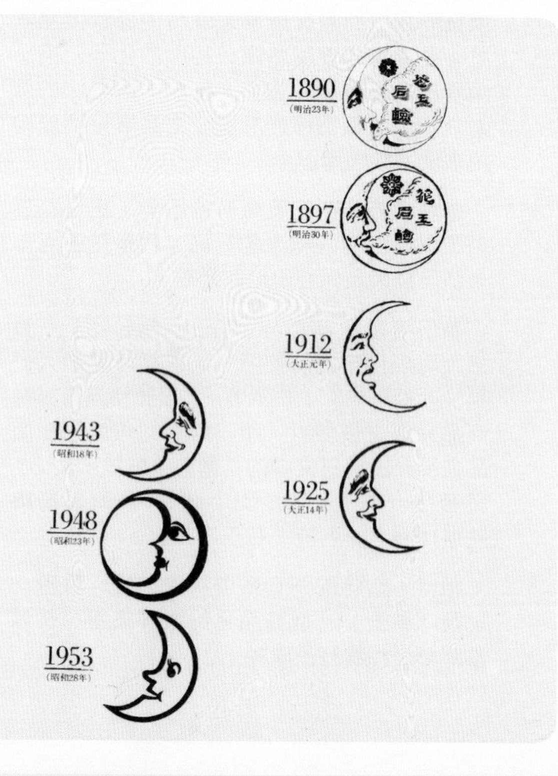

1930 年代
改變日本人洗髮習慣的關鍵

在 1930 年代的昭和初期，日本女性習慣使用油來盤髮。當時普遍常見的洗髮用品，是以白土作為基底，再混和肥皂粉或小蘇打。因為潔淨力不夠理想，女性們每次洗髮都得耗費相當長的時間，所以大部分的女性一個月頂多只洗兩次頭髮。

為改善女性們在洗髮上的不便感，花王在 1932 年以肥皂作為基底，開發出能夠快速潔淨油分的洗髮皂，並將其命名為「花王シャンプー」（KAO SHAMPOO）。

在這塊洗髮皂的問世之下，Shampoo 這個外來語開始在日本普及，至今也成為日常用語之一。同時間，也因為洗髮變得簡單，盤髮女性們的洗髮次數也增多。這不只直接改善日本女性的秀髮照護困擾，也間接改善日本女性的衛生習慣。花王也是從這個時候，持續發展洗髮商品，為之後的髮妝事業奠定下穩固的基礎。

▲ 改變日本洗髮習慣的 KAO SHAMPOO，最早是為盤髮女性們所開發。

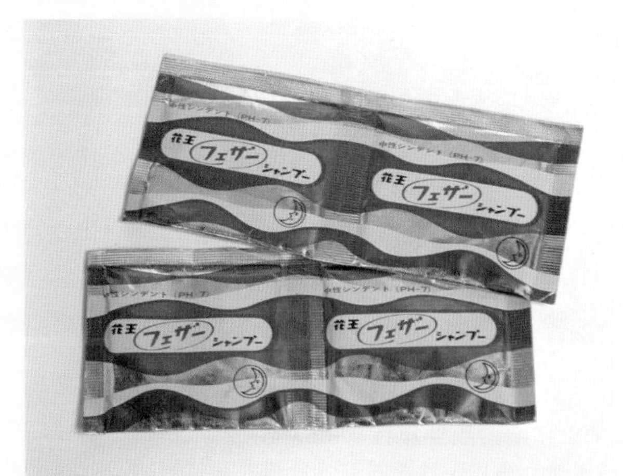

1950 年代
風靡一時的花王洗髮粉

對於許多 60 歲以上的人來說，花王於 1955 年所推出的 Feather 洗髮粉可說是極為令人懷念的商品。中性不刺激頭皮且不傷害髮絲，再加上分包裝於鋁袋當中的嶄新設計，同時洗起來又帶有舒服的清涼感，一上市就成為市場上的新寵兒。

1960 年代
正式拓展亞洲海外市場

為改善洗髮粉容易受潮，而且使用量不易拿捏等問題，花王在 1960 年推出洗髮粉的液體版本 Feather DELUXE。因為使用量變得容易控制，所以上市之後便受到日本民眾的肯定與喜愛。在花王的髮妝品發展史中，是相當具有指標性的第一瓶液態洗髮品。

1960 年代對於花王來說，是起步拓展海外市場的重要年代。1964 年時，花王先在泰國設立「泰國花王實業」，同一年也在台灣設立「台灣花王股份有限公司」。在成功踏出第一步之後，花王在 1960 年代陸續在新加坡及印尼設立分公司，逐步穩固亞洲市場的事業版圖。

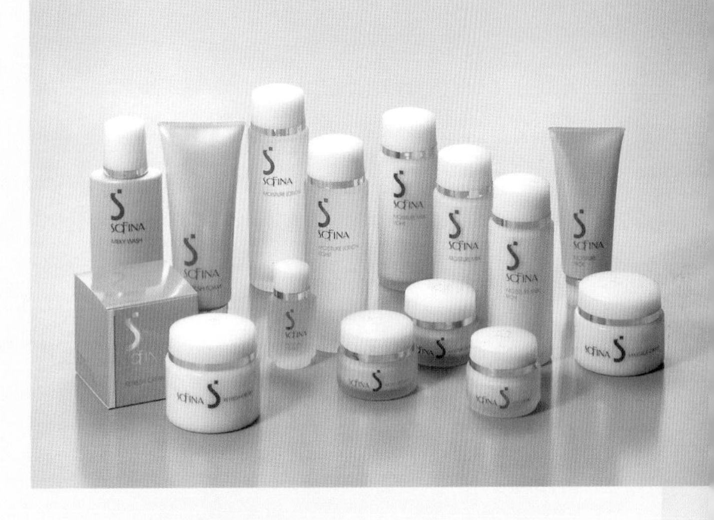

1970 年代
第一個長壽品牌的誕生

品牌誕生超過 40 年的 **MERIT**（メリット）可說是花王最重要的經典髮妝品牌，也是目前整個花王在日本最為長壽的洗髮品牌。

在洗髮商品以洗乾淨為訴求的時代當中，MERIT 在 1970 年代就以頭皮屑和頭皮癢等機能性訴求問世。

當年日本人普遍習慣一星期洗 1 ～ 2 次頭髮。隨著洗髮次數的增加，為提升消費者在洗髮上的方便性，MERIT 在 1991 年推出「リンスのいらないシャンプー」，也就是洗潤合一的商品，一上市就引發轟動。

到了 2001 年，MERIT 則是轉型主打溫和不傷害頭皮的弱酸性洗髮精。直到今日，MERIT 仍持續因應消費者需求及生活型態的變化，不斷開發新的洗護產品。

1980 年代
經典品牌逐步問世

繼 1890 年的花王石鹼之後，花王在 1980 年發起洗顏革命 2.0。花王研究團隊以降低肌膚刺激為研究重點，展開研發對肌膚溫和的洗淨成分。在經過一番努力之後，順利推出乳膏狀且質地溫和的 **BIORE** 洗面乳。由於使用起來更加方便且低刺激感，立即成為日本人選擇潔顏商品的新寵兒。同時，這也是改變日本人潔顏習慣的重要契機。

四年之後，BIORE 推出能夠洗淨全身的沐浴乳，讓日本人的入浴習慣出現重大改變。在接連的創新與改革之下，BIORE 迅速成為日本人心目中的臉部及身體清潔產品的指標性品牌，並且持續發展卸妝、洗顏、保養、沐浴等商品，成為花王旗下產品種類最多的重點品牌。

而誕生於 1982 年的 **SOFINA**，最早是以皮膚科學作為根基，幫助女性追求真實之美的基礎保養品牌。當時 SOFINA 在日本女性的保養習慣上，提出許多突破傳統的新觀念。

例如，當時主流的卸妝方式為擦拭，但 SOFINA 卻推出用水沖更乾淨的卸妝品。除此之外，SOFINA 也將防曬融入保養步驟，推出具備防曬係數的日用保養乳液。

▲1996 年上市的第一代 BIORÉ 妙鼻貼。

▲ 法國超市裡所販賣的 BIORÉ 妙鼻貼。

1990 年代
不只改變日本，
也改變全世界的創意

大家可能注意過，許多洗髮精的瓶身側面或壓頭上都有刻痕，但潤髮乳的瓶身卻是光溜溜的一片。

為提升洗髮精與潤髮乳的辨識度，花王在提供盲胞教育的學校協助之下，開發出任何人透過觸摸就可順利辨識的刻痕瓶身設計。

後來，花王便向業界喊話，希望大家能統一設計，以提升消費者對於洗髮精與潤髮乳的辨識度。至今，日本國內生產的洗髮精瓶身，絕大部分都改為採用帶有刻痕的設計。

BIORÉ 在 1996 年所推出的妙鼻貼，不只是在日本，在亞洲各國同樣也是賣翻天。直到今日，能夠黏起鼻頭粉刺，帶給人無限快感的妙鼻貼仍是相當熱門的美妝雜貨。

其熱賣程度驚人，在日本海內外掀起不小話題，不只在當年度獲選為日本經濟日報社「日經優秀產品・服務獎」的冠軍產品之外，從隔年起也在北米與歐洲上架。例如，日本藥粧研究室就曾經在法國巴黎的超市當中，發現歐洲版的 BIORÉ 妙鼻貼。

2000 年～
追求極致美感的頂級保養

花王旗下的產品都相當貼近日本人的日常生活，尤其是在洗淨技術上的發展堪稱是日本首屈一指的專家。

在 SOFINA 上市之後，花王不斷且快速地累積肌膚保養的研究力與技術力，並在 2000 年時推出人稱花王貴婦牌的百貨品牌 est。

另一方面，est 在 2015 年時運用花王跨領域的研究背景，推出全新品牌 SOFINA iP，並且活用多年的碳酸研究與技術，推出至今人氣仍然不停上升的代表作——土台美容液。

花王經典品牌之壹

啟動美肌賦活力的SOFINA iP

SOFINA iP
ベースケア エッセンス
（土台美容液）

90g / 5,000 円（補充罐 90g / 4,500 円）

2018 年秋季進行首次改版。這次改版的重點之一，就是採用新技術，提升濃密細微碳酸泡的持續時間。另一方面，這次還在獨家開發的「iP Power 配方 EX」當中新增保濕成分，可讓肌膚顯得更加水潤柔嫩。

即便身處壓力與疲勞爆表的環境，仍讓現代女性持續維持理想之美——SOFINA iP 土台美容液

是什麼樣的魅力，能讓一瓶精華液上市未滿 4 年的時間，就已經創下熱銷 400 萬瓶的驚人紀錄？這樣的紀錄，讓 SOFINA iP 這瓶暱稱為土台美容液，成為美白類別外的精華液銷售冠軍。

品牌誕生於 2015 年 11 月的 SOFINA iP，在花王所有品牌當中算是極近期才推出的全新保養品牌。事實上，SOFINA iP 土台美容液的來頭可不小，因為她是集結花王近 40 年碳酸研究結晶所誕生的夢幻逸品。

SOFINA iP 土台美容液最為核心的技術，就是將高濃度碳酸泡的體積凝縮到比人體毛孔還小的 1/100mm。只要在保養的第一道程序，以按摩的方式將質地濃密的碳酸泡精華液塗抹於臉部肌膚，細微的碳酸泡就會立即滲透至角質層，使肌膚宛如新生般地飽滿水潤且有彈力。

這種將肌膚調整至最佳狀態的保養步驟，就像是打造穩固的土台（地基）一樣，可以幫助後續的保養成分更容易滲透肌膚，藉此提升保養的效率與效果。

喝起來帶有清爽水果口感的 SOFINA iP 綠原酸美肌飲除了高達 270mg 的綠原酸之外，還搭配 1,380mg 的小分子膠原蛋白及維生素 B_6 等美肌成分。因為在萃取綠原酸的過程當中，已經將咖啡因去除，因此即便是晚上飲用也不怕睡不著。相當適合日常工作壓力大且總是感到疲勞憔悴的現代女性。

SOFINA iP
クロロゲン酸 飲料

100ml×10 瓶 / 3,800 円

來自咖啡豆的神奇魔力，讓照鏡子變成每天最快樂的事——SOFINA iP 綠原酸美肌飲

不只是 SOFINA 的第一瓶，同時也是花王的第一瓶美容型飲料。這一瓶來自 SOFINA iP 系列的飲品，從包裝設計到視覺都擁有極高水準，和市面上絕大部分的美容飲品不同。據說，光是研究綠原酸這項原料就足足耗費 15 年之久的時間，可說是技術力 × 成分 × 時間的結晶。

從 SOFINA iP 綠原酸美肌飲的品名來看，就不難發現她的主要成分，就是和兒茶素並列兩大多酚的綠原酸。其實，綠原酸普遍存在於咖啡豆、蘋果、青花菜、茄子、紅蘿蔔等植物當中，其中就屬咖啡豆之中的綠原酸含量最高。在醫學上，綠原酸被視為一種能夠提高血管力的成分，同時也因為具備抗氧化能力，所以對於肌膚的益處也不小。為解開綠原酸未知的力量，花王也花了 15 年的時間投入相關研究。

在這項產品的開發過程中，花王也格外重視該如何有效率的萃取出綠原酸。為將綠原酸的萃取效率提升到極限，花王採用無烘焙程序，以原豆狀態慢慢地進行萃取。接著，再將萃取物當中的咖啡因去除，才獲得高純度的綠原酸，並且開發出這瓶得來不易的美容飲品。

花王經典品牌之貳

日雜評比第一 花王貴婦品牌 est

集結花王三十多年來的研發技術，打造能夠對抗乾燥的水潤彈美肌。

2000 年上市，華語圈人稱花王貴婦牌的 est，其實是衍生自花王旗下長壽保養品牌 SOFINA 的頂級品牌，也是花王最具代表性的百貨通路品牌。est 的完整名稱為 essence of SOFINA technology，也就是 SOFINA 技術與研究的結晶。

女性體內蘊藏著能夠讓自己變美的潛在能力。為喚醒這股神奇的力量，花王運用研究皮膚科學長達 30 多年的成果，推出 est 這個頂級保養品牌的目標，就是希望女性肌膚能處於最佳狀態。

est 在 2017 年秋季時，針對品牌中最核心的基礎保養系列進行改版，並將保養目標鎖定在現代女性所處的嚴苛環境。研究發現許多現代女性成天都待在辦公室中工作，而在空調環境之下，女性肌膚所承受的乾燥傷害，其實跟沙漠環境所帶來的傷害相去不遠。

因此，est 便把保養重點鎖定在極乾燥環境下的保濕力。在深入研究在沙漠鹽湖這種極嚴苛環境中還能生存的生物，以及其產生的特殊成分「四氫嘧啶」（Ectoine）之後，est 便將該成分應用在化妝水之中。在融合該成分與花王多年的保水研究後，est 終於開發出能像水庫般持續滋潤肌膚的化妝水，並在 2017 年獲得眾多美容大賞的冠軍殊榮。

est
ザ ローション

正　貨　140ml / 6,000 円
補充罐　130ml / 5,500 円

為對抗乾燥環境對肌膚帶來的傷害，另外採用高持續角蛋白保水配方，深入肌膚深層滋潤角質細胞，藉此打造清透的潤彈肌。

est
ザ エマルジョン
W - II〈美白〉

正　貨　80ml / 6,500 円
補充罐　80ml / 6,200 円

睡前使用的夜用乳液。為長時間將水分留在肌膚當中，另外採用高滲透神經醯胺護理配方，提升肌膚的保水力。瓶身上的 W 為美白型乳液，其美白成分為花王獨家開發的洋甘菊 ET，W 後面的羅馬數字為滋潤度。（医薬部外品）

est
ザ プロテクション
W - II〈美白〉

30ml / 6,000 円

具備防曬機能的日用乳液，除 ATP Spiral 保濕成分之外，還添加美白成分洋甘菊 ET。瓶身上的標示規則與夜用乳液相同。（医薬部外品）

est
ザ クリーム TR

正　貨　30g / 30,000 円
補充罐　30g / 29,000 円

針對乾燥問題嚴重，以及缺乏光澤與緊緻度的肌膚所開發，質地偏濃密且帶有高雅香氛的抗齡乳霜。花王在 est 的新品開發過程中，刻意對月下香的花瓣細胞造成傷害，同時進行細胞培養，最後該細胞會增殖到約 500 萬倍。對於該細胞所產生的成分，花王將其命名為「月下香培養精華 α」，並且高濃度添加於這瓶乳霜之中。使用之後，可以明顯感受到來自肌膚深層那宛如新生般的滋潤感與彈力。

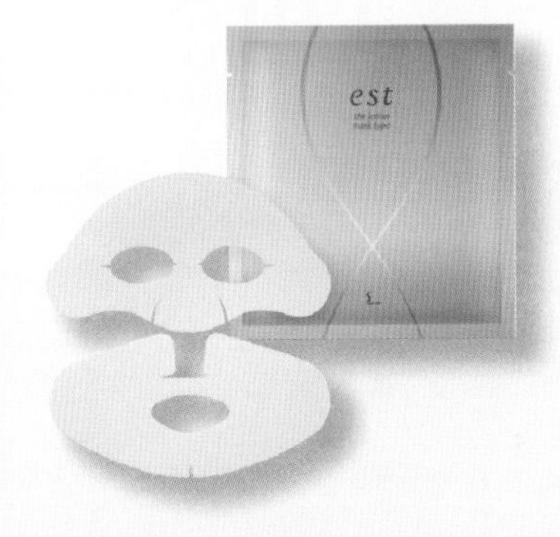

est
ザ ローションマスク

1 組單包 / 1,500 円
5 組盒裝 / 6,000 円

濃縮 30 次用量的化妝水用量的超奢華高保濕面膜。面膜紙本身的服貼度相當好，非常適合每週拿來做一至兩次集中保養，或是在重要的日子前一晚拿來做急救保養。

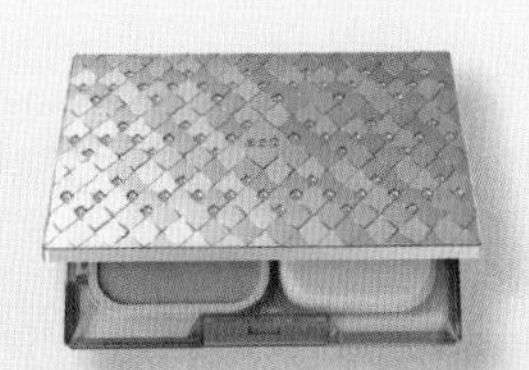

est
パウダーファンデーション
シルキースムース

蕊　10g / 5,000 円（全 6 色）
專用盒　1,500 円

粉體研磨得極細微，塗抹起來超滑順且好延展，宛如在肌膚表面鋪上一層絲綢般，完全沒有不自然的粉感，而是帶有健康光澤感的滑嫩美肌妝感。除了不易脫妝之外，也不會因為出油而讓妝感顯得黯沉。

est
クリームファンデーション
エッセンスモイスト

30g / 5,500 円（全 6 色）

添加玻尿酸等多種精華液美容成分，可打造潤澤光澤肌的粉底乳。採用服貼薄膜技術，即便肌膚隨表情活動，妝感還是能維持自然。獨特的光控粉體，可散發出消除暗沉感的淡紫色光。

est
ロングラスティング
ルースパウダー
〈ルーセント〉

15g / 4,500 円

可讓底妝不易脫妝且不易泛油光的清透型蜜粉。採用薄片狀透亮粉體，可展現自然明亮的清透感。完妝後輕輕撲上一層蜜粉，可讓妝感看起來更為清透柔和。

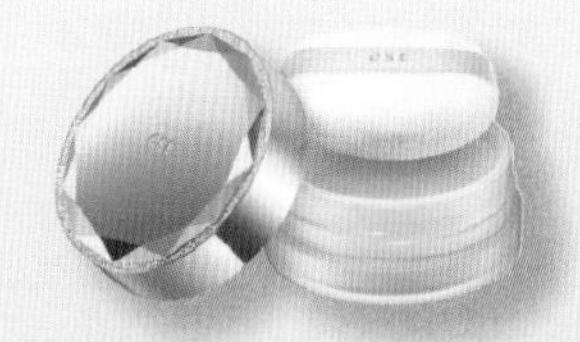

est
ロングラスティング
ルースパウダー
〈パール〉

15g / 4,500 円

可讓底妝不易脫妝且不易泛油光的珍珠光蜜粉。細微的珍珠粉體可散發出自然柔和的光亮感，並且提昇妝感的光澤度。

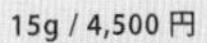

花王經典品牌之

小資女界超名氣乾敏肌逆齡保養品牌——Curél

提升肌膚對抗刺激的抵禦力，日本乾燥敏弱肌保養領導品牌。

近年來，敏感肌一詞成為保養品界熱門的關鍵字之一。連帶地，敏感肌、敏弱肌相關的保養品牌也如雨後春筍般問世。花王的Curél很早就投入乾燥敏感型肌膚的相關研究，除了身體・頭皮清潔保養之外，光是臉部保養就發展出基礎保濕、美白、痘痘肌以及抗齡等四大系列，堪稱是日本開架市場上產品類型最為完整且全面性的乾燥敏感型肌保養領導品牌。

在乾燥敏感型肌膚一詞出現之前，花王早從1980年代就已經注意到乾燥所引起的各種肌膚困擾。當時，花王發現乾燥敏感型肌膚的成因，主要和肌膚缺乏保濕成分神經醯胺（Ceramide）有關。然而，當時天然神經醯胺的萃取成本相當昂貴，為了幫助更多人改善乾燥敏感型肌膚問題，花王決定運用30多年的皮膚科學研究，自行研發效果與天然神經醯胺相似的物質。

就在1987年，花王成功地研發出「潤浸保濕Ceramide成分」。在那之後，花王持續和日本的皮膚科專家共同研究，探討該成分是否能改善肌膚屏護力下降所引發的肌膚乾燥問題。最後，在1999年將潤浸保濕Ceramide成分商品化，推出大家所熟悉的Curél。

Curél的清潔與保養原理可分為兩部分。第一個部分就是利用溫和低刺激的弱酸性成分，在不破壞肌膚原有屏護的狀態下，確實潔淨髒汙並保留肌膚原有的神經醯胺。第二個部分，則是利用獨家開發的潤浸保濕Ceramide成分，透過深入角質層提升滋潤與維持肌膚屏護的方式，讓肌膚不易受到外部刺激。同時間，也搭配桉樹萃取物來提升保濕作用。

Curél 化粧水 II しっとり

150ml / 1,800 円

質地偏向清爽，但卻有一股深度滋潤的感覺，讓肌膚顯得水潤。添加可穩定肌膚狀態的尿囊素，可舒緩因乾燥所引起的不適感。化妝水分為**I 清爽型、II 輕潤型、III 潤澤型**等三種類型，可依照季節或肌膚狀態選擇。
（医薬部外品）

Curél 乳液

120ml / 1,800 円

質地略帶濃密，卻相當好推展且容易滲透肌膚，並不易殘留不舒服的黏膩感。深度浸透的水潤感，能讓膚觸顯得柔軟且有彈性。
（医薬部外品）

Curél 潤浸保湿 フェイスクリーム

40g / 2,300 円

質地較為濃密，適合狀態容易反覆不穩定的乾燥敏感型肌膚使用。雖然質地濃密，但使用起來不會有太過厚重的感覺，而是覺得肌膚表面有一道舒服的潤澤膜。
（医薬部外品）

Curél ジェル メイク落とし

130g / 1,000 円

質地滑順好推展的卸妝凝露。使用時不只不會拉扯肌膚，也不會破壞角質原有的保濕機能。即便使用起來感覺輕透，但唇彩、防曬以及底妝都能溫和卸除。
（医薬部外品）

Curél 泡洗顏料

150ml / 1,200 円

簡單一壓就可擠出細緻的潔顏慕絲，在潔顏過程中並不會因為拉扯而造成肌膚負擔。沖洗後的肌膚呈現水潤而不緊繃。
（医薬部外品）

Curél ローション

220ml / 1,300 円

臉部及身體皆可使用的保濕乳液。質地相當清爽好推展，從嬰兒到老人家都可用。除了一般乾燥引起的不適肌膚部位之外，像是膝蓋或腳跟等容易因為乾燥而顯粗糙的部位也很適合使用。
（医薬部外品）

Curél クリーム

90g / 1,500 円

質地介於乳液及高保濕膏之間，使用起來相對滋潤的乳霜。同樣是臉部及身體皆可使用，特別適合用於乾燥而顯粗糙的部位。另外，也很適合在乾燥的季節加強潤澤肌膚。
（医薬部外品）

Curél モイスチャー バーム

70g / 1,800 円

臉部及身體皆可使用的高保濕膏。就質地來說，是整個基礎保濕系列當中最為濃密，可為極度乾燥的肌膚帶來滋潤感，而且能服貼於肌膚之上，讓潤浸保濕 Ceramide 成分持續滲透角質層。
（医薬部外品）

如水一般清爽保濕防曬力卻強到爆的 Bioré UV

防曬技術再升級，輕透水感防曬的代名詞——Bioré UV Aqua Rich

使用感極為輕透且充滿水潤感的 Aqua Rich，讓擦防曬變成一件輕鬆無負擔的事情。正因為防曬效果有感，擦起來又讓人覺得不會有厚重的悶膩感，所以在日本防曬市場上連續 12 年登上銷售冠軍，更是經常受各大美妝雜誌與網站評比為最佳防曬品。

來自花王 Bioré UV 的 Aqua Rich 分為質地輕薄不泛白且具清透感的防曬精華，以及滑順好推，可在肌膚表面形成光薄膜，讓肌膚看起來更顯光澤的防曬凝露等兩種類型。無論是哪個類型，都同時具備輕透不厚重、超防水但一般潔顏品就可卸除等特色。另外，兩者也都添加玻尿酸及蜂王漿等保濕成分。

在 2019 年最新一次的改版當中，最大的技術性突破就是採用全球首創的 Micro Defence 配方。傳統的水基防曬品看似擦滿全臉，但只要經過一段時間，肌膚上的防曬成分就會呈現分布不均的狀態，特別是肌膚紋路等部位，就會形成肉眼看不見的極細微縫隙。在這項新配方的輔助之下，UV 阻斷微細膠囊可深入膚紋等皮溝，宛如像另一層極輕極透的薄膜覆蓋在肌膚之上，發揮更加全面性的防曬效果。**系列防曬係數為現行最高水準之 SPF50+・PA++++**。

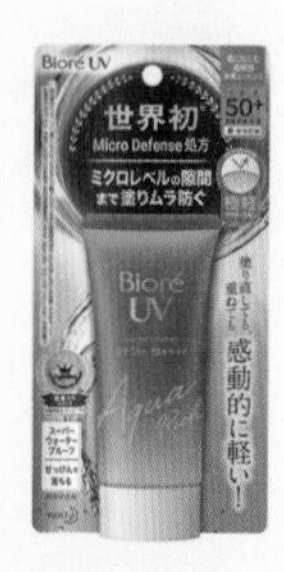

Bioré UV
アクアリッチ
ウォータリー
エッセンス

50g / 800 円

水感好推超輕透，無論疊擦幾次也不厚重，輕透得令人大感意外！（SPF50+・PA++++）

Bioré UV
アクアリッチ
ウォータリー
ジェル

90ml / 800 円

利用光薄膜效果，用後可使肌膚散發出健康的光澤美肌感。（SPF50+・PA++++）

高溫潮濕也不怕，環境條件再嚴苛也不怕曬——Bioré UV Athlism

近年來，隨著馬拉松以及露營等戶外活動的興起，市面上陸續推出符合這些場合需求的防曬品。除了基本的**耐水耐油**之外，**耐摩擦**不易掉也成為戶外活動取向型的防曬品必備條件。針對這樣的新型態需求，花王的 Bioré UV 在 2019 年採用獨家新技術，推出全品牌中耐汗及耐磨擦等級最高的新系列 **Athlism**。

為實現耐水、耐汗、耐高溫及耐磨擦，Athlism 採用獨家開發的 Tough Boost Tech 防曬新技術，讓防曬成分能夠緊密服貼於肌膚之上，宛如形成一道看不見的防禦層。因此除了防曬之外，太陽大的日子拿來當隔離乳使用也不錯。Athlism 的耐久性雖然不錯，但只要用一般的洗面乳就可卸除，而且也都添加玻尿酸及蜂王漿等保濕成分，可防止肌膚變得乾燥。

Bioré UV Athlism 全系列分為兩種類型，一種是質地滑順的油性基底，但服貼於肌膚之後沒有過於厚重的黏膩感。另一種則是清爽好推展的水性基底，在服貼於肌膚之後會呈現出水潤膚觸。就防曬特性來說，其實相當符合台灣及香港這些夏季漫長且高溫又潮濕的環境使用。**系列防曬係數為現行最高水準之 SPF50+・PA++++。**

Bioré UV アスリズム スキン プロテクト ミルク

65ml / 1,500 円

以油性成分為基底，使用起來卻清爽不黏膩。服貼於肌膚之後，會呈現出滑順的觸感。（SPF50+・PA++++）

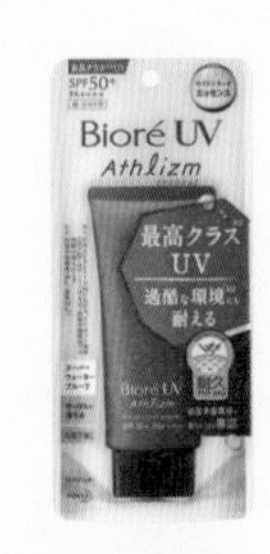

Bioré UV アスリズム スキン プロテクト エッセンス

70g / 1,500 円

質地是清爽的水性基底。特別採用花王獨家的 Micro Defence 新技術，可讓防曬成分深入細微部位，發揮更加完整的防護。（SPF50+・PA++++）

花王經典品牌之伍

心境，是生活的基調 and and

看心情、依香味、選設計，像穿搭一樣可以自由搭配的洗潤新概念。

號稱花王旗下最具設計感，既可愛又時尚的 and and 打破過去消費者挑選洗潤髮產品的既有概念。這次不從髮質的角度來看，而是像衣服和彩妝一樣，看心情、依香味、選設計地自由搭配洗髮精跟潤髮乳。怎麼挑，怎麼選，全都掌握在自己手裡！

花王從 2004 年開始，就透過實驗方式來持續研究人類的感官科學，並在 2007 年時發現人類快樂舒適的感受元素可分類成 16 個不同因子。其中，使用洗髮精以及潤髮乳的時候，都會希望有不同的感受。例如，洗髮時會希望感受到安靜、輕鬆及滿足，而使用潤髮時則會希望感受到活力、雀躍及動力。

因此，花王便根據人們在不同場合所想感受到的氛圍，利用天然精油各調合出三種不同的原創香味。並且以自由搭配洗髮精與潤髮乳的新概念，於 2019 年 5 月推出全新的洗潤髮品牌 and and。

and and 洗髮系列

採用無矽靈配方，輕鬆就能搓出濃密但卻能簡單沖淨的泡泡。洗完之後頭髮不會有卡卡的乾澀感，而是呈現滑順柔軟的舒服觸感。（各 480ml / 1,400 円）

and and 潤髮系列

採用髮絲修復配方，搭配蜂王漿萃取物、摩洛哥堅果油、葡萄籽油以及乳酸等潤澤保濕成分，讓吹乾後的髮絲也能維持亮澤感。（各 480ml / 1,400 円）

隨興地 and 歡欣鼓舞

乘著自行車
衝下長長的坡道

天空如此地藍，
就別理會旁人的目光了，
乘著自行車一口氣衝下坡道吧！
隨著速度加快，
心情也跟著變好了呢！

隨興地 and 雀躍不已

把櫥窗購物
當成尋寶遊戲

並沒有
特別想要的東西。
偶然發現一家可愛的小店，
不禁地站在櫥窗前仔細端倪。
搞不好，會有意外的收穫哦！

靜謐地 and 立定決心

早晨 07:30 的咖啡
還有報紙

因為立定決心，
希望自己今年能稍有長進，
所以從今天開始早起。
期許自己能養成
在靜謐早晨吸收新知的習慣。

從容地 and 歡欣鼓舞

好友深夜來電
停也停不下來

即使夜深，
仍會打電話來聊天的朋友，
其實相當珍貴。
打開就關不住的話匣子，
空虛的心靈也慢慢被填滿。

從容地 and 雀躍不已

不知不覺中
花瓶裡的花苞綻放了

原本以為朋友送的那束花，
花都已經開盡了，
沒想到卻還是發現，
有個還沒綻放的花苞。
真是個令人雀躍的小發現。

隨興地 and 立定決心

不設目的地
就到附近晃晃吧

實在不想
讓星期天就這樣結束。
總之，先出門再說吧！
悠閒地、漫無目的…
總比在家閒得發慌好。

靜謐地 and 歡欣鼓舞

在度假地的沙灘上
讀一本書

在度假地盡情地喧鬧固然不錯，
不過最近我卻覺得，
靜靜地慢度時光是件奢侈的事。
喜歡的書，非日常的閱讀感受，
這樣的組合也會令人情緒高昂。

靜謐地 and 雀躍不已

夜半偷偷地
享用冰淇淋

在家人都入睡的夜半時分，
享用偷偷留下來的冰淇淋，
屬於一個人的雀躍時刻。
感覺像是在做壞事，
但卻又覺得好刺激有趣。

從容地 and 立定決心

明天就出發
去旅行

前往嚮往許久的城市。
準備 OK！
心滿意足地看著
那被塞滿的行李箱，
一邊期待明天快點來臨。

3 種洗髮 3 種潤髮，可自由搭配出 9 種不同的組合。無論是哪個組合，都能帶給人不同的舒適感，也能為你訴說一段屬於你心境的小故事。這，就是 and and 的迷人之處。

溫和但卻能確實清潔頭皮，
五大主題新包裝華麗登場。

來自花王 merit 家族的 PYUAN，是誕生於 2017 年的洗護髮品牌。merit PYUAN 的品牌概念是嚴選必要的洗淨成分，在不對頭皮過度造成負擔的狀態之下，確實清潔頭皮及秀髮。

merit PYUAN 最大的特色，莫過於那主題、包裝設計與香味都不同的多種選擇。在 2019 年 7 月的改版當中，不僅一口氣推出 5 種不同的主題，而且還特別和 5 個不同領域的代表人物及品牌合作包裝形象設計。對於喜愛獨特性及視覺刺激的年輕族群而言，是相當具備話題性的新商品。

這次改版下，merit PYUAN 的洗髮精同樣採用無矽靈配方。使用時可簡單搓出弱酸性的濃密泡，確實潔淨頭皮上的髒污，且洗後頭髮不乾澀。在潤髮乳方面，除了讓髮絲顯得滑順之外，最大的賣點就在於使用後，能和水分產生反應，就算流汗還是能長時間散發出迷人的香味。（各 425ml / 725 円）

花王經典品牌之陸

刷爆日本 IG 網紅圈的洗潤髮品 merit PYUAN

Action

for 充滿玩心的妳／你

合作形象夥伴【歌手】Dream Ami

－柑橘＆向日葵香－

Nature

for 熱愛日常的妳／你

合作形象夥伴【攝影師】高橋ヨーコ

－薄荷＆鈴蘭香－

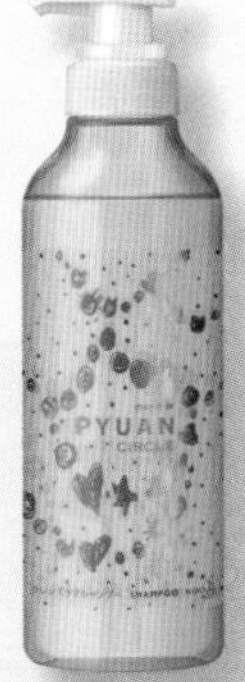

Circle

for 帶給大家歡笑的妳／你

合作形象夥伴【時尚品牌】TSUMORI CHISATO

－桃花＆李花香－

Daring

for 想稍微變大膽的妳／你

合作形象夥伴【插畫家】河井いづみ

－玫瑰＆雛菊香－

Unique

for 想做自己的妳／你

合作形象夥伴【家飾館】SALON adam et rope

－百合＆純淨皂香－

從髮根內部給予韌性及光澤的極濃密滋養 ASIENCE

ASIENCE 史上最濃密！
一次滿足修復・保濕・柔軟三大護髮需求
—— ASIENCE 濃密護髮膜升級大改版

強調能夠襯托出東方人獨特美髮感，讓髮絲由內向外散發出健康強韌度與光澤感的 ASIENCE，是在 2003 年所誕生的洗護品牌。

在整個 ASIENCE 當中，濃密護髮膜是近期人氣直線上升的單品。每週只要使用一次，而且只需要 5 分鐘的時間，美髮成分就能滲透至每一根髮絲之中，為乾燥受損的髮絲提供滿滿的滋潤度。在用水沖淨之後，那帶有潤澤度的滑順且強韌的髮絲，真的會令人忍不住一再撫摸。

在 2019 年 11 月，ASIENCE 濃密護髮膜將進行重大改版。就成分上來說，這回改版一次口氣採用**摩洛哥堅果油**、**玫瑰果油**、**柑橘油**、**荷荷芭油**、**葡萄籽油**、**石榴萃取物**、**桉樹萃取物**以及**柚子萃取物**等八種美容油及護髮成分。在奢華的天然香氛的包圍下，護髮油成分能夠滲透髮絲內側，並同時發揮修復、保濕以及柔軟等三大護髮機能，使受損乾燥的頭髮搖身一變，呈現出健康的光澤感。

在包裝設計方面，在這次的大改版當中，罐身採全黑作為主色，再以閃耀金套用在文字及裝飾線條上，演繹出氣質不凡的低調奢華感。

2019 年 11 月新版本

ASIENCE 濃密ヘアマスク

180g / 1,180 円

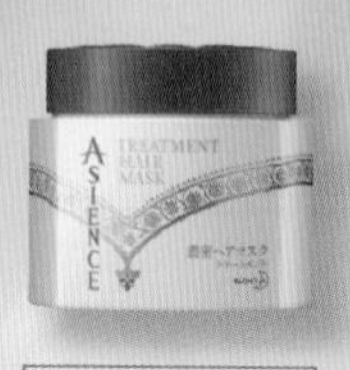

現行版本

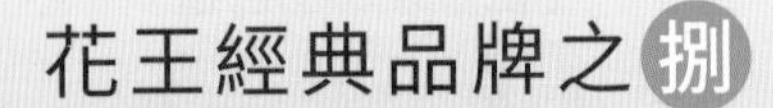

讓美麗
更加唾手可得
Essential

幫你對抗各種髮絲傷害原因，不用沖洗的護髮油——逸萱秀 CC Oil

吹風機、電捲棒、離子夾…各種女性每天都少不了的熱吹整，再加上乾燥的空氣與靜電…。我們日常生活中，充斥著許多造成髮絲受損的原因。有時候一般的洗潤護髮，還是無法好好修復傷痕累累的髮絲。

花王長壽人氣洗護品牌——逸萱秀為了平時需要熱吹整的女性，開發出早上吹整前、中午覺得辦公室太乾燥以及晚上洗髮吹乾前都可使用的 CC Oil。只要輕輕一抹，毛鱗片包覆技術就可均勻地包覆每一根髮絲。如此一來，白天承受各種傷害的髮絲，就會顯得不再毛燥而好整理。

雖然是護髮油，但使用起來不黏膩，而且帶有相當自然的迷人花香。

Essential
CC オイル
60ml / 760円

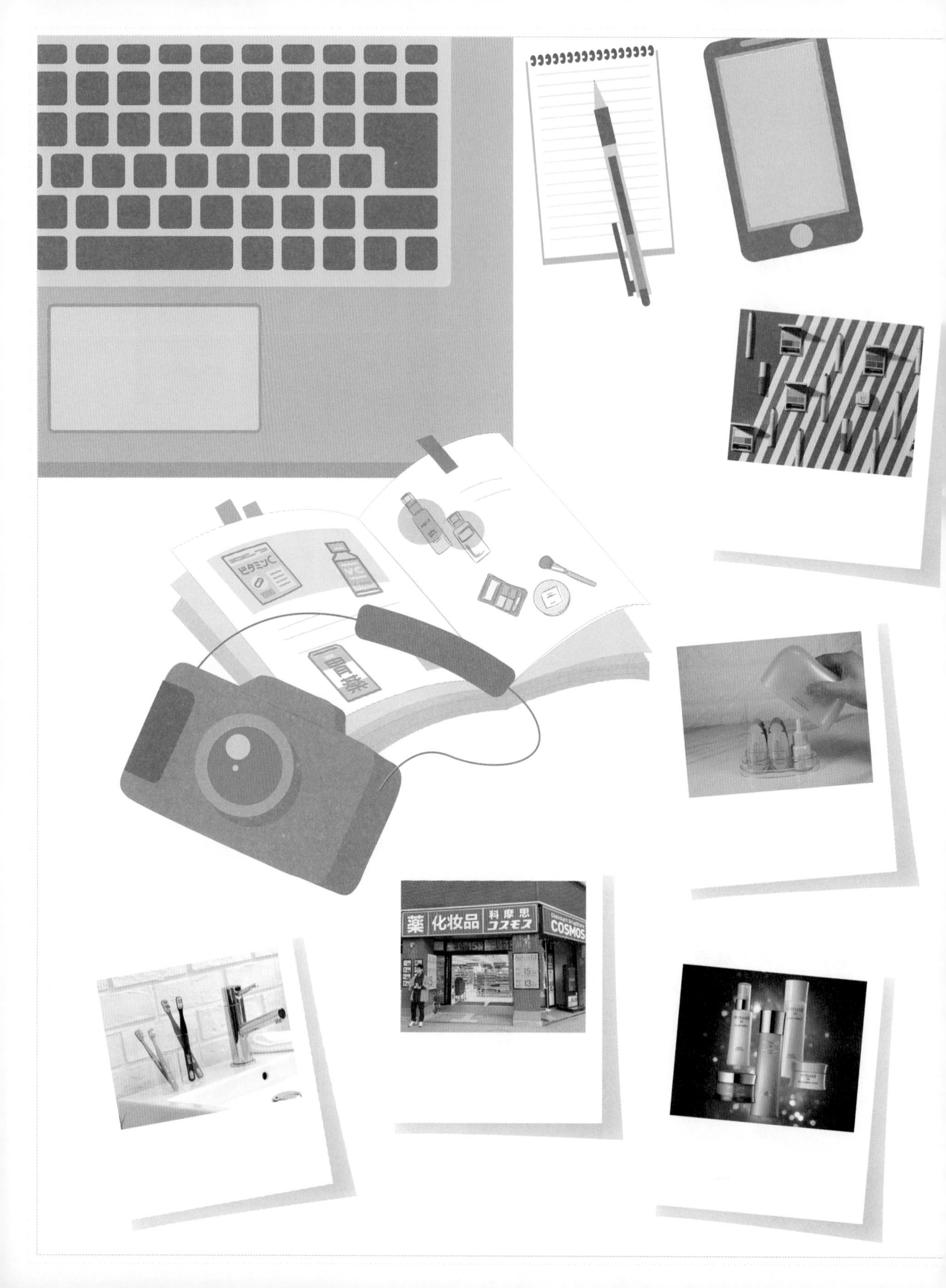
ビタミンC
薬
化妝品
科摩思
コスモス
Discount Drugstore
COSMOS

Chap 4 ter

特別情報研究室

第一手情報特搜

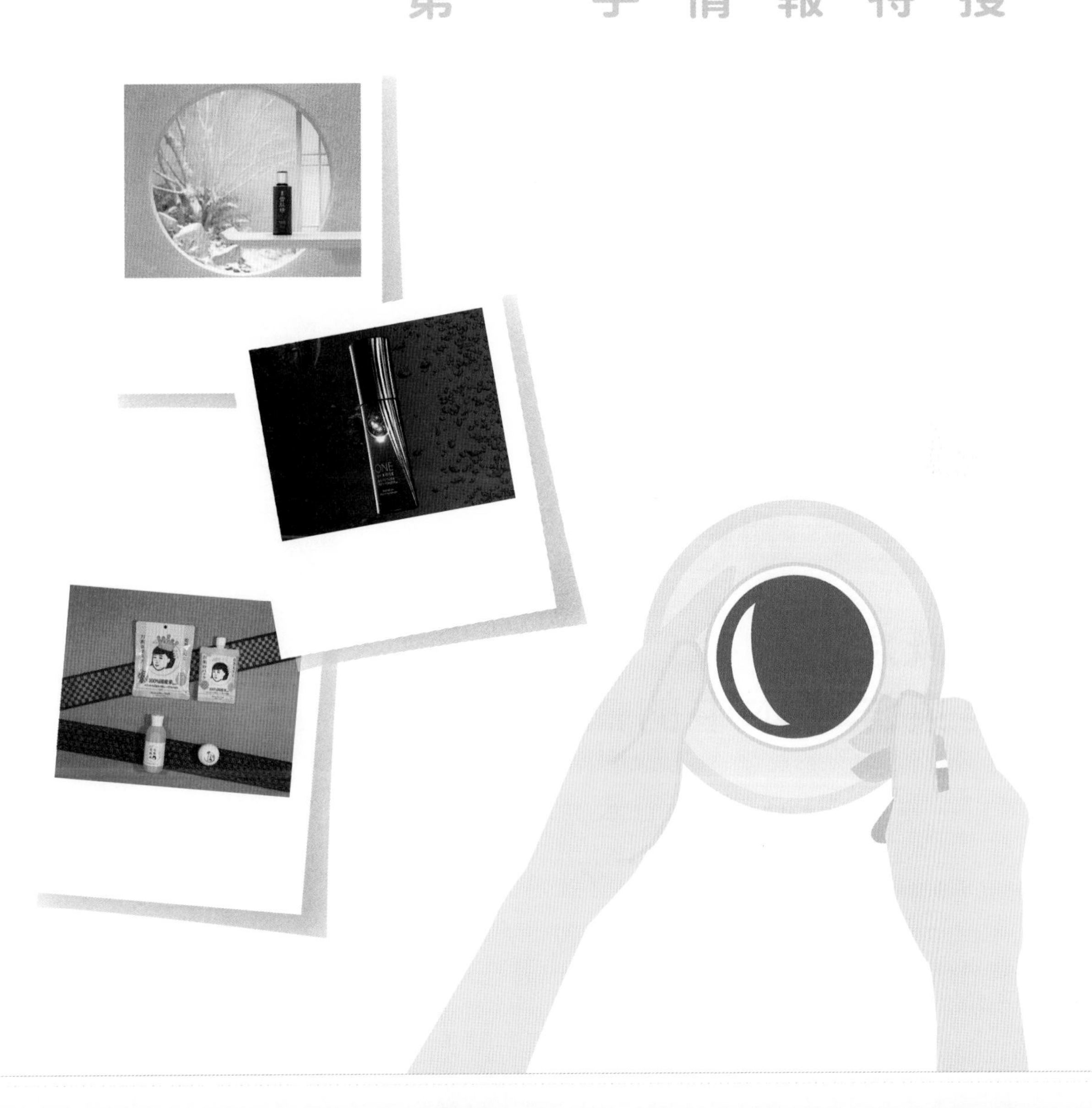

雪肌精
SEKKISEI

日本美妝保養界
不朽的經典
——雪肌精

品牌概念
來自東洋草本中的膚質調理

雪肌精，誕生於 1985 年的日本保養不朽之作。

在日本，雪肌精是不少母親送給女兒的世代傳承經典化妝水。
在海外，雪肌精則是認知度極高，堪稱日本保養界的化妝水代表作。
雪肌精是日本極少數以全漢字為品牌命名的保養品牌，那簡潔傳遞保養訴求的品牌名稱，突破國界的語言隔閡，成為華語圈認知度極高的經典化妝水之一。
即將在 2020 年迎向品牌 35 周年慶的雪肌精，自誕生以來已熱銷超過 6,000 萬瓶（統計至 2019 年 2 月）。綜觀日本，甚至是全球所有美妝品牌，這樣的單一化妝水銷售數字可說是難以匹敵。

雪肌精的誕生祕史

▲KOSÉ 第二代社長──小林禮次郎。

成功打造雪肌精這瓶化妝水經典名作的 KOSÉ，最早是以香水開發與製造起家。除了在 1975 年推出全球第一瓶精華液「ALPHARD R. C Liquid Precious」之外，也陸續推出日本第一瓶夏季粉底液「SUMMERD」、第一塊蜜粉餅「FIT ON」以及底妝史上第一塊乾濕兩用粉餅「TWO WAY CAKE」。

除了這些改變全世界美妝保養習慣的創新之外，雪肌精的開發與誕生，對於 KOSÉ 而言也是相當重要的一頁。

KOSÉ 開發契機來自女性不斷追求的三大美容課題

KOSÉ 第二代社長「小林禮次郎」在 1981 年上任之後，便以**無白髮**、**無細紋**以及**透白肌**這三個女性一生中不斷追求的美容目標，推動開發「每個人都適用，具備普及化價值的產品」。

在這項極具劃時代特性的產品開發計畫中，小林禮次郎將概念鎖定在東洋草本的調理作用，也就是透過持續使用的方式，來輔助改善根基狀態。

另一方面，為使這些具備特殊機能的產品，能在不改變現有保養習慣，更快且容易被消費者接受，小林禮次郎突破「產品系列化」的傳統框架，大膽採用單品化的型態推出高效能產品群。

高效能產品群共有 5 項產品。除雪肌精之外，其他 4 項商品皆於 1984 年上市。最晚上市的雪肌精可說大器晚成，因為它是唯一保留原始配方至今，並且成為 KOSÉ 招牌的產品。

▲KOSÉ 高效能產品群。

雪肌精延後上市的原因

雪肌精在上市之前的商品名稱為「白肌精」，但當時的日本主管機關認為「白」這個字有誤導消費者的可能性，因此無法登記成為商品名稱。就是這個原因，導致雪肌精無法如期在 1984 年秋季與其他高效能產品一同上市。

當時的社長小林禮次郎靈光一閃，認為這項產品能讓肌膚像雪一般透亮，那不如就把品名更改為「雪肌精」。就在半年之後的 1985 年初夏，雪肌精順利上市，並且快速累積人氣成為熱銷至今日的長壽商品。

雪肌精迷人的祕密

大部分人對於雪肌精的第一印象，就是能夠提升肌膚清透度的化妝水。其實，雪肌精還有其他吸引人的魅力哦。舉例來說，雪肌精之所以能讓滋潤感由肌膚深層湧現，其祕密就是來自於獨特的滲透技術。雪肌精所添加的成分，都採用微粒子化技術所製成，所以能夠均勻地分散於水之中，並且顯得親膚且容易滲透至肌膚當中。因此，雪肌精才能夠快速滲透至肌膚當中，保護肌膚不受乾荒與乾燥問題所困擾，進而提升肌膚本身的清透度。這就是雪肌精長久以來，廣受大眾喜愛的原因。

雪肌精的成分

雪肌精的品牌概念，就是以東洋草本調理膚質的方式，實現自然與健康的清透膚質。在質地的設計上，雪肌精也具備相當獨特的膚觸。雪肌精在與肌膚接觸之後，會像水滴落在沙地上一般快速滲透。在油水比例絕妙搭配之下，使用後的肌膚表面呈現清爽滑順，但肌膚內部卻能感受到滿滿的潤澤感。

針對雪肌精打造清透肌的主打保養機能，當年的研發團隊從 100 種草本植物當中，搭配出能讓肌膚更加清透的「透明感配方（淨透感配方）」。在這項配方當中，最主要的草本成分包括薏仁、當歸以及土白蘞等草本淬取液。

薏仁淬取液

淬取自原產於中國與印度的薏仁，具備保濕以及改善肌膚粗糙的問題。

當歸淬取液

淬取自藥膳料理中常見的當歸，具淨白及保溼作用。

土白蘞淬取液

淬取自土白蘞根部，具有優秀保濕力的成分，亦具有淨白肌膚的作用。

雪肌精瓶蓋別有妙用！?

一般化妝水瓶蓋最大的功用，就是防止異物掉入瓶中，同時也能防止化粧水自然蒸發。不過雪肌精的瓶蓋，卻跟**面膜**有相當密切的關係。

在保養品分類上，雪肌精屬於化粧水。除了搭配化妝棉擦拭之外，也能直接塗於全臉。不過，雪肌精最棒的使用方式，就是做成面膜濕敷於全臉，尤其是在夏季時使用更為舒服。

市面上有許多壓縮面膜紙，其大小都剛好可以放進雪肌精的瓶蓋當中，只要先把雪肌精倒滿至內刻度上，接下來就是把壓縮面膜紙放入瓶蓋當中。當壓縮面膜紙吸飽滿滿的雪肌精而膨脹後，就可展開化妝水面膜並濕敷於臉部約 10 分鐘。有不少雪肌精的愛好者，都是這樣子做日常保養的哦！

關於雪肌精瓶身設計的三個小祕密

文字

以全漢字命名的雪肌精，為反映出東洋草本配方的產品特色，採用中國古代官方所使用，歷史比楷書更為悠久的「隸書（曾蘭隸書體）」作為商品名稱的字體。

顏色

雪肌精的開發概念來自於東洋草本，以調劑室的藍色瓶罐做為藍本，並且選擇琉璃色作為主設計色。

形狀

雪肌精上市時的容量為 200 毫升瓶裝。當年的 KOSÉ 設計部長認為瓶身大小若和女性的手腕粗細與形狀類似，會更為好拿取，因此最後採用略帶橢圓狀的方瓶做為雪肌精的容器。

雪肌精系列
代表商品

基礎保養系列

雪肌精堪稱是清透肌保養的代名詞，目前整個品牌旗下產品項目已超過 20 種。事實上，在 1985 年上市之後，雪肌精有整整 15 年的時間是一瓶化妝水的商品名稱。直到 2000 年推出第一個系列商品——雪肌精乳霜之後，才持續新增家族成員，最後壯大成為一個完整的品牌。

薬用 雪肌精／經典版化妝水

薬用 雪肌精 エンリッチ／潤澤版化妝水

全球熱銷
超過 6000 萬瓶
永遠不敗的
淨白明星化粧水

雪肌精
薬用 雪肌精

200ml /5,000 円
360ml /7,500 円

雪肌精的品牌起點，質地水潤且清透。採用 3 種具備淨白、保濕的東洋草本成分所打造，可用於提升肌膚的清透度。除了經典版化妝水，另外還有滋潤度較高的潤澤版本可以選擇。

潤澤但不黏膩
協助打造
嫩彈明亮肌

薬用 雪肌精 乳液／經典版乳液

薬用 雪肌精 乳液 エンリッチ／潤澤版乳液

濃縮東洋草本
植物之力
提升眼周肌膚
的透亮感

雪肌精
薬用 雪肌精 乳液

140ml / 5,000 円

添加 5 種保濕淨白東洋草本成分，全年都適用的乳液。質地略帶濃密，但卻能快速深層滲透，使肌膚呈現外清爽、內彈潤。除了經典版乳液，另外還有滋潤度較高的潤澤版本可以選擇。

雪肌精
アイ クリーム N

20g / 5,000 円

專為柔嫩的眼周肌膚所開發，採用具有高保濕作用的薏仁淬取液，利用補水的方式提升眼周肌膚的柔嫩度及透亮感。

三種高濃度東洋
草本植淬油
簡單帶走
殘妝與暗沉

雪肌精
トリートメント クレンジング オイル

160ml / 2,000 円
300ml / 3,000 円（日本以外）

絕妙融合薏仁油、胡麻油與紅花油，搭配雪肌精獨特的東洋草本香氛，卸妝時就像是用精油為臉部按摩一般舒服。不只潔淨，也能軟化膚質。

濃密的草本
植淬泡
清透肌保養
就從洗臉開始

雪肌精
ホワイト クリーム ウォッシュ

130g / 2,000 円

潔淨成分來自無患子與椰子衍生淬取液，使用起來對肌膚負擔較低。就算不需搭配起泡網，也能簡單用雙手搓出濃密的潔顏泡。

搭配獨特
皮脂吸附粉體
不易脫妝且能預防
出油引發的暗沉感

雪肌精 ホワイト UV エマルジョン

35g / 2,800 円

質地為清透易推展的乳液狀，使用起來無黏膩感卻能對抗空調環境下造成的乾燥。搭配美白成分傳明酸，可在抵禦紫外線傷害的同時對抗黑色素。
（SPF50+・PA++++）

搭配獨家
雪晶粉體
打造輕柔且帶光
澤感的自然底妝

雪肌精 ホワイト BB クリーム

30g / 2,600 円

化妝水之後只要一瓶，就可同時完成保養與遮飾肌膚瑕疵的完美妝感。不只是遮飾力優異且自然，也能維持肌膚水潤感，提升持妝力。
（SPF40・PA+++）

本產品非保養品，使用後需徹底卸粧清潔，以免引發刺激或過敏等症狀。

搭配淨白保濕
草本成分
打造充滿水潤感
的偽素顏

雪肌精 ホワイト CC クリーム

30g / 2,600 円

質地滑順好推展，調控膚色同時遮飾肌膚上的小瑕疵，但妝感卻像素顏一般清透自然。即使是臉部出油，也不會使得臉部肌膚顯得黯沉。
（SPF50+・PA++++）

底妝系列

雪肌精自 2000 年起，逐年不斷增加品牌新成員，但基本上仍是延續草本調理的概念，衍生出更為完整的保養程序。自 2013 年推出 BB 霜之後，雪肌精便以東洋草本保養概念，陸續推出兼具清透保養機能的底妝品，讓雪肌精打造清透肌的世界觀更加完整。

CC 霜與粉餅
完美結合
打造零粉感的
細緻透亮肌

雪肌精 スノー CC パウダー

8g / 3,200 円

賦予肌膚光澤感的絲絨雪粉體，搭配可凸顯清透感的雪結晶粉體，可打造自然的零粉感妝容。粉體質地滑順，使用時彷彿就像細雪在肌膚上化開一般好推展。
（SPF14・PA+）

宛如純白
細雪般的蜜粉
讓柔和的清透
妝感持續完美

雪肌精 粉雪パウダー

11g / 3,500 円

如同其名，粉體就像是細雪般輕盈，但卻不會四處飛散。使用後自然無粉感，而且蜜粉會使肌膚表面散發出優雅的光澤感，同時也能抑制油光，使膚觸維持清爽滑嫩。
（SPF20・PA++）

守護藍色地球——雪肌精 SAVE the BLUE 計畫

KOSÉ 注意到沖繩海域的珊瑚礁，因為地球暖化及白化現象有持續縮小的問題，因此從 2009 年開始，便以 SAVE the BLUE 之名，展開人工種植珊瑚的海洋環保公益活動。

在日本當地，每年 7 月 1 日起兩個月內，每賣出一瓶雪肌精 SAVE the BLUE 活動指定商品，KOSÉ 就會種植同等於瓶底面積的珊瑚。在過去 10 年之間，KOSÉ 已經在沖繩海域的珊瑚森林種下約 16,000 株珊瑚，其面積相當於 25.8 座長度為 25 公尺的標準泳池。

原本只在夏季進行的 SAVE the BLUE 海洋環保公益活動，在 2018 年首度推出冬季山林環保公益活動。在這項計畫當中，KOSÉ 將植樹費用捐贈給 NPO 法人「森は海の恋人」（森林是海的戀人），並在日本東北地區推動森林保育計畫。

從 2012 年起，雪肌精每一年都會推出不同設計的 SAVE the BLUE 紀念瓶，而且每一年的設計當中，都有不同的訊息蘊含在其中，可說是相當具有意義和故事性的限定品活動。

2012

2012

珊瑚森林逐步擴大的富饒大海。

2013

2013

為了美麗的藍色地球，將 SAVE the BLUE 推廣至全世界。

2014

2014

只要珊瑚變多，魚和海豚也會聚集過來。

2015

吸收二氧化碳並釋放氧氣的珊瑚。

2015

2016

2016

佈滿珊瑚的海域上，沙灘都會散發出耀眼的白色光芒。

2017

2017

Live on THE Eaeth 祈求地球能永遠美麗且生氣勃勃…

2018 夏季

2018 夏季

Live on THE Eaeth ～將美麗的地球交給下一代～

2018 冬季

2018 冬季

守護森林，串連大海、串連地球。

2018

第二代則是採用雪肌精的琉璃本命色，整體散發出優雅卻帶華麗的感受。

2019

第三代以銀白色基底搭配充滿輕盈感的金屬光水藍，與輕透細雪的設計概念相呼應。

2017

推出**第一代**時，大膽採用銀白閃亮的盒身，如同雪之女王降臨般，給人震撼力十足的視覺刺激。

宛如細雪般的清透感・輕盈落在肌膚之上的夏雪奇蹟

——雪肌精 雪耀魔幻蜜粉

每年初夏，雪肌精就會施展魔法，讓雪花悄悄地與蜜粉盒融為一體，創造出耀眼動人，膚觸滑順的雪耀魔幻蜜粉。雪肌精從 2017 年開始，每年 5 月都會在日本推出這塊設計閃耀亮眼的限定蜜粉。

雪耀魔幻蜜粉最大的特色，就是質地略帶濕度的粉體能夠均勻遮飾毛孔，而且在與肌膚接觸的瞬間，會像細雪融化一般地服貼於肌膚之上。即便是重複疊擦也不易浮粉泛白。除此之外，因為搭配皮脂吸附成分，所以可長時間預防出油脫妝，持續維持剛完妝一般的透亮感。

除此之外，蜜粉本身也融合薏仁發酵淬取液等 4 種雪肌精特有的東洋草本植淬成分，粉體也經過胺基酸包覆的特殊加工處理，因此使用後不只能夠維持完美妝感，還能提升保濕性與親膚性。

簡約中散發出不凡典雅氣息，深層感受草本植淬之力——雪肌精御雅系列

擁有琉璃般耀眼光彩瓶身的雪肌精，就像是一棵不斷進化、持續開枝散葉的生命之樹一般，利用蘊含於草本之中的植淬之力，陸續衍生出完整的產品群，甚至是演化出全新的品牌。例如 KOSÉ 在 2016 年迎接創業 70 周年時，推出象徵 KOSÉ 研發技術結晶與極致草本之力的全新系列——雪肌精御雅系列。有別於其他的雪肌精家族系列，無論是在日本或海外，雪肌精御雅走的都是百貨通路。（部分免稅店也有販售）

系列概念

雪肌精御雅在日本稱為雪肌精 MYV，名稱當中的 MYV，意指日文當中象徵優雅之意的「みやび」（MIYABI）。整個品牌的軸心概念為追求清透感的未知領域，也就是利用草本的力量，讓肌膚從深層散發出耀眼光芒。

成分

核心成分是雪肌精最令人熟悉的薏仁，而且是來自長時間熟成薏仁種子，效果表現更加突出的熟成薏仁淬取液。除此之外，再搭配當歸以及土白蘞淬取液，以及雪肌精御雅系列新增的金櫻子與金盞花淬取液。這些雪肌精嚴選後的草本素材，可發揮優異的保濕效果，並且調理肌膚活力狀態，讓肌膚由內向外散發出優雅的清透光澤與彈潤感。

容器

簡約卻散發出凜然氣息的雙層構造瓶身，帶有典雅不喧鬧的東方禪學氣質。銀色內層部分採用日本傳統技藝中的鎚起銅器花紋，在半透明的外層構造襯托之下，獨特的鎚紋彷彿輕舞的雪花般優雅。

1
雪肌精 MYV
トリートメント
ウォッシュ
／光粹潔膚乳（洗面乳）
200ml / 5,000 円

2
雪肌精 MYV
コンセントレート
ローション
／光能露（化妝水）
200ml / 10,000 円

3
雪肌精 MYV
コンセントレート
クリーム
／光能湛活霜（乳霜）
50g / 20,000 円

4
雪肌精 MYV
コンセントレート
オイル
／光能醒膚油精粹（美容油）
40ml / 10,000 円

系列概念

雪肌精御雅系列的品牌概念為**打造會發光的清透肌**，而新推出的雪肌精御雅系列 ACTIRISE 則是強調**自角質層底層散發的彈潤感及活力感**。其中最具特色的單品，就屬會「拉絲」的**活米微酵彈潤霜**。因為添加活用發酵力的拉絲成分，所以彈潤霜本身質地濃郁到能夠拉絲。

成分

除了薏仁發酵淬取液這項雪肌精最為核心的靈魂成分之外，雪肌精御雅系列 ACTIRISE 的主軸成分還包含白米、米糠與大豆等日式傳統食材的發酵淬取液。除了提升肌膚的清透感之外，也能幫助肌膚實現潤彈、緊緻以及活力感。

容器

承襲雪肌精御雅一貫的日式美學風格，雪肌精御雅系列 ACTIRISE 的容器設計也相當精緻。外觀看起來宛如淨白的玉石，但用雙手拿起之後，卻有一種捧著日式餐具的獨特手感。不僅如此，在特殊加工技法之下，瓶身會微微散發出積雪般的光芒感與自然的光影感。

由左至右

雪肌精 MYV
アクティライズ
クリーム
／活米微酵彈潤霜（乳霜）
40g / 8,000 円

雪肌精 MYV
アクティライズ
ローション
／活米微酵化妝水
200ml / 5,000 円

雪肌精 MYV
アクティライズ
エマルジョン
／活米微酵乳液
140ml / 5,000 円

草本融合發酵之力・兩大傳統元素所激發而成的新日式美學——雪肌精御雅系列 ACTIRISE

高附加價值保養系列——雪肌精御雅系列在 2016 年上市之後，立即在日本海內外引起不小話題。不過該系列所設定的核心族群，是 20 世代後半至 30 世代的輕熟齡肌保養，因此走的是價位較高的抗齡保養路線。為擴增品牌產品選擇性，雪肌精御雅在 2018 年底以日本傳統的發酵技術為主題，推出價位落在中階，屬於 20 世代後半的抗齡前哨保養新系列——雪肌精御雅系列 ACTIRISE（雪肌精 MYV アクティライズ）。

宛如光芒融入肌膚般
令人為之著迷的清透妝感

雪肌精御雅在 2016 年推出後，接著在 2017 年秋季推出底妝系列。搭配草本植淬成分的底妝並不多見，而這樣的融合卻能有效輔助雪肌精御雅保養系列，讓肌膚由內向外散發自然高雅的光澤。

▍系列概念

延續雪肌精御雅系列**打造會發光的清透肌**的品牌概念，整個系列中最具代表性的單品，就是以全新底妝概念，採用精華油做為基底的**裸紗琉光粉底**。在精華油確實為肌膚補充潤澤度之後，就能有效改善因油分不足所出現的妝感服貼度不佳問題。

▍使用建議

STEP1. 先以**琉光輕感粧前乳**自然調和膚色，同時將肌膚紋理修飾得更加細緻。

STEP2. 接著使用**裸紗琉光粉底**修飾肌膚的暗沉部位，使肌膚顯得自然透亮。

STEP3. 搭配遮瑕力較佳且妝感自然的**琉光亮彩筆**，針對黑眼圈、斑點等部位進行重點修飾。

STEP4. 最後使用宛如薄紗般優雅滑順的**琉光輕柔蜜粉**柔化妝感，如此一來就可打造薄透且淨透光澤的完妝感。

▍容器

雪肌精御雅底妝系列也採用日本傳統技藝中的鎚起銅器花紋，而色調則是沉穩且高質感的日本傳統藍。無論是視覺或觸覺，都散發出一股無可取代的優雅氣質。

雪肌精國際櫃

雪肌精グローバルカウンター

為展現雪肌精草本的獨特世界觀，在雪肌精國際櫃的視覺設計上，特別請來擅長活用木材，曾打造無數符合日本風土特色建築的巨匠「隈研吾」大師親自操刀設計。帶有溫度感的木調色，巧妙地展現出優雅卻不失親和力的日式風格。

在日本，百貨通路限定的雪肌精 MYV 目前只在東京、大阪及札幌等三個主要城市設立 4 個專櫃（2019 年 4 月時）。在台灣，稱之為雪肌精御雅的雪肌精 MYV，在包括新光三越、SOGO、遠百、漢神、南紡購物中心以及夢時代等主要百貨商場，共計有 50 個以上的高絲專櫃展售，但目前只有高雄的漢神巨蛋百貨設有雪肌精國際櫃。

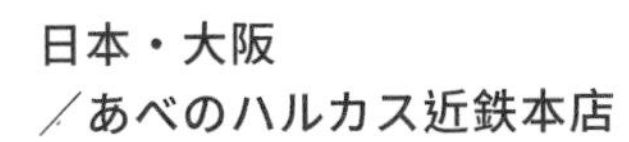

日本・大阪
／あべのハルカス近鉄本店

〒 545-8545
大阪府大阪市阿倍野区阿倍野筋 1 丁目 1-43
あべのハルカス近鉄本店 2 階
雪肌精コーナー

日本・大阪
／大丸心斎橋店

〒 542-8501
大阪府大阪市中央区
心斎橋筋 1 丁目 7-1
大丸心斎橋店南館 4F
雪肌精コーナー

日本・東京
／西武池袋本店

〒 171-8569
東京都豊島区南池袋
1 丁目 28-1
西武池袋店 1F 中央 A5
コスメアネックス
雪肌精コーナー

日本・札幌
／札幌三越店

〒 060-0061
北海道札幌市中央区
南 1 条西 3 丁目 8
本館化粧品フロア 1 F

台灣・高雄
／漢神巨蛋

〒 813-55
高雄市左營區
博愛二路 777 號
漢神巨蛋購物廣場 1F
閃耀經典館

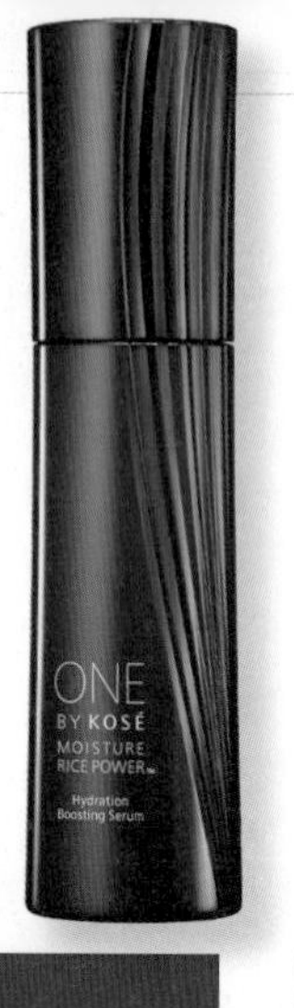

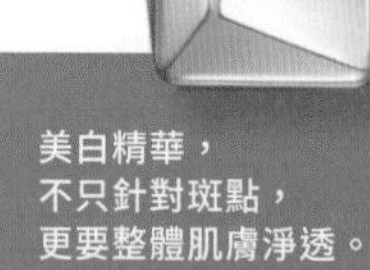

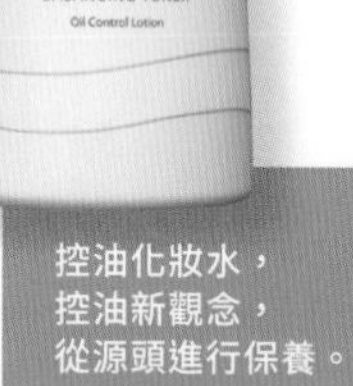

**潤澤精華，
保濕之名，
清爽質地。**

**ONE BY KOSÉ
薬用保湿美容液**

**60ml / 5,000 円
120ml / 8,500 円**

主成分是能夠輔助促進鎖水成分—神經醯胺的**精米效能淬取液No.11**。無論任何年齡、任何膚質，都可以在保養的第一個步驟使用，提升肌膚的保水力及後續保養的效率。（醫薬部外品）

**美白精華，
不只針對斑點，
更要整體肌膚淨透。**

**ONE BY KOSÉ
メラノショット
ホワイト**

40ml / 5,300 円

運用高絲美白研究 50 年的技術力，號稱可針對黑斑源頭發揮作用的進化型**麴酸**美白精華液。質地輕透，在夏季使用也不會感到黏膩，適合用來打造均一透亮的膚質。
（醫薬部外品）

**抗皺乳霜，
針對重點部位
加強保養。**

**ONE BY KOSÉ
ザ リンクレス**

20g / 5,800 円

採用抗齡成分**菸鹼醯胺**搭配保濕成分蝦紅素 AZ 複合體，從肌膚表層及底層兩個層面，發揮作用。適合用於眼周及嘴周的細紋問題。
（醫薬部外品）

**控油化妝水，
控油新觀念，
從源頭進行保養。**

**ONE BY KOSÉ
バランシング
チューナー**

120ml / 4,500 円

ONE BY KOSÉ 家族的最新成員，主成分是能抑制皮脂過度分泌的**精米效能淬取液 No.6**。質地輕透的化妝水，相當適合臉部一年四季都泛油光的人。
（醫薬部外品）

技術力 × 研發力的結晶

打造甚具特色的保養品牌——ONE BY KOSÉ

ONE BY KOSÉ 是日本高絲根據女性各方面保養需求，集結 70 年研究結晶所推出的高效能特化型保養品牌。從 2017 年品牌創立之後，ONE BY KOSÉ 陸續推出**保濕**、**美白**、**抗皺**及**控油**等四大類型的產品。最為特別的地方，就是每一項單品所採用的有效成分，都是經由日本主管機關所認可，因此每一項單品在日本都不只是單純的保養品，而是具備改善機能的**醫薬部外品**。

其實 ONE BY KOSÉ 在日本上市之前，最早是高絲於美國電視購物頻道「QVC」所推出的海外市場特化品牌。由於在美國的品牌經營成功，所以高絲在 2017 年時就決定讓 ONE BY KOSÉ 以技術結晶的品牌之姿在日本正式出道。

專剋乾燥毛孔肌！

日本國產米的保濕力——毛穴撫子

日本米精華系列

毛孔粗大的問題，是許多人在保養上最感到棘手的問題。造成毛孔粗大的原因非常多，除了油性肌的粉刺問題之外，過於乾燥的肌膚也會讓毛孔顯得粗大。

當肌膚過於乾燥，膚紋就會變得紊亂，而且毛孔看起來會顯得更加凹凸不平。若未及時加以改善，肌膚就會失去清透感而顯得黯沉，甚至上妝時也會變得容易浮粉或卡粉。

在日本藥粧研究室近十年的採訪過程中，曾經接觸過不少毛孔調理保養品，但產品群最為完整，而且熱銷力度最為驚人的品牌，莫過於石澤研究所所推出的的毛穴撫子系列。

針對乾燥引起的毛孔粗大問題，**毛穴撫子**採用 100% 日本國產米作為原料，萃取出**米發酵液**、**米糠油**、**米糠萃取物**、**米神經醯胺**等具備保濕、調理膚紋以及提升肌膚彈潤力的成分。只要充分給予潤澤度，肌膚就能像剛煮好的白米飯一樣顯得豐潤又滑嫩，而毛孔也會自然緊緻到讓你忘記它的存在。

累積銷售
突破1億片
面膜紙服貼
舒適度破表！

毛穴撫子 お米のマスク

10 片 / 650 円

面膜紙偏厚但服貼度卻好到令人驚豔！敷完後不會在臉部肌膚上殘留黏膩感，但滋潤度卻能持續一整晚。用過的人幾乎都會回購，導致市場上一度斷貨而難以入手。

宛如米粒般
的神奇觸感
上市便立即成為
話題焦點

毛穴撫子 お米のパック

170g / 1,250 円

2018 年底推出的系列新品。使用方式跟一般泥膜一樣敷於全臉，靜置 5 分鐘後再用清水沖淨即可。泥膜本身帶有 Q 彈度，特殊觸感重現米飯與粥之間的質地，感覺相當有趣。重點是，敷了之後能讓肌膚散發光澤感，整個人感覺就像亮了一個色階，讓人不禁地想要天天敷。

清爽如水
無負擔
乾燥肌的
專屬補水飲

毛穴撫子 お米の化粧水

200ml / 1,500 円

質地清爽不帶黏稠度，但卻能為乾燥肌膚確實補充水分及潤澤度。針對兩頰易乾燥且毛孔顯粗大的部位，也可搭配化妝棉濕敷加強保養。

濃密
但好推展
鎖住水分
不外流

毛穴撫子 お米のクリーム

30g / 1,500 円

質地雖然偏向濃密，但因為相當好推展，所以只要珍珠般大小的用量就可擦完全臉。透過密封加蓋的方式，可防止肌膚水分流失，並維持肌膚原有的 Q 彈力與緊緻度。

日本毛孔保養界的第一把交椅，見證小蘇打神奇效能的人氣品牌——毛穴撫子

誕生於 2007 年的毛穴撫子，最早是針對粉刺、毛孔粗大以及凹凸不平等肌膚問題所開發的品牌。毛穴撫子的品牌形象之所以成功，除了視覺印象深刻，充滿昭和時代復古風味的人物插畫之外，最重要的關鍵之一，就是採用天然且去油能力優異的小蘇打作為主成分。小蘇打能夠深入毛孔，輕鬆將髒汙帶走，而且富含小蘇打的濃密泡可溫和柔化生硬的角質，並且在為肌膚補充水分的同時輕鬆清潔臉部肌膚。

毛穴撫子共有五大系列，品項約有 18 種，除了肌膚保養產品之外，毛穴撫子利用小蘇打的清潔力，在 2015 年推出口腔護理系列，並在 2018 年底則是開始跟毛孔玩起躲貓貓，首度推出底妝系列產品。如此多樣化的產品類型，怪不得毛穴撫子系列會被譽為日本的毛孔護理保養專家了！

品牌誕生
第一號商品
經典不敗的
去角質潔顏粉

毛穴撫子
重曹スクラブ洗顔

100g / 1,200 円

利用小蘇打的潔淨力，搭配溫和的小蘇打顆粒，可同時應對黑頭粉刺及老廢角質堆積所帶來的毛孔粗大問題。

小蘇打加上
濃密泡
溫和潔淨
不緊繃

毛穴撫子
重曹泡洗顔

100g / 1,000 円

同樣利用小蘇打的潔淨力，再搭配多種保濕成分，洗後膚觸水潤不緊繃。適合有乾燥型毛孔粗大困擾的人使用。（泡泡濃密 Q 彈到硬幣放在上面也不會下沉！）

每次只要 5 分鐘
輕鬆向草莓鼻
說掰掰！

毛穴撫子
小鼻つるん
クリームパック

15g / 1,200 円

直接敷在鼻頭黑頭粉刺多的部位，5 分後不需水沖，只用面紙擦拭也 OK。為毛孔做大掃除就是如此簡單。適合為粗大毛孔感到困擾，卻又不想透過撕除或搓揉的方式來去除粉刺的人。

輕輕搓落
老廢角質
簡單打造
滑嫩膚觸

毛穴撫子 しっとり ピーリング

200ml / 1,600 円

添加撫子花精華的粉紅色凝膠，可包覆老廢角質與黑頭粉刺，只要輕輕搓動就能讓肌膚觸感變的滑嫩水潤。

日本職人
手工皂
潔淨全身毛孔
髒污與老廢角質

毛穴撫子 重曹つるつる 石鹸

155g / 800 円

利用富含小蘇打的濃密泡沫，軟化老廢角質清潔毛孔深處的髒污。可針對背部、臀部、膝蓋以及腳跟等容易堆積肥厚角質的部位強化清潔，讓肌膚摸起來就像水煮蛋一樣滑溜。

上妝前
輕輕一抹
簡單完成
飾底步驟

毛穴撫子 毛穴かくれんぼ 下地

12g / 1,750 円

針對粗大毛孔或粉刺部位輕輕推展，讓膚觸變的滑順，同時修飾毛孔隱形。在意毛孔而不易完妝者必備！

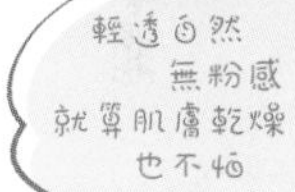

輕透自然
無粉感
就算肌膚乾燥
也不怕

毛穴撫子 毛穴かくれんぼ コンパクト

12g / 2,300 円

只要輕壓幾下，毛孔就會悄然遁形，直到傍晚都能維持自然水潤的零毛孔妝感。薄型粉餅盒攜帶起來完全不占空間。可以搭配「毛穴かくれんぼ下地」使用，讓零毛孔的光滑妝感更持久。

小蘇打與
牙膏的結合
對付黃板牙
的新武器

歯磨撫子 重曹つるつる ハミガキ

140g / 1,200 円

利用小蘇打分解蛋白質的溫和去角質作用，讓黃板牙也能脫胎換骨。愛喝茶或咖啡的人，相當值得一試！

▼ 使用後

輕輕
漱個口
髒污細菌
立即現形！

歯磨撫子 重曹すっきり 洗口液

200ml / 1,500 円

小蘇打搭配綠茶成分。漱口時，可將引發口臭的異味菌固化現形，用眼睛就看得見！

日本女孩的新話題，日本知名彩妝師 IGARI SHINOBU 監製的平價人氣彩妝品牌——WHOMEE

WHOMEE 的研發堅持

♡ 每項單品都能隨心所欲地無限延伸用途
♡ 能夠襯托膚質原本的顏色與質地
♡ 能讓東方人膚色顯得更美的色彩
♡ 抵禦紫外線及空氣汙染對肌膚的傷害
♡ 溫和不刺激，同時具備保養效果。

希望大家能更依賴彩妝！——WHOMEE 想獻給每個人的訊息

全系列包裝主色為粉紅色的 WHOMEE，是誕生於 2018 年的全新日系彩妝品牌。雖然是完完全全的新品牌，但幕後推手卻是當今日本人氣最旺的彩妝師 IGARI，以及 2000 年時在電視冠軍奪下第二屆美妝女王寶座的品牌企劃庄司麻美。

大量採用能讓女性看起來更可愛的粉紅色元素，再融合具有保養效果的成分，以及跳脫傳統框架的多用途單品概念，讓化妝變成一件能讓人變得積極正向、更有自信的日常習慣。

彩妝手法與概念獨到，對於堅持不願妥協的彩妝師 IGARI。

就是在這樣的概念與堅持背書之下，使得 WHOMEE 成為時下注目焦點的彩妝品牌。

IGARI 流的彩妝特色

化妝不是女性義務，而是特權！

對於 IGARI 這位人氣如日中天的彩妝師而言，化妝是件令人感到開心，而且能夠讓自己變得更美、更好的事情。IGARI 認為，任何年紀的女性都能展現可愛、頑皮的一面。因此，她在日本的支持者年齡層相當廣，加上她的彩妝理論獨特且深入人心，因此日本有個彩妝流派就稱為 IGARI 彩妝術（イガリメイク）。

IGARI 認為，粉紅色能讓女性顯得柔和可愛，因此是最適合女性的色彩。正因為如此，她在開發 WHOMEE 的彩妝單品時，都會忍不住偷偷加入一些紅色元素。就連眼妝也一樣！在許多彩妝師推崇用黑色等深色系眼影打造眼妝的趨勢下，她仍堅持採用粉色系眼彩，打造氣色好且惹人憐愛的妝感。也是因為這個原因，WHOMEE 全系列沒有一項單品的顏色是純黑色。

IGARI 曾經提過，女性不應該為自己天生的長相感到自卑，因為那些令人感到自卑的點，通常都是個人特色。因此，不應該利用化妝刻意遮掩那些缺點，而是要透過化妝凸顯那些特色，使自己看起來更可愛、更迷人。

IGARI SINOBU

髮妝師・彩妝師。WHOMEE 的品牌創意總監。在日本各大流行雜誌擁有連載專欄，也是眾多時尚雜誌與廣告的御用彩妝師，同時也是人氣超高的彩妝講師。

IGARI 擅長為所有人量身打造最適合的妝感與彩妝技巧，在日本業界又被稱為**時尚妝容達人**。在 IGARI 獨樹一格的創意及巧思之下，許多人都像是被施了可愛的魔法一般，令人忍不住想多看幾眼。無論是在日本或海外，IGARI 深受女演員及模特兒的支持與喜愛，是日本近年來人氣爆表的彩妝師代表之一。

眼影盤

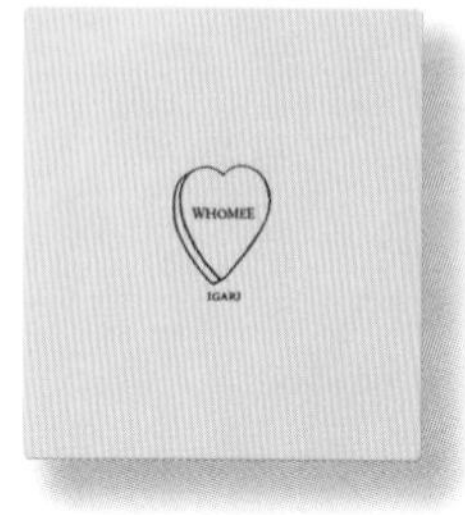

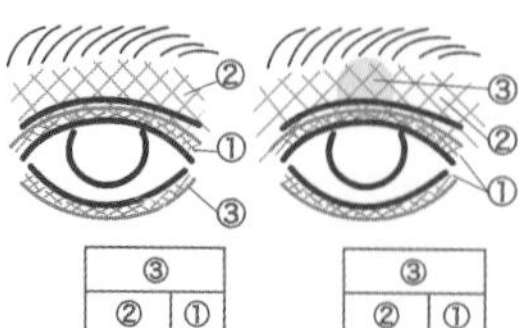

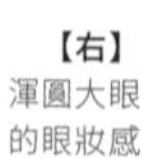

WHOMEE
アイシャドウパレット

1,800 円

IGARI 精選的絕妙搭配三色眼影盤，全部共有 4 種風格。無論是哪個風格，都有 IGARI 力推，能讓女性更顯可愛的粉紅色。

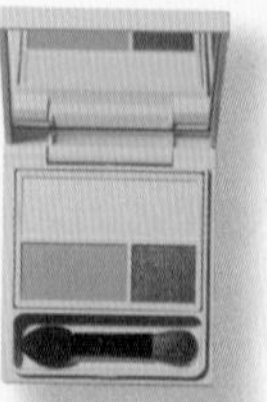

center pink

在主流大地色當中，加入些許微甜的粉紅色所打造的基礎眼影盤。

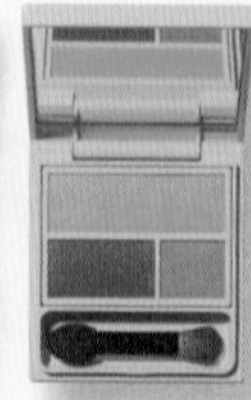

believe in pink

IGARI 認為最性感，能讓雙眼看起來更為水潤誘人，整體較為偏紅的粉紅色眼影盤。

pansy pink

略偏深色系的粉紫色眼影盤，可以讓眼妝散發出更迷人且具知性美的視覺妝感。

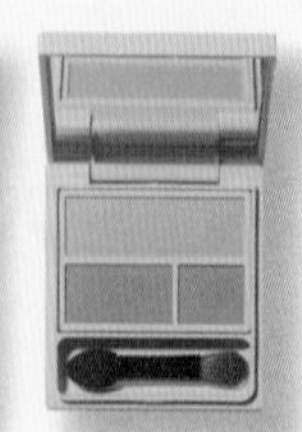

sunset pink

粉紅搭配橘色系，時尚感滿分的休閒妝感眼影盤。

眉彩盤

N bright brown

整體色調略為偏淡，可打造極為自然的眉感。利用右色輕輕點在眉下做出陰影，就可提升眉毛的立體感。

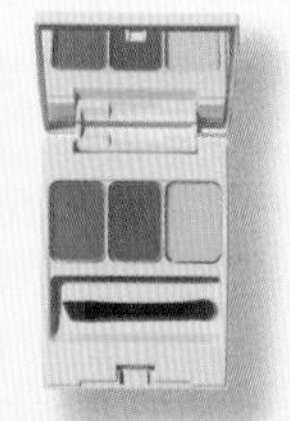

+ red brown

略帶紅色系的自然棕色眉彩，是能提升女人味的魅惑色調。利用右色，輕抹於眉下的眼皮上，就可讓眉毛看起來更性感。

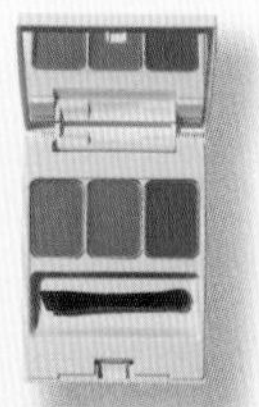

α dark brown

偏深的棕色系，可強化眉毛的視覺感，讓眼神感覺更有力。利用右色輕輕點在眉下做出陰影，就可提升眉毛的立體感。

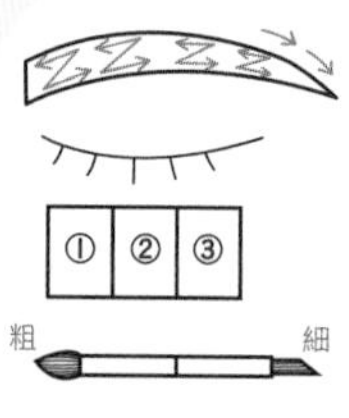

選擇自己習慣的刷頭，從眉頭往眉尾的方向，以 Z 字狀一路輕點。①與②可單色使用，也可混合使用。

WHOMEE
アイブロウパウダー

1,800 円

IGARI 認為眉彩是能夠讓妝感清新脫俗的重點。在這款可以自由調配的三色眉彩盤當中，IGARI 最強調的是每盒眉彩盤中最右邊的顏色③。任何眉彩只要添加這一色，就能讓整體的視覺變得更加洗練。

多功能染眉膏

WHOMEE
マルチマスカラ

1,500 円

IGARI 向來擅長利用眉彩來改變臉部整體的視覺感，因此開發出這款顯色自然的染眉膏。只要眉色與眉形都完美，整個臉的視覺感也會變得更加俐落有型。

(左) sand
搭配亮色系眼妝也能簡單呈現輕柔的自然眉感。除此之外，也能拿來當睫毛膏使用。

(右) noir
添加能夠讓眉毛的毛流更加有型的纖維，同時也能當成睫毛膏使用，就連植睫毛後也能夠使用。

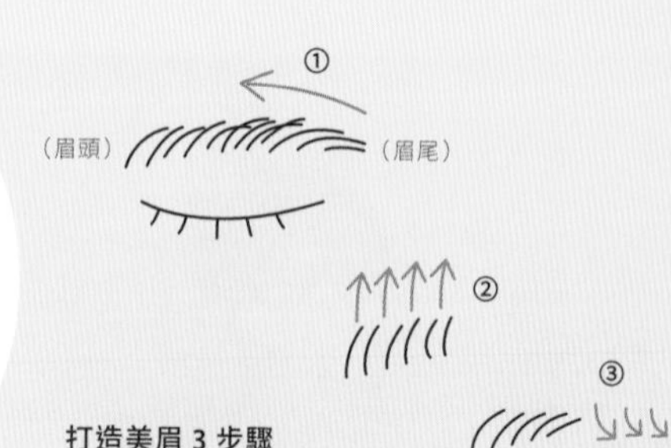

打造美眉 3 步驟

①先從眉尾**逆向**往眉頭刷。
②**眉頭**部分要讓眉毛豎立般地往上刷。
③**眉尾**部分則是順著毛流往下刷。

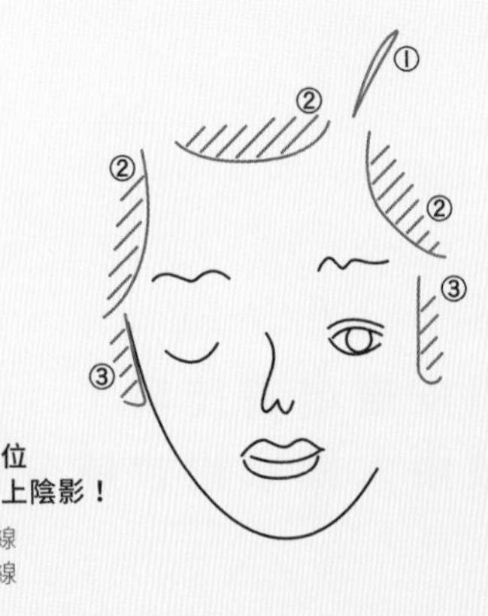

這些部位
都能打上陰影！

①旁分線
②髮際線
③鬢角
※任何想要添加陰影的地方。

WHOMEE
ちっちゃ顔シャドウ

10g / 1,800 円

填滿看不順眼的空白部位，就能讓臉看起來感覺變小，這也是IGARI彩妝術的祕密武器之一。不管是髮際線還是鬢角，任何妳想增添陰影感的部位都能使用！

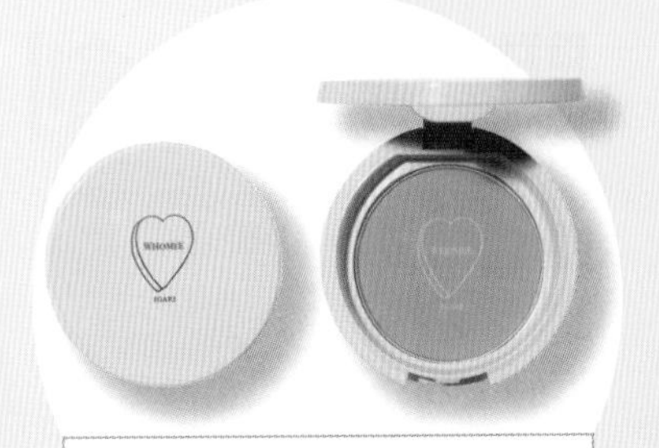

修容餅

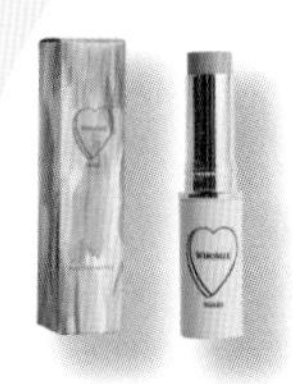

sister

優雅的薰衣草紫搭配亮粉，給人一種時尚中帶可愛的視覺感。

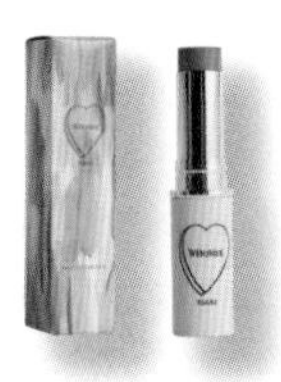

mabu

能讓肌膚由內向外自然散發出好氣色，最適合拿來提升血色感的番茄紅。

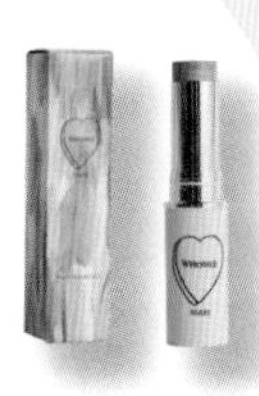

brother

不管是任何部位，都可以用來打底的萬用色。

sister適合當成眼彩、頰彩以及唇彩使用。

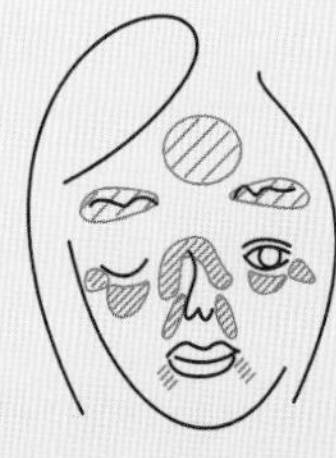

mabu、brother除了塗於眉下打亮用，也能用來修飾額頭、眼周鼻周及嘴周的膚色。

WHOMEE
マルチグロウスティック

1,800 円

看似唇膏，但卻可以同時取代頰彩、唇彩，甚至是能當成眼彩，或是塗於眉下打亮用。一品多用，徹底實現WHOMEE自由無限制的品牌精神。據說，在IGARI極度龜毛的堅持之下，曾經因為調不出她想要的顏色而不斷延期上市。

多功能彩妝棒

WHOMEE
アイシャドウブラシ
熊野筆 S

1,800 円

採用小馬毛所製，適合拿來用於眼睛周圍較細微的部位。

WHOMEE
アイシャドウブラシ
熊野筆 L

2,300 円

採用小馬毛所製，可以簡單且大範圍地搽上眼影，讓整體眼窩能夠淡淡顯色。

眼彩刷

WHOMEE
アイブロウブラシ
熊野筆

1,800 円

採用軟硬度的山羊毛所製成的眉彩刷。刷毛的毛量適中，手殘者也能簡單畫好眉彩。

來自資生堂皮膚科學

肌膚的創造者

BIO-PROJECT SKIN CREATOR

品牌誕生於 2004 年的 SKIN CREATOR，是資生堂耗費 15 年的時間，針對女性保濕、亮白、拉提、緊緻以及毛孔照護等多種日常保養問題，從皮膚科學研究的角度出發，以皮膚細胞培養技術為基礎所開發而成的高機能保養系列。

在日本美容市場上，SKIN CREATOR 擁有不少鐵粉。在 2016 年時，SKIN CREATOR 成為九州當地連鎖藥妝店「COSMOS」（科摩思）的專賣品牌。然而，當時科摩思的門市絕大部分集中在大阪以西的九州地區，導致於有段時間在關東以東的地區難以入手，所以又被美容通們視為夢幻逸品。

SKIN CREATOR 之所以會擁有如此多愛用者，最主要的原因，是那媲美醫美保養品，號稱可以在睡眠過程中，幫助肌膚喚醒再生力的高機能輔助作用。據說只要睡前使用，隔天就會明顯感受肌膚的水潤度與緊緻度有所不同。

運用皮膚培養技術，開發兩大獨家複合成分

SKIN CREATOR 的美容作用來自於獨家開發的兩種複合成分，分別是**細胞增殖與分化調控成分**以及**表皮細胞調節複合體**。聽起來感覺很複雜，其實說簡單點就是健康細胞的**原料**，還有讓細胞能更健康的**養分**。

SKIN CREATOR 當中的美容成分，包括傳明酸、維生素 A 衍生物、維生素 C 衍生物、維生素 E、桃仁萃取物以及射干萃取物。這些成分除了保濕潤彈作用之外，也能作為健康細胞的原料。

另一方面，SKIN CREATOR 最大的特色，就是能夠在肌膚表面形成兩道養育健康細胞的人造皮膜。這兩道人造皮膜的組合成分，除了玻尿酸、膠原蛋白以及海藻酸等保濕成分之外，最為特別的成分就是運用在隱形眼鏡或人造器官當中，可抑制水分蒸發的聚季銨鹽（Polyquaternium）。在這項成分的輔助之下，SKIN CREATOR 才能像是雙層面膜一般，花一整晚的時間讓美容成分慢慢地、確實地滲透肌膚。

▲ 整個系列目前只有兩項產品，一個是每天都可以使用的**集中護理霜（圖右）**，另一個則是每週使用一次的**特別護理精華凝露組（圖左）**。

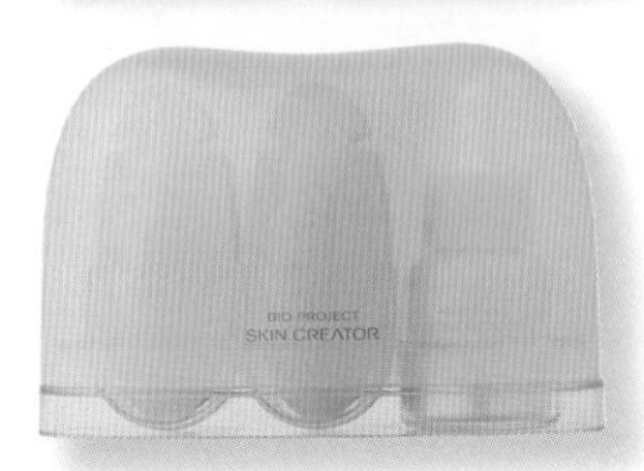

SKIN CREATOR スペシャル ウイークリーケアセット

1 組（精華液：1.5ml×12 包＋凝露：10ml）/ 9,000 円

一週只需要使用一次的集中保養，宛如就像在家自己做 SPA 一樣的方便，但卻有相當不錯的實際體感。洗完臉後，只要依序使用精華液及凝露就好，不需要搭配其他保養品也 OK。除了每週固定時間使用之外，在有重要聚會或約會的前一天也很推薦使用哦！

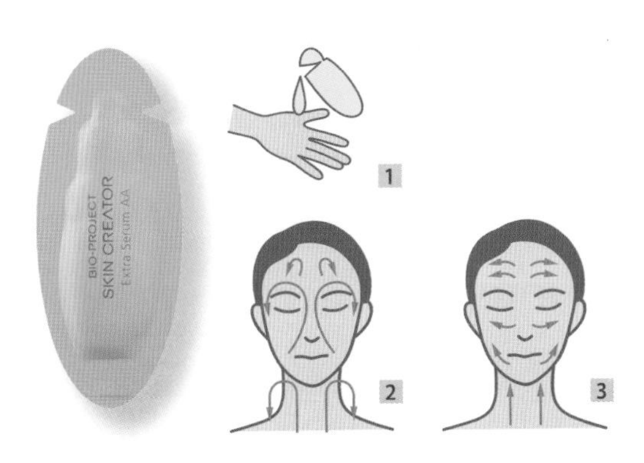

精華液 使用方法

1 先取 1 包分裝的精華液，並且撕開倒在掌心。2 以輕輕畫圈的方式按摩全臉及頸部。建議先倒半包，待按摩完之後，再倒剩餘的半包以相同方式進行按摩。3 最後，**臉部**以**由內向外**、**頸部**以**由下向上**的方式進行按摩。

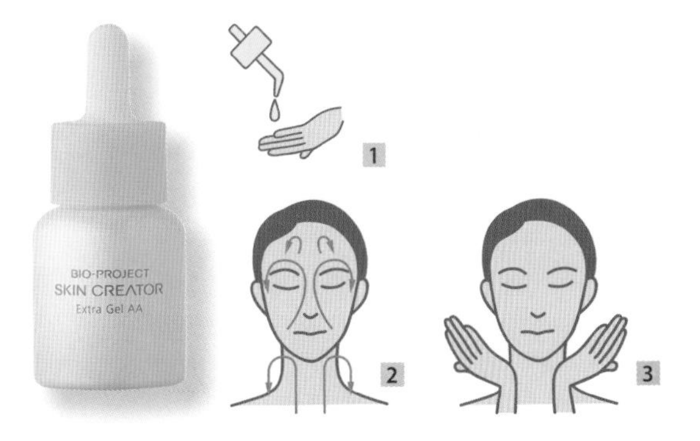

凝露 使用方法

1 將 1 滴管（約 0.6ml）的凝露滴在掌心。2 避開眼周、眉毛以及唇周等部位，以由下往上的方式按摩推展。3 當雙手感到有一股**阻力**時，就代表**人工皮膜**已形成，這時候就可完成保養工作。

在保養最後程序
加上這一罐，
讓保養成分密封
於肌膚之上。

SKIN CREATOR コンセントレートクリーム

40g / 8,000 円

每天可使用的 SKIN CREATOR 集中護理霜，號稱是用塗的面膜。只要在每天晚上保養的最後一道程序使用，就能夠在臉部肌膚上形成具備密封效果的人工皮膜，讓乳霜當中的美容成分能夠持續滲透一整晚，同時也能防止水分過度流失。

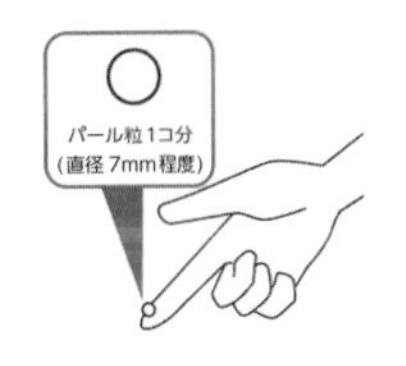

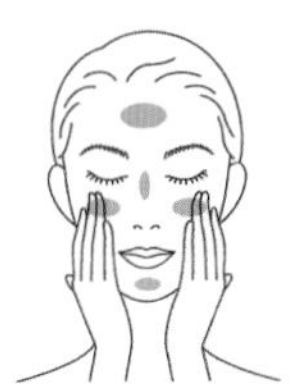

集中護理霜 使用方法

完成睡前的保養步驟後，取 1 粒珍珠大（約 0.3g）的量，分別先點在額頭、兩頰、下巴與鼻頭等部位。接著從內向外慢慢地推展至全臉肌膚。

INTELLIGÉ
EX

對抗三大老化因子・打造理想的知性美肌——INTELLIGÉ EX

關閉對肌膚的傷害，開啟美麗耀眼的肌膚。

這是 INTELLIGÉ EX 的品牌價值核心，也是眾多人畢生追求的美肌目標。誕生於 2009 年，在今年迎向品牌 10 周年慶的 INTELLIGÉ EX，可說是美容通之間的隱藏版保養品牌。

INTELLIGÉ EX 是專屬於來自九州的藥妝連鎖店「COSMOS」（科摩思），而且打從一開始就是專為科摩思所開發的獨賣品牌。

不說你可能不知道，其實日本知名美妝保養品大廠 KOSÉ 正是 INTELLIGÉ EX 的幕後推手。因此，不只是使用質感與體感都有不錯的表現，其實有不少研發技術也和 KOSÉ 共享。例如 KOSÉ 最引以為傲的磷脂體膠囊包覆技術，也融入 INTELLIGÉ EX 的數項產品當中。

從產品定位來看，INTELLIGÉ EX 屬於多方位抗齡保養。INTELLIGÉ EX 認為，最理想的美肌必須擁有**水嫩感**、**彈潤感**以及**清透感**等三大條件。因此，在產品設計上也將保養目標鎖定在**光老化**、**氧化**以及**糖化**等三大肌膚老化原因。

針對光老化、氧化及糖化等造成肌膚老化的因子，INTELLIGÉ EX 採用藍靛果萃取物、梅子果實萃取物、山楂子萃取物、天然維生素 E 以及芍藥萃取物等成分，從洗卸保養到防曬底妝，開發出品項完整的一系列產品。接下來，日本藥粧研究室就來為大家介紹 INTELLIGÉ EX 的經典產品。

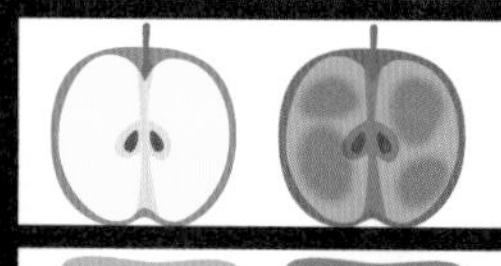

光老化

簡單地說，就是日常累積的紫外線傷害。隨年齡增長，肌膚所累積的紫外線傷害越多，因此肌膚也會以相同比例老化，甚至是出現討厭的黑斑。

氧化

呼吸是維持人體活動所必須的動作，但每一次呼吸，體內的自由基就會變多一點，而這些自由基便是攻擊肌膚細胞的老化因子之一。

糖化

飲食當中的糖分在與蛋白質結合之後，就會產生糖化物質，並使肌膚也隨之糖化。不只是甜食，就連米飯及麵類等碳水化合物也是引發糖化的元凶。

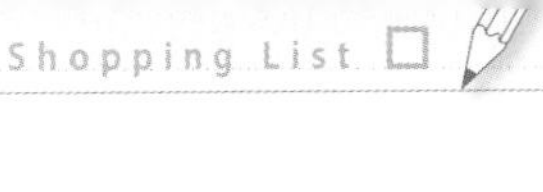

卸妝油

INTELLIGÉ EX
ピュアクレンジングオイル

150g / 1,980 円

採用5種溫和不刺激肌膚的植萃油，雖然連防水彩妝都能簡單卸除，但對肌膚卻幾乎沒有負擔。沖淨之後肌膚會呈現柔嫩且具有健康的光澤感。

洗面乳

INTELLIGÉ EX
クリーミィウォッシュ

140g / 1,980 円

濃密泡當中不只含有美容成分，還添加能夠吸附細微髒污及皮脂的沸石微粉，就連眼睛看不見的髒污也能簡單洗淨。

使用磷脂體膠囊
技術強化潤澤度與
緊緻度體感
堪稱是全系列的
明星商品

化妝水

INTELLIGÉ EX
リニューコンセントレートローション α

160ml / 3,980 円

明明就是帶有黏稠感的濃密化妝水，但肌膚滲透力卻驚人的好，而且使用後膚觸清爽滑嫩。即便如此，從肌膚底層散發出來的滋潤感卻能持續很長一段時間。

讓肌膚由底層
展現美肌感
堪稱是用塗的
膠原蛋白

化妝水

INTELLIGÉ EX
リペアローション I・II

160ml / 2,980 円

添加油酸衍生物，可軟化肌膚，提升後續保養的滲透力。容易泛油光及毛孔粗大者適合清爽的 I，在意乾燥及黯沉問題者可嘗試質地濃密的 II。

乳液

INTELLIGÉ EX
リペアミルク I・II

100ml / 2,980 円

在化妝水之後使用的話，可像面膜般長時間留住肌膚水分。臉部容易出油者適合使用質地清爽的 I，若覺得肌膚乾燥導致緊緻度不足，則可以參考質地較為濃密的 II。

磷脂體膠囊技術
加持之下
深層且持續
發揮作用

著重
保濕體感
提升肌膚清透度
的凝凍狀乳霜

令人感動的
拉提感與彈潤感
對付乾燥型細紋
的祕密武器

乳霜

INTELLIGÉ EX
リペアアクアリィクリーム

50g / 4,980 円

INTELLIGÉ EX 兩款乳霜當中的清爽版，主打保養需求是水潤、緊緻、光澤及清透。搭配胜肽成分 PPP-4，號稱可針對膠原蛋白產生機制發揮作用。

乳霜

INTELLIGÉ EX
リニューコンセントレートクリーム α

50g / 8,500 円

INTELLIGÉ EX 兩款乳霜當中的濃密版，主打保養拉提及彈潤。除了胜肽成分 PPP-4 之外，還搭配人類細胞分化作用中扮演重要角色的組胺酸，以及在韓國被作為修復肌膚細胞所用的機能成分腺苷。

添加12種
美肌成分
保養品等級的
防曬精華

抗汗抗油
但清爽
流汗後
更加服貼

防曬膜層
遇熱更服貼
天氣再熱
也不怕

防曬精華乳

INTELLIGÉ EX
薬用 デイプロテクトエッセンス UV

35g / 2,980 円

除品牌共通的抗光老化、抗氧化及抗糖化成分外，還添加美白成分傳明酸。當成飾底乳使用的話，提高持妝度的效果表現也很棒。（医薬部外品）（SPF50+・PA++++）

防曬凝露

INTELLIGÉ EX
サンプロテクト UV ジェル

90g / 1,980 円

質地清爽卻能抗汗抗油，而且一般潔顏品就能卸除。適合每天通勤或購物前使用。（SPF50+・PA++++）

防曬乳

INTELLIGÉ EX
サンプロテクト WP EX

50g / 1,980 円

採用超耐水配方，再加上遇熱更服貼，以及耐磨不易掉等特性，很適合在運動時或容易流汗的狀態下使用。（SPF50+・PA++++）

ディスカウントドラッグ
コスモス

來自九州地區的日本連鎖藥妝界黑馬——COSMOS 薬品

這兩年造訪過日本九州地區的旅客，應該都有注意過一家有著招牌相當顯眼的藥妝店コスモス。這家店名以日文片假名標示的藥妝店，其實在不同型態的門市會有不同的標示，有時會呈現英文店名「**COSMOS**」，又有時會寫著中文店名「**科摩思**」。

科摩思店名的日文發音及理念，均來自於在野地綻放的波斯菊。為期許自己能像波斯菊一樣，能在荒野上扎根且一朵朵地綻放，並為在地居民提供完善的服務，所以才會以波斯菊的英文發音作為公司名稱。

事實上，科摩思是日本第一家主打居民未滿 1 萬人之小商圈的藥妝連鎖店。為有效吸引小商圈內的人潮，其經營模式必須跳脫傳統的藥妝店模式，而是要結合雜貨店與超市，因此門市面積的特色就是大。

科摩思的特色，不只是複合式經營和賣場面積大而已，另一個最吸引小商圈顧客的特色，就是主打天天便宜價。尤其是針對日常用品及食品等民生用品，更是經常供出破盤價來創造人潮。

根據日本「サービス産業生産性協議会」（日本服務業生產性協會）的統計資料顯示，在日本版顧客滿意度指數調查中，科摩思已連續 8 年拿下藥妝店類別的冠軍，遠遠超過一般外國旅客所熟悉的前幾大藥妝店。甚至是在銷售額方面，也已經突破重圍進入前三大，堪稱是日本藥妝店的一匹黑馬。

目前科摩思的門市約有 970 間，絕大部分都集中在九州地區。近幾年在鞏固創業地的經營之外，也逐步往東發展，陸續在關西與中部地區展店。到了 2019 年，甚至將事業版圖擴展至東京，陸續於廣尾及中野、西葛西等地展店。對於來勢洶洶的科摩思，東京有不少藥妝店已經提高警覺。不過，對於一般消費者，尤其是需要經常囤貨的外國旅客來說，科摩思進軍東京倒是令人十分期待呢！

除了大坪數的小商圈型態店之外，這幾年科摩思也開始耕耘都市型門市。其中有一部分的門市，是專為外國旅客所設計。簡單地說，就是針對外國旅客主要購買的品項，以集中進貨的方式壓低進貨價，並以驚人的破盤價吸引外國顧客。對於驚人價格有興趣的旅客可千萬別錯過囉！

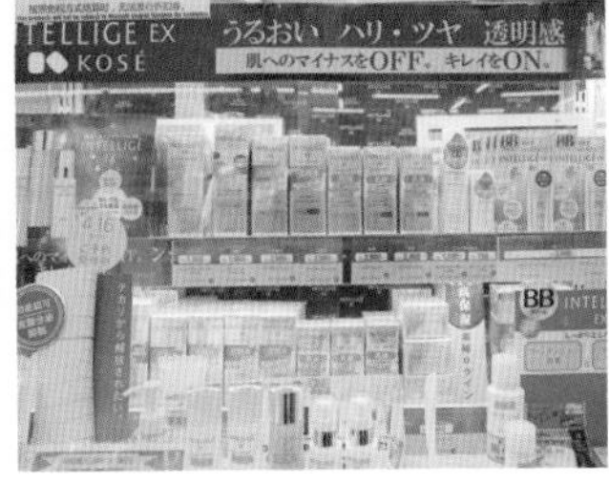

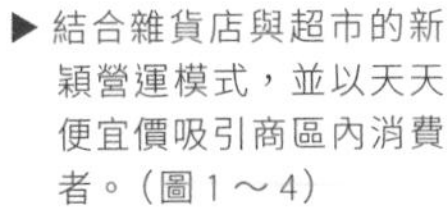

▶ 結合雜貨店與超市的新穎營運模式，並以天天便宜價吸引商區內消費者。（圖 1 ～ 4）

▶ 前兩頁所介紹的資生堂 SKIN CREATOR 以及 KOSÉ 的 INTELLIGÉ，都是只在科摩思才能買到的企業獨佔專賣品。（圖 5、6）

▶ **福岡空港東店**
店鋪資訊：
Discount Drug Store COSMOS 福岡空港東店
/ 〒 811-2205
福岡県糟屋郡志免町
別府 4 丁目 24-1（圖 7）

觀光客選物型門市　都市在地型門市

天神大丸前店

〒 810-0004
福岡県福岡市中央区
渡辺通 5 丁目 24-30
東カン福岡第一ビル 103

中洲五丁目店

〒 810-0801
福岡県福岡市博多区
中洲 5 丁目 2-1
Ｊパーク中洲ビル 1 階

太宰府店

〒 818-0117
福岡県太宰府市
宰府 1 丁目 14-29

なんば三丁目店

〒 542-0076
大阪府大阪市中央区
難波 3 丁目 2-35
億兆ビル 1 階

広尾駅店

〒 150-0012
東京都渋谷区
広尾 5 丁目 4-12
大成鋼機ビル 101 号

中野サンモール店

〒 164-0001
東京都中野区
中野 5 丁目 67-10
伊藤ビル

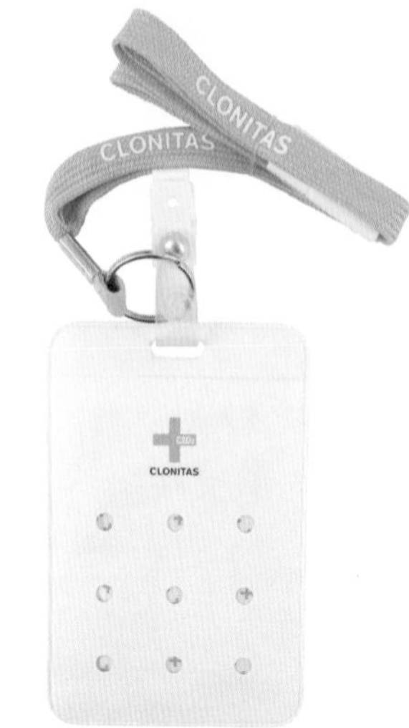

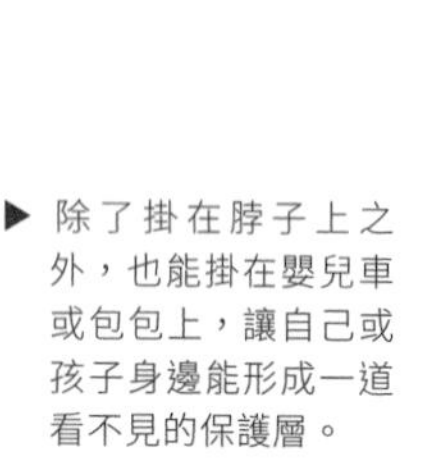

▶ 除了掛在脖子上之外，也能掛在嬰兒車或包包上，讓自己或孩子身邊能形成一道看不見的保護層。

輕鬆掛在脖子上

簡單打造對付細菌・病毒・異味的防護罩——CLONITAS

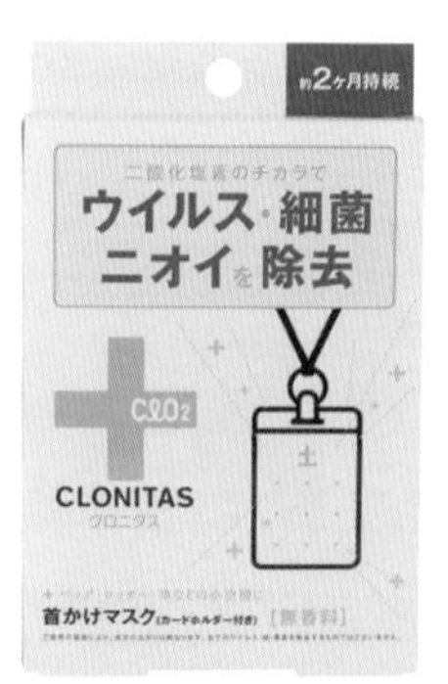

無香料
／無香型

5g / 900 円

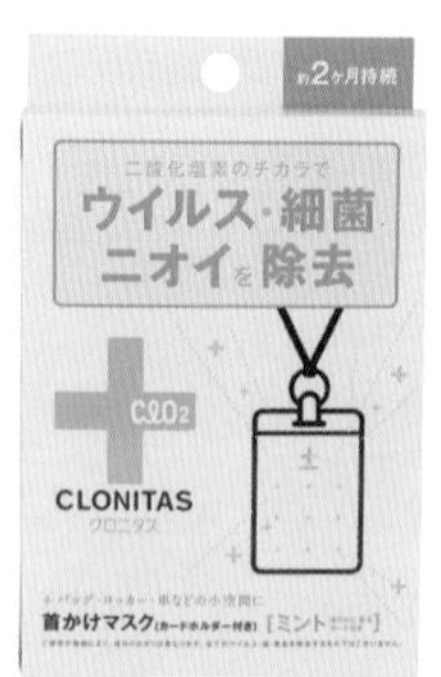

ミント
／薄荷香

5g / 900 円

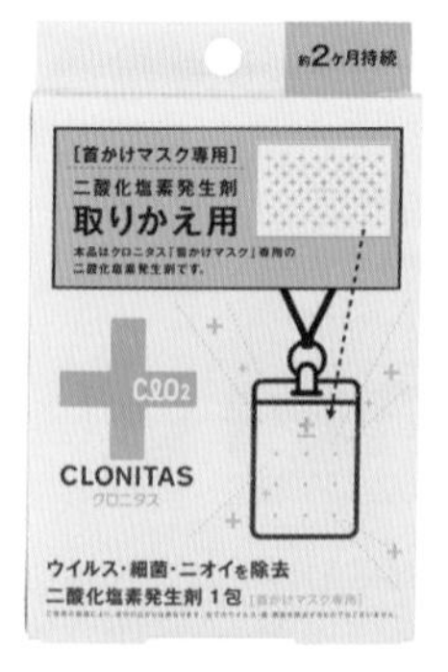

取替え用
／無掛帶補充包

5g / 600 円

日本市面上有不少抗菌產品，每次一到流感季節，或是有特殊傳染病發生的時候，這些產品就會被一掃而空。對於平時工作需要接觸眾多人群，或是在意家中嬰幼兒健康的家庭主婦來說，這種感覺就像是打造一層防護罩的產品更是日常必備品。

日本藥妝店裡可見的抗菌產品中，CLONITAS 因為攜帶方便且較沒有特殊異味的關係，獲得許多育兒媽媽及上班族的青睞，其累積銷售數量早就突破 250 萬個。製作成證件帶造型的 CLONITAS，主要是利用二氧化氯的力量，去除浮游於空氣中的細菌、病毒、黴菌及異味。

其實二氧化氯本身帶有些許類似消毒水的味道，不過開發 CLONITAS 的 GLOBAL PRODUCT PLANNING・GPP 公司本身擅長開發香氛產品。因此採用獨家開發技術，研發出幾乎沒有異味的無香以及清新的薄荷香等兩種類型。無論是那一種類型，開封之後大約可以持續發揮效果約 2 個月之久。對於在意自己與家人健康的你來說，絕對是不可或缺的健康小幫手！

何謂二氧化氯？
What's the ClO2 ？

二氧化氯是一種次氯酸鈉與鹽酸等酸性物質產生反應後的產物，是一種帶有自由基的分子，所以能夠從其他分子奪走電子，造成其他分子氧化與變質。雖然名稱當中有個氯字，但二氧化氯本身屬於非氯類藥劑。

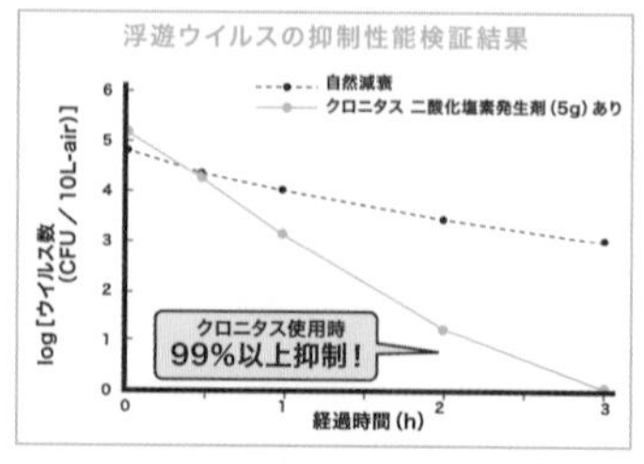

▲ 根據 GPP 實驗結果顯示，將 CLONITAS 掛帶放置在 1 平方公尺的密閉空間中後，大約 3 小時就可去除 99%左右的浮游菌與病毒。

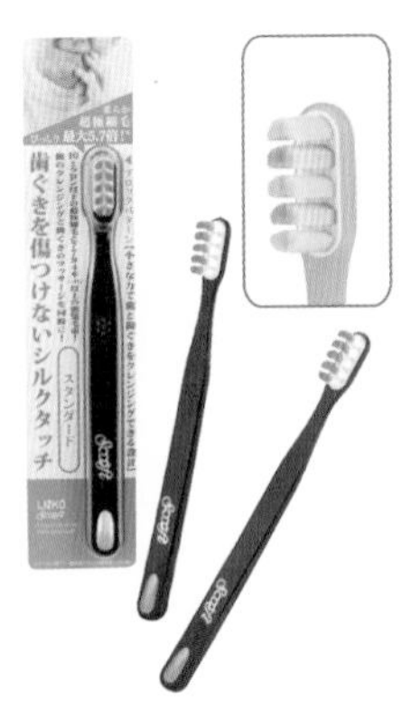

LINKO
ソフト歯ブラシ
スタンダード

價　格　1,200 円
毛束量　7794 根（±8%）

無論是健康的牙齒，或是接受牙科治療中而暫時顯得敏感的牙齦，都能夠透過這支超柔毛牙刷輕鬆同時刷淨牙齒與牙齦。

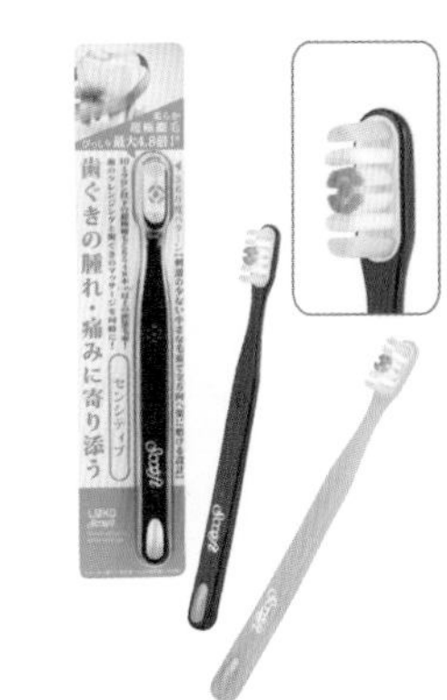

LINKO
ソフト歯ブラシ
センシティブ

價　格　1,200 円
毛束量　6548 根（±8%）

採用可降低刺激感的 360 度刷毛排列設計，讓牙齒敏感及牙齦腫痛時，也能無壓力的徹底刷淨牙齒及牙齦的每個角落。

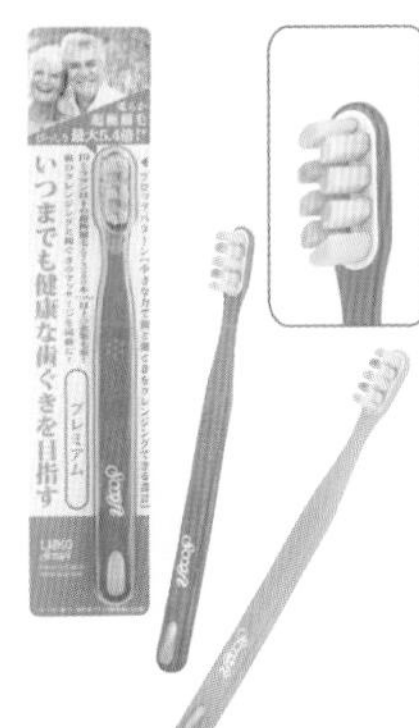

LINKO
ソフト歯ブラシ
プレミア

價　格　1,200 円
毛束量　7320 根（±8%）

採用省力的刷毛排列設計，輕輕施力就可刷淨牙齒以及牙齦。對於雙手難以施力的老人家來說，是相當適合的牙刷。

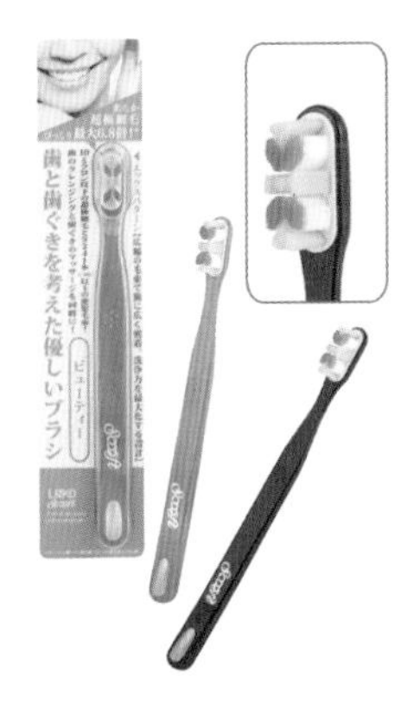

LINKO
ソフト歯ブラシ
ビューティー

價　格　1,200 円
毛束量　9241 根（±8%）

中央採用 X 字分布刷毛，超細刷毛的數量為系列中最多，可提升牙刷與牙齒的接觸面積及服貼度，因此能夠更加確實刷淨齒間的每個小角落。

刷毛細到不可思議，
兼具機能性與可愛

任何人都能找到屬於自己的牙刷——Luxs LINKO 超柔毛牙刷

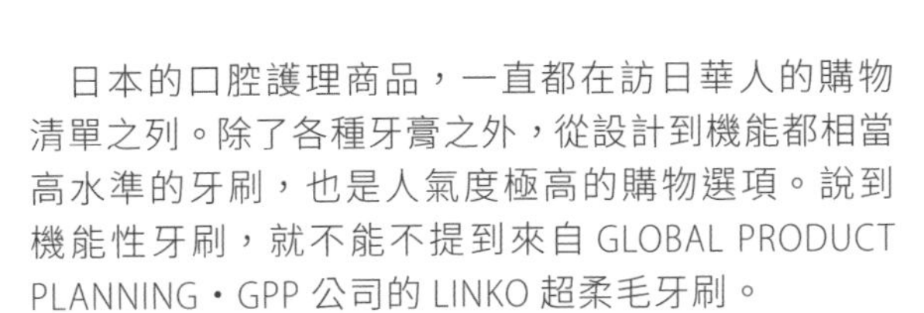

日本的口腔護理商品，一直都在訪日華人的購物清單之列。除了各種牙膏之外，從設計到機能都相當高水準的牙刷，也是人氣度極高的購物選項。說到機能性牙刷，就不能不提到來自 GLOBAL PRODUCT PLANNING・GPP 公司的 LINKO 超柔毛牙刷。

不只是設計多彩可愛，其實 LINKO 超柔毛牙刷最大的賣點就在那細到令人大感不可思議的柔毛。一般市面上常見的超細毛牙刷，其刷毛的粗細度大約是 0.1 ～ 0.2 ㎜之間，不過 LINKO 的刷毛卻細到小於 0.01 ㎜，所以摸起來感覺跟超細毛洗臉刷的觸感很類似。因為刷毛相當細，所以毛束的數量和密度都高。

這樣的牙刷有幾個特色，除了刷毛柔軟不會對牙齒及牙齦造成刺激之外，也能讓牙膏的泡泡變得更細緻。另一方面，因為刷毛數量多，連帶著接觸牙齒的面積也變大，所以能更有效率地一邊刷牙，一邊按摩牙齦，達到促進牙齦血液循環的效果。對於同時講究牙刷機能性以及設計性的人來說，LINKO 超柔毛牙刷絕對是值得入手的選擇。

▲ LINKO 超柔毛牙刷最大的賣點就是細到令人大感不可思議的柔毛。LINKO 超柔毛牙刷的刷毛不只柔軟，而且刷毛還相當密集，可發揮相當優秀的刷淨力。

ビタミンC
胃薬
サントリー
セサミン
EX
シボヘール
たっぷり
120粒!
SHIBO HE-RU
シボヘール
Don Quijote
新登場
Lypo-C

Chapter 5

史上最完整健康輔助食品特輯

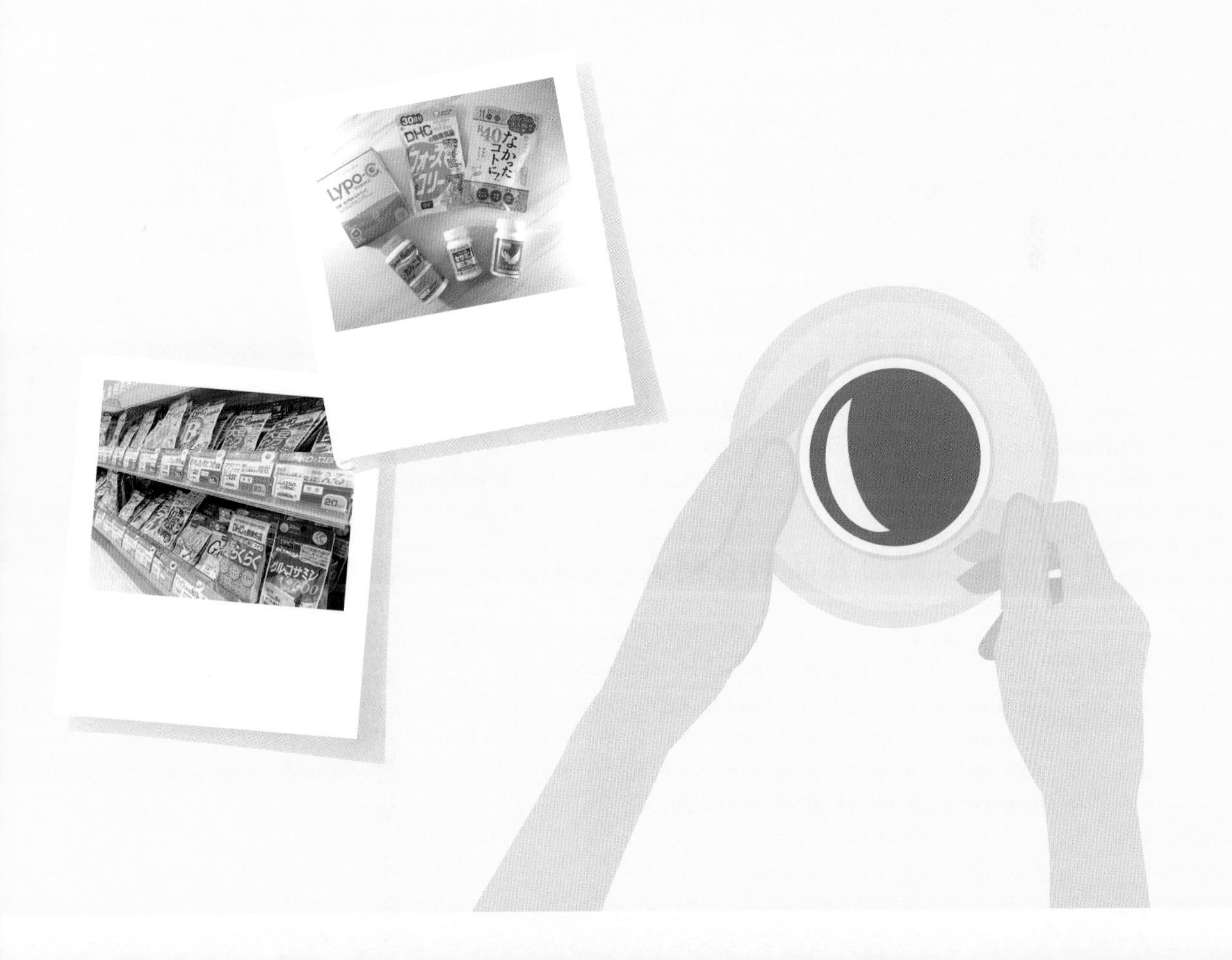

前　言

從樣式多變的養生料理及藥膳料理來看，就知道華人向來注重保健養生。隨著生活水平及醫療品質的提升，人們的平均壽命也隨之變長。在老化指數逐年攀高的情況之下，許多人都希望自己能夠健康地變老，因此健康意識便顯得格外強烈。除了維持日常飲食的營養均衡之外，有不少人會選擇利用健康輔助食品來補足飲食中不足的營養素，或是強化自己所需要的保健保養成分。

健康輔助食品在台灣普遍被稱為「**保健食品**」，在日本主要被稱為「**栄養補助食品**」或「**サプリメント**」，而在歐美國家則通常被稱為「**Dietary Supplement**」。所謂健康輔助食品，是指含有維生素、礦物質、胺基酸、膳食纖維、植化素以及動植物成分等有益人體健康之成分的食物。

曾有報導指出在台灣每 4 個人之中，就有 1 人會每天攝取健康輔助食品。另一方面，健康輔助食品在台灣的銷售額，早在 2017 年就已突破 1,400 億新台幣。若以總人口 2,300 萬人來計算，平均每人每年會花費 5,000 元購買健康輔助食品。

健康輔助食品的起源

無論是在哪個國家，對於許多重視身體健康的民眾來說，健康輔助食品是用來改善平日飲食無法達到均衡的健康小幫手。對於積極想維持身體健康的民眾來說，是個簡單而便利的發明。

然而，人們究竟是從何時開始攝取健康輔助食品的呢？關於健康輔助食品的起源，其實歷史上並沒有明顯的定義。不過絕大部分的人都認為，健康輔助食品最早誕生於美國。在 1970 年代，美國政府針對美國民眾進行一項健康與營養的研究調查，而那份研究調查結果就是知名的「麥高文報告」（McGovern Report）。

在這份報告當中，明確指出癌症、心血管疾病以及代謝症候群的主要成因，都是來自不均衡的飲食習慣。不僅如此，這些不良的飲食習慣，還會造成人體必需的維生素及礦物質等營養素出現嚴重不足的問題。

在這份研究調查出爐的背景下，為改善民眾營養素不足的問題，美國市面上便陸續出現所謂的健康輔助食品。到了 1990 年代，這股保健風潮逐漸發展成熟，而美國攝取健康輔助食品的民眾人數也隨之快速增加。

日本的健康輔助食品與台灣人

由於美國早從 1970 年代就出現健康輔助食品，無論是在研發技術或產品類型方面都發展得相當成熟，因此早期包括日本以及台灣等地的民眾，在選擇健康輔助食品的時候，都會將美國製造的產品列為首選。不過日本這個後起之秀，則是因為易吞服小錠劑設計以及融合許多東方保健概念等原因，在近年成為華人在購買健康輔助食品時的主流選項之一。

向來以小錠劑製造技術為傲的日本健康輔助食品，其實在 1970 年代初期曾經因為外觀與醫藥品相似而無法以錠劑或膠囊等型態製作。直到 1995 年相關法律放寬規定之後，才依照原料特性及成分消化吸收效率等條件，陸續開發出各種劑型不同的健康輔助食品。

健康輔助食品的常見劑型

錠狀／錠剤

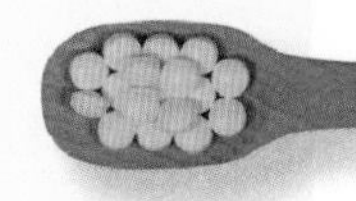

將粉末或顆粒狀原料壓縮而成，服用起來相對方便且製作成本最低，是健康輔助食品當中最為常見的類型。由於打錠成型時需要添加賦形劑及崩散劑等物質，造成每一錠當中的成分純度偏低，因此通常需要一次服用好幾錠。大部分的錠劑都會在外層裹上一層膜衣，藉此保護錠劑不容易受潮，同時也能阻隔有效成分本身的苦味及氣味。錠劑需在進入胃部分解之後才能受人體消化與吸收，所以在吸收效率方面的表現並不算太快。但對於維生素 B 群這一類緩釋吸收才能發揮最佳機能的成分來說，錠劑反而是不錯的劑型。

硬膠囊／ハードカプセル

硬膠囊和錠劑一樣，都是健康輔助食品中相當常見的類型。硬膠囊的製作方式很單純，就是將調和好的粉末或顆粒等原料，填充到明膠等素材所製作的外殼當中，因此有效成分的純度會較高，通常不需要一次吞服太多顆。相較於錠劑而言，硬膠囊進入胃部之後的融解速度較快，所以人體的吸收效率也較高。

軟膠囊／ソフトカプセル

外觀呈現透明狀，外殼偏硬的膠囊類型。內層的有效成分大多是液態或非水溶性的油性成分，在外層膠囊構造的密封保護之下，可提昇內部有效成分的穩定性，而且服用時也不會有異味。一般來說，魚油或是椰子油等油性成分產品，都會製作成軟膠囊。

粉狀・顆粒／パウダー・顆粒

大部分的粉狀健康輔助食品，都是將原料粉碎並萃取乾燥後所製成，因此純度相對高出許多。一般來說，粉狀產品加水就可服用，但若是粉狀成分本身有特殊氣味或嗜口性問題，則可以混入果汁等味道較重的液體當中一起服用。例如青汁或膠原蛋白，都是粉狀健康輔助食品中常見的類型。類似型態的還有粒徑較大的顆粒劑型。

口服液／液状

對於不擅長吞服藥錠狀物體的人來說，口服液是相當方便的型態。由於液體相較於錠劑或膠囊的消化速度快，因此吸收效率堪稱是所有口服型態中最快的一種。不過因為製程較為繁複且包裝運輸成本較高，所以單價往往偏貴。對於觀光客而言，也會因為行李限重的問題而難以大量攜帶回國。

果凍・軟糖型／ゼリー・グミ

市面上商品種類較少，但卻因為口味及口感佳而擁有極高的接受度。市面上果凍狀健康輔助食品，絕大部分為美肌型產品，可大幅改善膠原蛋白或胎盤素等原料氣味較為特殊而難以下嚥的問題。另一方面，近年來也出現軟糖型態的產品，同樣也是提高嗜口性的新型態產品。

攝取健康輔助食品的必要性

健康輔助食品誕生的契機，是為了改善飲食習慣改變下所出現的營養素不足問題。許多人可能會認為，現代人吃得好又吃得飽，真的會有營養素不足的問題嗎？其實不只是飲食習慣，就連現代人的生活型態與環境條件也都會造成體內微量元素及營養素不足。除此之外，近年來更是有不少美容型健康輔助食品，讓不少愛美人士趨之若鶩。

關於現代人攝取健康輔助食品的必要性，除了高齡者或病患進食量減少所引起的營養不足問題之外，以下幾種現代人的生活及飲食型態變化也都可能造成營養素攝取不足。

限醣飲食風潮

減重對許多重視健康的人而言，是相當重要的一個課題。這幾年減少澱粉攝取量，飲食內容以蔬菜及肉類為主的限醣飲食蔚為風潮。部分較為極端的民眾，甚至長期執行斷醣飲食，造成穀類攝取量大幅減少。在這種情況之下，穀類當所含的膳食纖維或微量元素就可能會出現攝取不足的問題。

甜食攝取過量

許多人一到假日或是下班，就會狂吃甜點來慰勞辛苦工作的自己。除此之外，許多台灣人都有喝手搖飲的習慣，因此很容易在不知不覺當中攝取過多的糖分。糖分在進入人體之後，會在維生素 B1 的代謝作用下轉為能量，在日本認為若是攝取過量糖分，則很容易造成人體過度消耗維生素 B1，進而出現容易疲勞以及思緒不容易集中的問題。

蔬果品種改良

蔬菜及水果當中富含人體必需的維生素及微量元素等營養成分，因此攝取足量蔬果可說是維持健康的飲食重點之一。然而，為改善口感以提升消費者接受度，全球農民都致力於農產品的品種改良，例如讓水果變甜以及讓蔬菜口感變得不苦澀。就蔬菜而言，紅蘿蔔及番茄當中所含的抗氧化成分，其實嘗起來帶有一股苦澀味。在蔬果品種改良之下，這些蔬菜雖然變得甘甜美味，但這也同時代表著其中的抗氧化成分含量大不如前。

蔬果名稱	營養成分名稱	1950 年	2015 年
橘子	維生素 C	2,000mg	32mg
紅蘿蔔	維生素 A	4,455ng	720ng
菠菜	鐵	13mg	2mg
南瓜	鈣	44mg	20mg

資料來源：日本食品標準成分表

工作及生活壓力過重

不同於可見的飲食習慣，工作及生活壓力這些心理因素，可說是看不見的健康殺手。當人們處於心理壓力過大的環境之中時，例如來自上司的工作壓力，或是來自同儕鄰居的人際關係，都會使體內產生大量的自由基。雖然綠茶中的兒茶素與多酚以及番茄中的茄紅素，都可以幫助人體消除有害的自由基，但若是體內累積過多的自由基，則可能會引發各種疾病與老化問題。對於現代人而言，透過健康輔助食品攝取抗氧化成分，可說是幫助身體消除自由基的手段之一。

過度運動的傷害

除了上述的心理壓力之外，過度運動造成身體承受生理壓力的行為，也會促使人體產生大量的自由基。為了促進身體健康，許多人都有運動習慣。這幾年，全球各地興起一股馬拉松熱潮，不少平時沒有運動習慣的人，也會勉強自己加入慢跑的行列。然而，過度運動卻會造成人體大量產生自由基，進而提高罹患心血管疾病及老化的問題。因此，無論是否有固定運動的習慣，在具有強度的運動之後，建議都要擬定對抗自由基的因應對策。

日本健康輔助食品的分類

日本藥妝店裡所陳列販售的健康輔助食品數量繁多，類型更是玲瑯滿目。根據成分及認證方式的不同，日本市面上的健康輔助食品可區分為「**特定保健用食品**」、「**機能性表示食品**」、「**營養機能食品**」、「**營養輔助食品**」、以及「**一般健康食品**」等五大類別。除一般健康食品之外，日本所有的健康輔助食品，都會在包裝上明確標示該產品隸屬於哪個類別的商品。

本單元各分類中的成分介紹，特別感謝營養師林雅婷協助撰稿。

林雅婷營養師個人簡介

現任蕭中正醫療體系營養師及譯匠日文翻譯有限公司營養顧問，專業領域為慢性病營養諮詢、老人營養、社區營養服務。從事營養師工作已有 10 年以上經驗並具有部定講師資格。

特定保健用食品／特定保健用食品

在日本簡稱為「特保」或「トクホ」，**為日本政府於 1991 年所推出的認證標章制度**。雖然這一類的產品可以明確標示生理學上的機能改善作用，但上市前必須通過各項符合日本國家標準的臨床科學實證標準，最後才能獲頒個別認證許可。在五大類健康輔助食品當中，是唯一具有認證標章的類型。由於從開發到上市所耗費的時間及成本相當高，因此大多數的產品都是由一定規模以上的企業所推出。

機能性表示食品／機能性表示食品

2015 年上路的新制度，只要上市前向主管機關提出產品相關的機能性與安全性資料，就可在產品包裝上明確標示該健康輔助食品的健康效果。由於不需向特保那樣耗時耗費，因此這幾年成為日本各大廠致力開發的領域，就連超商所販售的零食當中，也開始出現不少標示能夠輔助改善順暢或是輔助抑制糖脂吸收的飲品及零食。

營養機能食品／栄養機能食品

營養機能食品是日本政府於 2001 年所推出的制度，指的是**可補充人體維持健康與發展所需之營養素的產品**，相對應的營養素及含量均須符合規定，且包裝上僅能標示添加成分本身的機能，無法訴求任何的保健效果。相對應成分為 12 種維生素（A、B1、B2、B6、B12、C、D、E、菸鹼酸、泛酸、葉酸、生物素）以及 5 種礦物質（鈣、鎂、鐵、鋅、銅）。

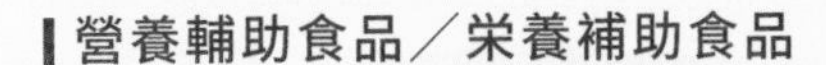

營養輔助食品／栄養補助食品

此標示並無特別制度規範，因此沒有特別的定義存在。不過最基本的準則，就是除營養機能食品所規範的 12 種維生素及 5 種礦物質之外，**採用其他可補充營養，或是具備特別保健功能之產品**。

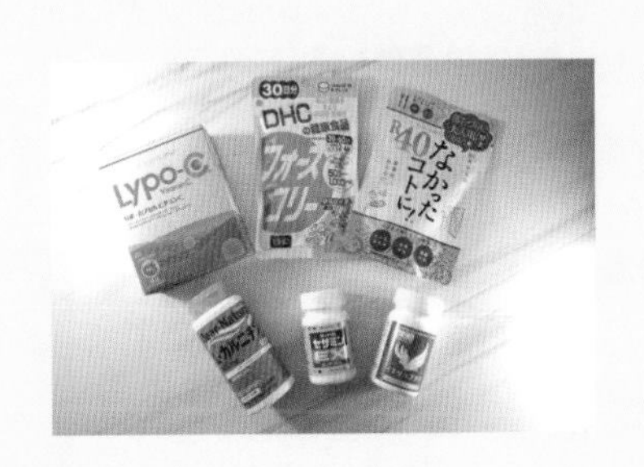

健康輔助食品

推行此標示的機構為日本民間機構「財團法人日本健康・營養食品協會」，主要定義為**可維持身體健康或是輔助管理身體健康的產品**。不過，市面上也有許多健康輔助食品的包裝上未標示任何類別，一般也都可視為健康輔助食品。

健康輔助食品的正確攝取觀念

有句話說「人是由食物所組成」。換句話說，就是構成人體的營養素全都來自於食物。因此，若想維持身體健康，最好的方法就是維持均衡飲食，從食物當中獲取身體所需的營養。

現代人忙碌且難免有飲食習慣不佳的時候，所以必要時可利用健康輔助食品來補充不足的必需營養素。但若將健康輔助食品取代三餐所能攝取的營養素，其實是種本末倒置的行為。

另一方面，健康輔助食品終究是含有各種營養成分的「食品」，並不像藥物一樣能夠立即發揮功效，因此若有疾病問題還是得先就醫。有些人可能會覺得，為何自己長期以來吃了許多健康輔助食品，可是卻一點感覺也沒有。其實這個問題的根源，很可能是來自於自己的身體狀態。例如大量飲酒、喝咖啡等行為，都可能造成身體無法確實消化與吸收健康輔助食品當中的營養成分。因此在攝取健康營養食品時，記得適度調整一下自己的不良習慣，這樣才不會白費工夫而造成浪費。

攝取健康輔助食品的最佳時間點

顧名思義，健康輔助食品在外觀上雖然與藥物相似，但分類上卻是食物的一種，因此並沒有特別規定攝取的時間點，每個人都能依照自己的生活作息進行調整。不過，若以消化與吸收的觀點來看，一般會建議在餐後服用會比較好。

可以同時服用數種健康輔助食嗎？

除了基本的維生素與礦物質之外，市面上還有許多美容相關或是針對各種健康需求所開發的健康輔助食品，因此不少人都會同時購買好幾種類型的產品。基本上，同時攝取多種健康輔助食品是沒有問題的。然而，有極少數的成分之間還是存在著交互作用，因此在選購時還是建議向藥妝店裡的執業人員詢問。

服用藥物時可以攝取健康輔助食品嗎？

部分常見的健康輔助食品，其實會和特定藥物產生交互作用，造成藥效減弱或增強。為避免這種情形發生，除了將兩者服用時間間隔 2 ～ 3 小時之外，在攝取健康輔助食品之前，建議與主治醫師詢問，並主動告知醫師藥師正在服用的健康輔助食品。在交互作用組合方面，常見的有「調節血壓食品↔降血壓藥物」、「維生素 K、納豆紅麴、銀杏、青汁↔抗凝血藥物」、「鐵↔制酸劑、抗生素」等等。

DHC

日本健康輔助食品界的領頭羊——DHC

“日本市面上的健康輔助食品眾多，對於有不同攝取需求的忙碌現代人來說，是相當重要的健康小幫手。華人前往日本旅遊時，除了保養品及常備藥之外，健康輔助食品也是採購的重點項目。說到日本的健康輔助食品大廠，相信許多人第一個想到的品牌就是DHC！”

從翻譯服務起家，逐步壯大企業版圖

DHC 最大的特色之一，就是走到哪都能看得見。不止是全日本各地的藥妝店能看到 DHC 的商品，就連部分超商也能買得到。另外，許多百貨公司或商場也都有 DHC 直營店進駐。截至 2018 年 4 月為止，日本各地的 DHC 直營門市已多達 228 家，這樣的銷售網密度在日本可說是表現相當突出。

你可能用過 DHC 的橄欖油保養品，也可能吃過 DHC 的維生素 C，但你可能不知道 DHC 創立時的業務內容跟美容健康毫無關係！這背後的祕密，其實可從 DHC 公司名一探究竟。

創立於 1972 年的 DHC，其完整企業名稱為「大学翻訳センター」（Daigaku Honyaku Center），翻譯成中文是「大學翻譯中心」。沒有錯！DHC 創立初期的主要業務，就是將歐美書籍或文件翻譯成日文，而當時最主要的服務對象，正是日本各地大學的研究室等學術單位。時至今日，DHC 仍持續翻譯與出版業務，甚至透過遠端授課的方式培訓翻譯新手。

除了從創業當時持續至今的翻譯業務，以及大部分消費者熟悉的美妝保養及健康輔助食品的研發銷售之外，DHC 的事業版圖還包括出版、影像媒體、製酒、飯店等業界，甚至還擁有觀光直升機隊，經營發展可說是相當多樣化。

偶然接觸橄欖油，並且前往西班牙取經，打開 DHC 史上最重要的一頁

在 DHC 創業不久的 1970 年代，橄欖油和美容油都還未受到美容業界的注意。那時候，DHC 創辦人吉田喜明先生因緣際會認識一位研究橄欖油長達數十年的日本研究者，並從成分組成了解到橄欖油的優越之處，便決定將橄欖油應用在保養品上。

當時輸入日本的橄欖油品質不算太好，為尋找品質最優良的橄欖油，吉田先生最後抵達日照時間比日本多出 500 小時，而且有機栽培相關法令最為嚴謹的西班牙安達盧西亞。

在那邊，吉田先生找到世界最頂級的橄欖油，並在幾經交涉之後，才順利取得日本國內的獨家輸入權。

到了 1980 年 5 月，總算順利推出 DHC 第一瓶保養品「**DHC オリーブバージンオイル**」（純橄情煥采精華）。這瓶 DHC 的鎮店之寶可說是得來不易，因為原料來自純人工收成的有機橄欖，並且只用粉碎橄欖時所滴落的第一批珍貴橄欖油所製成。

這瓶橄欖油堪稱是日本國內自然派保養品以及美容油保養風潮的先驅，同時也是 DHC 的發展原點，更是 DHC 最為熱銷的招牌商品。且從這瓶橄欖油上市至今，DHC 便以「溫和不刺激肌膚，但具備確實效果」為核心概念，運用獨家先進技術不斷推出新產品。

▲ DHC 於 1980 年代所推出的第一瓶保養品——第一代純橄情煥采精華。

▲ 目前流通於市面上的純橄情煥采精華。

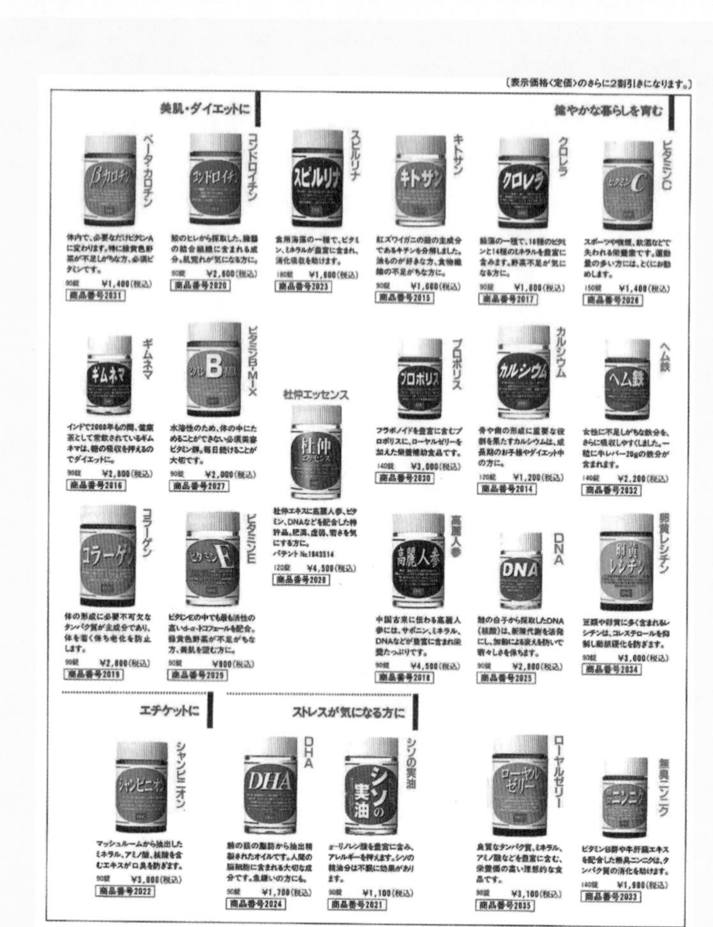

〔表示価格〈定価〉のさらに2割引きになります。〕

美肌・ダイエットに

健やかな暮らしを育む

ベータ・カロテン
体内で、必要なだけビタミンAに変わります。特に緑黄色野菜が不足しがちな方、必須ビタミンです。
90錠 ¥1,400(税込)
商品番号2031

コンドロイチン
鮫のヒレから採取した、陳器の結合組織に含まれる成分。肌荒れが気になる方に。
90錠 ¥2,600(税込)
商品番号2020

スピルリナ
食用海藻の一種で、ビタミン、ミネラルが豊富に含まれ、消化吸収を助けます。
180錠 ¥1,600(税込)
商品番号2023

キトサン
紅ズワイガニの殻の主成分であるキチンを分解しました。油ものが好きな方、食物繊維の不足がちな方に。
90錠 ¥1,600(税込)
商品番号2015

クロレラ
緑藻の一種で、18種のビタミンと14種のミネラルを豊富に含みます。野菜不足が気になる方に。
90錠 ¥1,600(税込)
商品番号2017

ビタミンC
スポーツや喫煙、飲酒などで失われる栄養素です。運動量の多い方には、とくにお勧めします。
150錠 ¥1,400(税込)
商品番号2026

ギムネマ
インドで2000年もの間、健康茶として常飲されているギムネマは、糖の吸収を抑えるのでダイエットに。
90錠 ¥2,800(税込)
商品番号2016

ビタミンB-MIX
水溶性のため、体の中にためることができない必須美容ビタミン群。毎日続けることが大切です。
90錠 ¥2,000(税込)
商品番号2027

杜仲エッセンス
杜仲エキスに高麗人参、ビタミン、DNAなどを配合した特許品。肥満、虚弱、若さを気にする方に。
パテント No.1843514
120錠 ¥4,500(税込)
商品番号2028

プロポリス
フラボノイドを豊富に含むプロポリスに、ローヤルゼリーを加えた栄養補助食品です。
140錠 ¥3,000(税込)
商品番号2030

カルシウム
骨や歯の形成に重要な役割を果たすカルシウムは、成長期のお子様やダイエット中の方に。
120錠 ¥1,200(税込)
商品番号2014

ヘム鉄
女性に不足しがちな鉄分を、さらに吸収しやすくしました。一粒に牛レバー20gの鉄分が含まれます。
140錠 ¥2,200(税込)
商品番号2032

コラーゲン
体の形成に必要不可欠なタンパク質が主成分であり、体を若く保ち老化を防止します。
90錠 ¥2,800(税込)
商品番号2019

ビタミンE
ビタミンEの中でも最も活性の高いd-α-トコフェロールを配合。緑黄色野菜が不足がちな方、美肌を望む方に。
90錠 ¥800(税込)
商品番号2029

高麗人参
中国古来に伝わる高麗人参には、サポニン、ミネラル、DNAなどが豊富に含まれ栄養たっぷりです。
90錠 ¥4,500(税込)
商品番号2018

DNA
鮭の白子から採取したDNA(核酸)は、新陳代謝を活発にし、加齢による衰えを防いで若々しさを保ちます。
90錠 ¥2,800(税込)
商品番号2025

卵黄レシチン
豆類や卵黄に多く含まれるレシチンは、コレステロールを抑制し動脈硬化を防ぎます。
90錠 ¥3,000(税込)
商品番号2034

エチケットに

ストレスが気になる方に

シャンピニオン
マッシュルームから抽出したミネラル、アミノ酸、核酸を含むエキスが口臭を防ぎます。
90錠 ¥3,000(税込)
商品番号2022

DHA
鮪の眼の脂肪から抽出精製されたオイルです。人間の脳細胞に含まれる大切な成分です。魚嫌いの方にも。
90錠 ¥1,700(税込)
商品番号2024

シソの実油
α-リノレン酸を豊富に含み、アレルギーを抑えます。シソの精油分は不眠に効果があります。
90錠 ¥1,100(税込)
商品番号2021

ローヤルゼリー
良質なタンパク質、ミネラル、アミノ酸などを豊富に含む、栄養価の高い理想的な食品です。
90錠 ¥3,100(税込)
商品番号2035

無臭ニンニク
ビタミンB群や牛肝臓エキスを配合した無臭ニンニクは、タンパク質の消化を助けます。
140錠 ¥1,900(税込)
商品番号2033

◀ DHC 在 1995 年所推出的健康輔助食品大約有 22 種。

低價格・高品質，DHC 擁有眾多鐵粉的健康輔助食品

自 1995 年正式推出健康輔助食品以來，目前 DHC 在市面上流通的品項高達 500 種以上。除了各種基本或新成分的單方製劑之外，DHC 最拿手的獨門絕活，就是依照消費者的各種需求，同時搭配數種成分，開發出 DHC 獨家的複方產品。這對於想同時攝取多種成分，卻又不知道如何挑選的消費者而言，可說是省時省力又省心的創舉。正因為如此，DHC 健康輔助食品的品項才會在 20 多年內暴增至 500 多種。

如同包裝上所印的文字，**低價格・高品質**一直是 DHC 獲得鐵粉支持的原因之一。對於 DHC 而言，健康輔助食品堪稱是企業重心之一的事業部門，因此在生產設備上也投資不少。由於採用最新且有效率的生產設備，再搭配大規模生產的以價制量策略，才能實現價格親民化的理想。當然，DHC 健康輔助食品的生產過程都符合日本 GMP 標準，因此在品質方面更是令人感到放心與信賴。

據負責開發產品的研究員表示，在 DHC 所推出的健康府輔助食品當中，開發難度最高的產品是「**乳酸菌と酵素がとれるよくばり青汁**」，也就是能夠同時攝取乳酸菌及酵素的青汁。

這項產品在 2012 年時開始著手進行研發，但當時日本早就颳起青汁旋風，市面上流通的青汁種類多且重複性相當高。在分析市面上各種青汁

產品之後，DHC 決定以改良口感與成分的方向，推出有別於當時既有產品的青汁。

開發青汁的第一步，就是確保主要成分，也就是大麥若葉的原料來源。看似簡單的步驟，但光是從日本國產大麥若葉當中，挑選出產地、品質以及供給量等前置作業，就足足耗費兩年多的時間。

在確保原料來源之後，接下來就是最關鍵的製作方法。當時市面上大部分的青汁，都是將原料乾燥並製成粉末狀。然而該製法的缺點，就是會讓青汁的 SOD 酵素值偏低。DHC 當時開發青汁的主要目標，就是提升青汁的 SOD 酵素濃度。

DHC 所選擇的製程，就是先將大麥若葉清洗並榨汁之後，再製作成粉末狀。不過在這一連串的過程當中，會使酵素及葉綠素的濃度降低。為了盡可能在製程當中保留青汁原有的營養素，同時滿足口感上的表現，在研發製法上又耗費了 3 年的時間，可說是極為費時又費工的研發過程。

乳酸菌と
酵素がとれる
よくばり青汁

建議攝取量　1 日 1～2 包

容量 / 價格　3.2 克 ×30 包 / 2,550 円

主要成分 / 含量

71 大麥若葉 3,000mg
67 乳酸桿菌（FK-23）400 億個

大麥若葉搭配長命草與芝麻葉，再加上乳酸菌與酵素的青汁，堪稱是 DHC 史上開發難度最高的產品。

何謂 SOD 酵素？

我們經常可在青汁的廣告詞中，看到「SOD 酵素」這個詞。這個 SOD 酵素，究竟是什麼意思呢？ SOD 酵素的正式中文名稱為「超氧化物歧化酶」（Superoxide dismutase），聽起來相當複雜難懂，但其實就是一種能夠分解自由基的抗氧化物質。除了大麥若葉之外，羽衣甘藍和桑葉當中也都含有豐富的 SOD 酵素，這也是青汁在日本成為熱門商品的主要原因之一。

DHC 門市人氣產品

在 DHC 多達 500 多種的健康輔助食品當中，脫穎而出的前 10 大人氣商品。除了基本的維生素與礦物質之外，體脂肪管理成分「毛喉鞘蕊花萃取物」也是關注度相當高的熱門商品。另外，中高年人所注重的 DHA ＋ EPA 與樂活健骨複方產品也榜上有名。

值得注意的是，在 3C 產品普及化之下，光是護眼產品就有葉黃素以及速攻藍莓。在深入詢問 DHC 門市人員後，發現藍莓產品共有 3 種，無論是哪一種的人氣度都相當高。由此可見，護眼型健康輔助食品的需求急速升高，成為現代人最注重的保養類型。

愛吃巧克力的人要注意！吃太多巧克力可能造成鋅不足！？

從 DHC 熱賣的十大健康輔助食品名單來看，可發現「亜鉛」（鋅）是唯一的礦物質單方製劑。許多人都會認為，鋅是幫助男性維持生殖能力的重要成分。事實上，鋅的功能不只如此。從營養學的角度來看，鋅能夠幫助我們維持味覺正常，也能提升人體新陳代謝與提升免疫力。不僅如此，更能促進蛋白質代謝正常，藉此發揮美肌與美髮作用。因此對於女性而言，鋅也是相當重要的礦物質。

由於巧克力當中富含可可多酚，具有相當優異的抗氧化作用，因此近年有不少女性迷上巧克力。然而，許多人都不知道巧克力當中也含有銅。當人體攝取過多的銅，體內的鋅含量就會減少。因此，愛吃巧克力的女性很可能會因為這樣而有體內鋅不足的隱憂。其實，任何有益健康的食物，都要把握適量攝取的原則，過與不及對健康都沒有正面的幫助哦！

DHC 門市人氣產品一覽

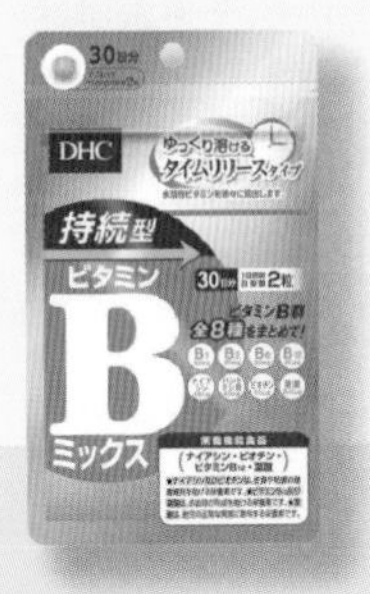

長效型
維生素 B 群

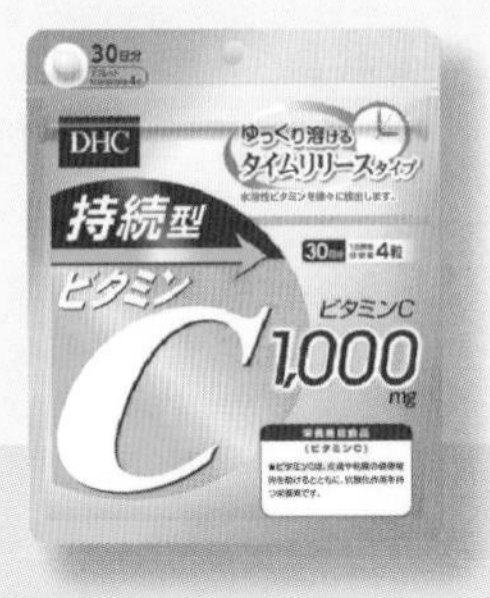

長效型維生素 C

綜合維生素

鋅

薏仁萃取物

毛喉鞘蕊花
萃取物

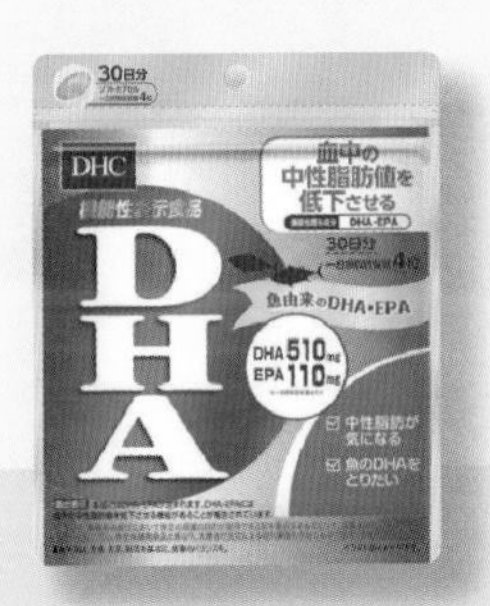

DHA ＋ EPA

樂活健骨複方

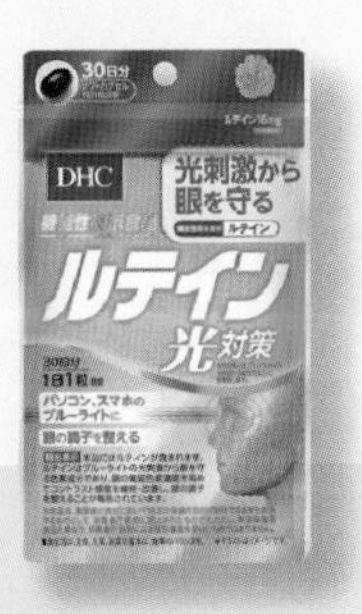

葉黃素

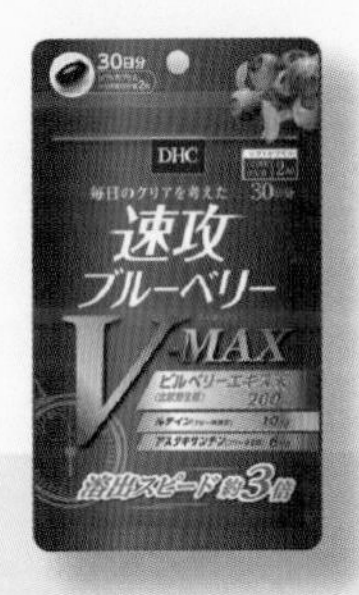

速攻藍莓

維
生
素

VITA
MIN

 # 水溶性維生素＝維生素 B 群、C
 # 脂溶性維生素＝維生素 A、D、E、K

維生素可說是健康輔助食品的起點，也是最基本的產品類別。維生素是維持人體運作時所必需的營養素，但由於大多數維生素無法由人體自行合成，因此只能透過食物攝取。對於難以維持均衡飲食的外食族來說，必要時可以透過健康輔助食品來補充不足的部分。

維生素可分為**水溶性維生素**及**脂溶性維生素**兩大類型。大家熟悉的維生素 B 群和維生素 C，都屬於水溶性維生素，而這類維生素最大的特色，就是攝取過多的部分會隨尿液排出體外，並不會累積在人體當中，所以必須每天攝取足夠分量才能維持體內濃度。

另一方面，脂溶性維生素則是會儲存在肝臟或脂肪組織當中，但攝取過量反而有害健康。為提升脂溶性維生素的吸收率，一般會建議搭配油脂一起食用才能發揮最佳的效果。

01 維生素 A ››› 皮膚健康、黏膜健康、眼睛健康、抗氧化

››› Vitamin A · ビタミン A

維生素 A 對於夜間視力、維持皮膚、黏膜正常功能以及骨骼正常發育來說是必須的成分。皮膚及黏膜對人體有保護效果，因此皮膚健康可以減少發炎及感染，提高免疫力。此外，維生素 A 也有抗氧化的作用。維生素 A 有每日攝取上限值 3,000 微克，若攝取過量容易有中毒現象。一般都是透過補充劑補充才會有過量現象，所以攝取時須小心計算攝取總劑量。

02 維生素 B1（硫胺） ››› 代謝糖質、提升活力、提升腦力、改善疲勞

››› Vitamin B1 (Thiamine) · ビタミン B1（チアミン）

維生素 B1 又稱為硫胺，為能量代謝重要的輔助因子（輔酶）。在維持心臟血管正常收縮及神經系統功能正常上扮演重要角色。

03 維生素 B2（核黃素）

>>> 皮膚健康、黏膜健康、代謝脂質、促進成長

>>> Vitamin B2（Riboflavin）· ビタミン B2（リボフラビン）

通常稱之為核黃素，為能量代謝重要的輔助因子（輔酶）。也是紅血球形成、生長發育所必需的營養素。攝取足量的維生素 B2 能維持皮膚、指甲及頭髮的健康，對於希望美美的人來說是很重要的營養素。另外，維生素 B2 具有對於眼睛疲勞及白內障的預防保養效果。

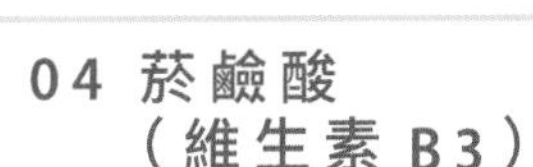

04 菸鹼酸（維生素 B3）

>>> 促進代謝、酒精代謝、改善血液循環

>>> Niacin（Vitamin B3）· ナイアシン（ビタミン B3）

菸鹼酸為維持皮膚正常及神經系統功能運作所需營養素，且與維生素 B1、B2 共同參與能量代謝，通常建議一起補充才能發揮其最大功能。若缺乏容易有消化系統異常、失眠、四肢麻木痠痛、失憶或憂鬱的現象。

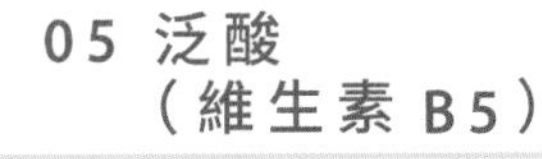

05 泛酸（維生素 B5）

>>> 促進代謝、對抗壓力、提升免疫、改善血液循環

>>> Pantothenic Acid（Vitamin B5）· パントテン酸（ビタミン B5）

泛酸為輔酶 A 的主成分，而輔酶 A 會參與代謝醣類、脂質及蛋白質轉化為能量。泛酸為身體內所有細胞所必需的營養素，並且存在各器官中，故有助於荷爾蒙形成、傷口癒合及腸道功能正常等。泛酸之名即是表示從食物中廣泛可得。若飲食多樣化，一般不易缺乏，反言之，經常隨便麵包、點心解決一餐的人，就有缺乏的可能性。

06 維生素 B6

>>> 皮膚健康、預防貧血、代謝蛋白質、經前症候群、神經系統健康

>>> Vitamin B6 · ビタミン B6

維生素 B6 為吡多醇、吡多醛及吡多胺的總稱，參與了人體各種的代謝，尤其是蛋白質的代謝與合成。因此對於身體細胞正常運作扮演重要角色。維生素 B6 也有情緒穩定的作用，可以舒緩經前症候群及頭痛的現象。攝取不足可能導致貧血、口腔炎或疲倦易怒的症狀。也有部分研究發現，攝取 B6 可以輔助緩解孕吐。

07 生物素（維生素 B7）

››› 毛髮健康、皮膚健康、指甲健康、促進代謝

››› Biotin（Vitamin B7）・ビオチン（ビタミン B7）

生物素也有人稱為維生素 H，主要協助細胞生長及能量代謝。生物素也是讓皮膚、頭髮健康生長的重要物質。因為食物中廣泛存在且人體腸內菌可自行合成，所以不常見有缺乏情形。但生蛋白中存在有抑制生物素吸收的物質，長期食用可能導致生物素吸收不足現象（蛋白煮熟後即可破壞）。

08 葉酸（維生素 B9）

››› 促進胎兒成長、預防貧血

››› Folate（Vitamin B9）・葉酸（ビタミン B9）

葉酸在體內參與各項反應，包括 DNA、RNA 的合成，所以懷孕初期婦女，須避免葉酸的缺乏，以免影響胎兒的細胞分裂與增殖。葉酸也與蛋白質代謝合成有關，所以缺乏時容易造成因紅血球細胞異常所導致的巨球性貧血。葉酸會調節體內同半胱胺酸代謝，而體內同半胱胺酸濃度過高會增加動脈硬化的危險性。因此，葉酸對於維持心血管健康來說是很重要的營養素。

09 維生素 B12

››› 預防貧血、提升腦力、神經系統健康

››› Vitamin B12・ビタミン B12

維生素 B12 以數種形式存在，分子內含有鈷化合物者被稱之為鈷胺素（Cyanocobalamin）。可協助神經系統功能的正常運作，也可與葉酸一起調節紅血球的形成。缺乏維生素 B12 會使紅血球異常腫大造成惡性貧血。維生素 B12 主要存在動物性食物中，且須與胃中內在因子結合後才可被吸收，故全素及胃切除者，建議需另外補充。

10 維生素 C

››› 皮膚健康、黏膜健康、血管健康、提升免疫、抗氧化、抗壓力

››› Vitamin C・ビタミン C

維生素 C 又稱為抗壞血酸（Ascorbic Acid），能促進膠原蛋白的形成，因此對於人體細胞修復、組織癒合及血管健康有幫助。維生素 C 也具有抗氧化力，因此可以防止發炎並避免氧化傷害。維生素 C 還可以減少黑色素的形成及促進鐵質吸收。因此對於美容而言，維生素 C 是很重要的營養素。

11 維生素 D

››› 骨骼健康、牙齒健康、促進成長

››› Vitamin D・ビタミン D

維生素 D 能促進鈣及磷的吸收，進而維護骨骼及牙齒健康生長。食物來源雖不多，但可靠曬太陽來獲得。根據來源的不同分為以下兩種型態，維生素 D2 主要是植物性食物來源，而動物性來源的型態為維生素 D3，兩種型態進入體內都能有效被活化。除非是肝腎有問題，否則不建議直接攝取活化型維生素 D，很容易造成濃度過量。

12 維生素 E

››› 抗氧化、預防老化、改善血液循環、女性健康

››› Vitamin E・ビタミン E

維生素 E 又稱為生育醇（Tocopherol）。分為多種形態，而主要發揮生理活性的是 α- 生育醇。由其名可得知，維生素 E 有維持生殖機能的效果。但較廣為人知的，還是維生素 E 的抗氧化力，可保護細胞不被氧化壓力傷害，達到抗發炎、免疫調節與抗凝血。

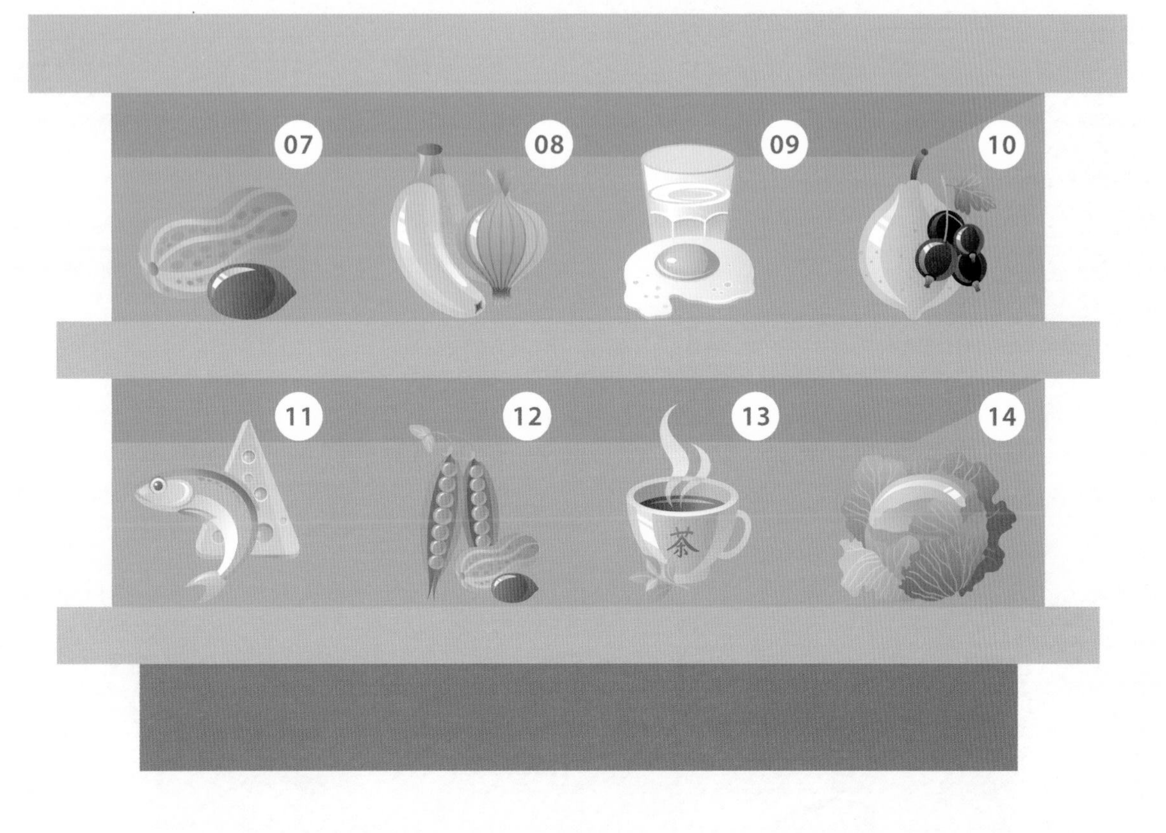

13 維生素 K

››› 抑制出血、骨骼健康

››› Vitamin K · ビタミン K

維生素 K 最主要的作用為凝血作用，因此有凝血功能障害相關問題的患者，在攝取上要特別注意。另外也能幫助鈣質確實附著於骨骼之上。一般來說，維生素 K 還可細分為黃綠色蔬菜當中所含的維生素 K1，以及納豆等發酵食品當中所含的 K2。

14 維生素 U

››› 幫助消化、調節胃酸分泌、腸胃黏膜健康

››› Vitamin U · ビタミン U

維生素 U 最早是從高麗菜榨汁當中所發現，因此俗稱為高麗菜精。因為具備幫助消化與健胃整腸的作用，所以又被廣泛應用於腸胃藥當中。但嚴格來說，在台灣它不算是維生素的一種。

由於各國法規不同，健康輔助食品之成分的每日建議攝取量亦有所不同，建議參考各國建議量並遵照產品建議攝取量服用。

DHC 天然ビタミン A

廠商名稱	DHC	建議攝取量	1 日 1 粒

容量 / 價格　30 粒 / 1,460 円

主要成分 / 含量

01 維生素 A 550μg　　12 維生素 E 3mg

採用萃取自鹽生杜氏藻的天然維生素 A。這種藻類所含的 β 胡蘿蔔素含量，約是一般食用紅蘿蔔的數百倍之多，因此只要一天一粒，就可補足人體一天的維生素 A 需求量，相當適合平時黃綠色蔬菜攝取不足的人。

(B)

DHC 持続型ビタミン B ミックス

廠商名稱	DHC	建議攝取量	1 日 2 粒

容量 / 價格

28 粒 / 120 円、60 粒 / 329 円

主要成分 / 含量

04 菸鹼酸 40mg　　03 維生素 B2 30mg
05 泛酸 40mg　　06 維生素 B6 30mg
07 生物素 50μg　　09 維生素 B12 20mg
02 維生素 B1 40mg　　08 葉酸 200μg

濃縮人體所需的 8 種水溶性維生素 B。採用長效緩釋技術，避免維生素 B 群在短時間內就隨尿液排出體外。一天只需要補充 2 粒即可，建議分為早晚各 1 粒會更有效率地吸收身體所需之維生素 B 群。

(C)

DHC 持続型葉酸

廠商名稱	DHC	建議攝取量	1 日 1 粒

容量 / 價格　30 粒 / 360 円

主要成分 / 含量　08 葉酸 400μg

高含量的葉酸單方健康輔助食品。採用長效緩釋技術，可防止高含量的葉酸成分快速被排出體外而造成浪費。除了孕婦之外，經常用腦的人也很適合拿來提升腦力。

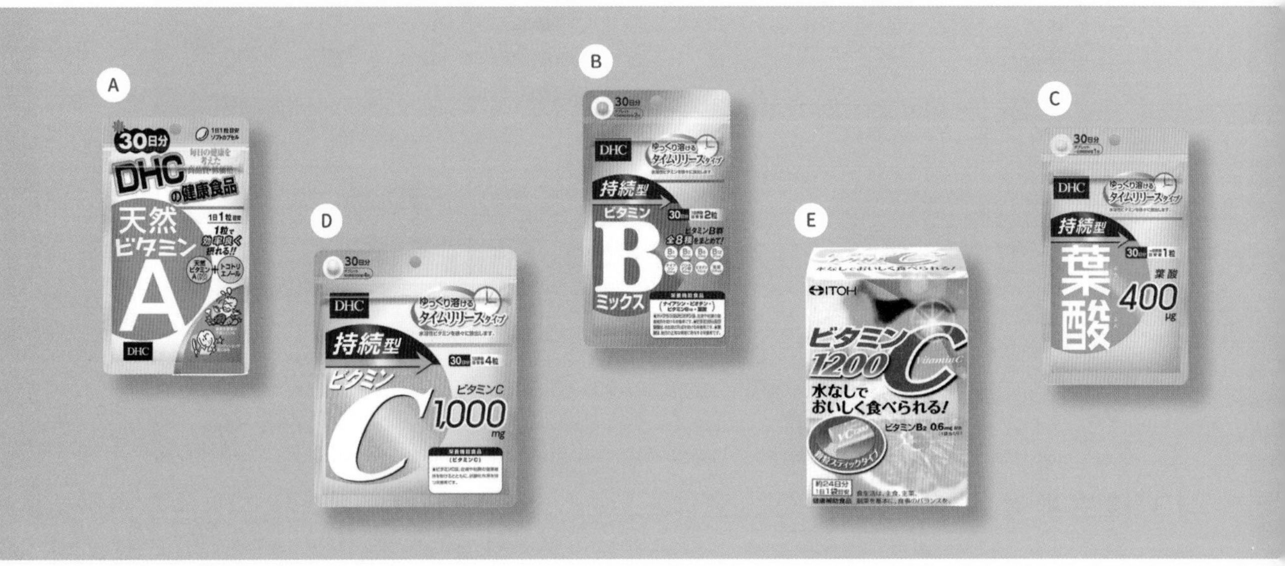

DHC 持続型 ビタミン C

廠商名稱	DHC	建議攝取量	1 日 4 粒

容量 / 價格

28 粒 / 120 円、120 粒 / 360 円

主要成分 / 含量　10 維生素 C 1,000mg

人體需求性相當高的維生素 C 容易隨尿液排出體外，但若是採用長效緩釋技術，就能夠更有效率地讓身體長時間持續吸收。建議每天分為早晚兩次攝取，能更完整地吸收身體所需的維生素 C。

(D)

井藤漢方製薬 ビタミン C1200

廠商名稱　井藤漢方

建議攝取量　1 日 1 包

容量 / 價格　2g×24 包 / 1,200 円

主要成分 / 含量

10 維生素 C 1,200mg　　03 維生素 B2 0.6mg

每一包當中含有約 60 顆檸檬所含的維生素 C。採用單次量分包裝，再加上不需要水也可以服用，便利性表現相當突出，相當適合經常外出的人隨時補充維生素 C。

DHC ビタミン D3

廠商名稱	DHC	建議攝取量	1 日 1 粒
容量 / 價格	30 粒 / 286 円		
主要成分 / 含量	11 維生素 D 25μg		

採用高活性的維生素 D3，可輔助人體吸收鈣質的效率，藉此提升骨骼與牙齒健康。適合飲食中難以攝取維生素 D，或是重視美白而避免曬太陽的人。當然，平時窩在辦公室裡忙碌而曬不到太陽的人也很建議攝取。

G

DHC 天然ビタミン E [大豆]

廠商名稱	DHC	建議攝取量	1 日 1 粒
容量 / 價格	20 粒 / 270 円、30 粒 / 380 円、60 粒 / 750 円、90 粒 / 1,110 円		
主要成分 / 含量	12 維生素 E 301.5mg		

從大豆當中萃取出的 d-α- 生育醇，是所有維生素 E 當中活性最高的種類。不只適合中高年人，也適合黃綠色攝取不足，卻又在意肌膚乾燥與手腳冰冷的人。另外，限制油脂攝取量的減重人士也適合攝取。

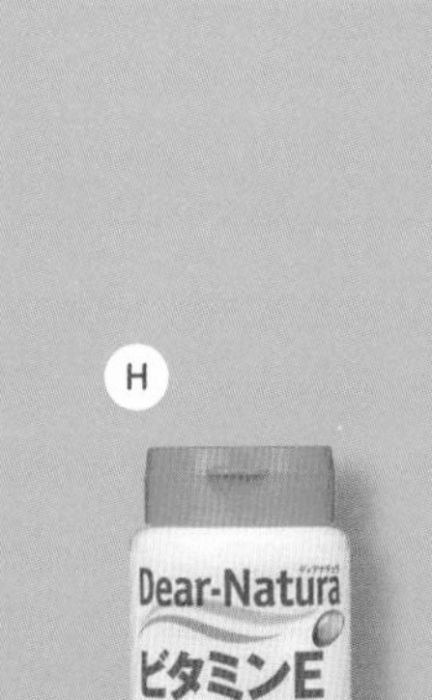

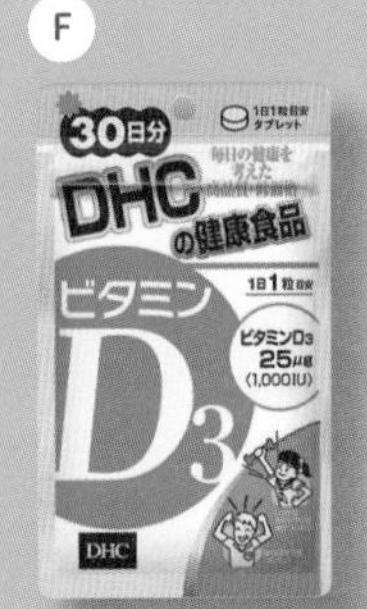

Dear-Natura ビタミン E

廠商名稱	アサヒグループ食品
建議攝取量	1 日 1 粒
容量 / 價格	30 粒 / 470 円、60 粒 / 720 円
主要成分 / 含量	12 維生素 E 140mg

日本食品大廠 ASAHI 所推出的維生素 E 單方製劑。每天只要一粒，就可充分攝取具有抗氧化作用，防止體內脂質氧化的維生素 E。

DHC ビタミン K

廠商名稱	DHC	建議攝取量	1 日 2 粒
容量 / 價格	60 粒 / 800 円		
主要成分 / 含量	13 維生素 K2 67.4μg	11 維生素 D3 2.5μg	10 維生素 C 30mg

適合想攝取維生素 K 幫助骨骼變得強健，卻又不敢吃納豆的人。除此之外，還搭配維生素 D3 以及萃取自牛乳，可提升人體吸收鈣質的 CPP（酪蛋白磷酸胜肽），讓鈣質能更為確實附著在骨骼之上。

DHC マルチビタミン

廠商名稱	DHC	建議攝取量	1 日 1 粒
容量 / 價格	30 粒 / 353 円、60 粒 / 600 円、90 粒 / 886 円		

主要成分 / 含量

04 菸鹼酸 15mg	06 維生素 B6 3.2mg
05 泛酸 9.2mg	09 維生素 B12 6μg
07 生物素 45μg	10 維生素 C 100mg
01 維生素 A 5,400μg	11 維生素 D 35μg
02 維生素 B1 2.2mg	12 維生素 E 10mg
03 維生素 B2 2.4mg	08 葉酸 200μg

每天只要小小 1 粒，就可補充 12 種維生素的必需攝取基準量。最為特別的地方，就是添加 20 毫克的維生素 P 來幫助維生素 C 發揮最佳效果，適合蔬果攝取不足的外食族或生活不規律的忙碌現代人。

本單元中所標示之主要成分添加量，係指各產品每日建議攝取量之總含量。

礦物質

MINERAL

 # 主要礦物質＝鈣、鎂、磷、鉀、硫、鈉、氯
 # 微量礦物質＝鐵、鋅、銅、錳、鉻、碘、硒、鉬、鈷

礦物質與碳水化合物、蛋白質、脂肪以及維生素並稱為五大營養素。人體之中約有 4%是由礦物質所組成，但絕大多數都無法自體合成，必須透過日常飲食來加以攝取。

幫助人體維持正常運作的必需礦物質約有 16 種，其中 7 種為每日需求量高於 100 mg 的**主要礦物質**，而另外 9 種則是每日需求低於 100 mg 的**微量礦物質**。雖然礦物質攝取不足會引發各種身體健康問題，但攝取過量卻會造成中毒，因此在攝取量方面要特別注意。

15 鈣

››› 骨骼健康、牙齒健康、促進成長、神經系統健康、調節肌肉活動

››› Calcium · カルシウム

鈣為骨骼及牙齒重要的主成分，在小孩骨骼發展及成年後的骨密度維持扮演重要角色。除此之外，鈣質還是肌肉放鬆、調節心跳和神經傳導的所需營養素。近年來更發現若想要提升代謝及分解脂肪，最好維持足夠的鈣質攝取，因為鈣質可以減少腸道對脂肪的吸收。另外，含有草酸或植酸食物（或營養品）可能影響鈣質吸收。

16 鎂

››› 骨骼健康、牙齒健康、促進代謝、神經系統健康、改善血液循環

››› Magnesium · マグネシウム

鎂是體內許多作用的催化劑，過去經常被忽略。然而，鎂不僅可以維持肌肉及神經系統正常運作，也能降低心血管疾病的發生率。此外，也有研究發現鎂能降低憂鬱狀態及發炎狀態。整體而言，鎂在體內許多反應中都扮演了重要角色。在補充鎂的同時，鈣的補充量也須增加，而草酸、脂肪、蛋白質可能降低鎂的吸收。

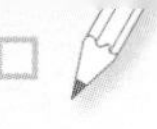

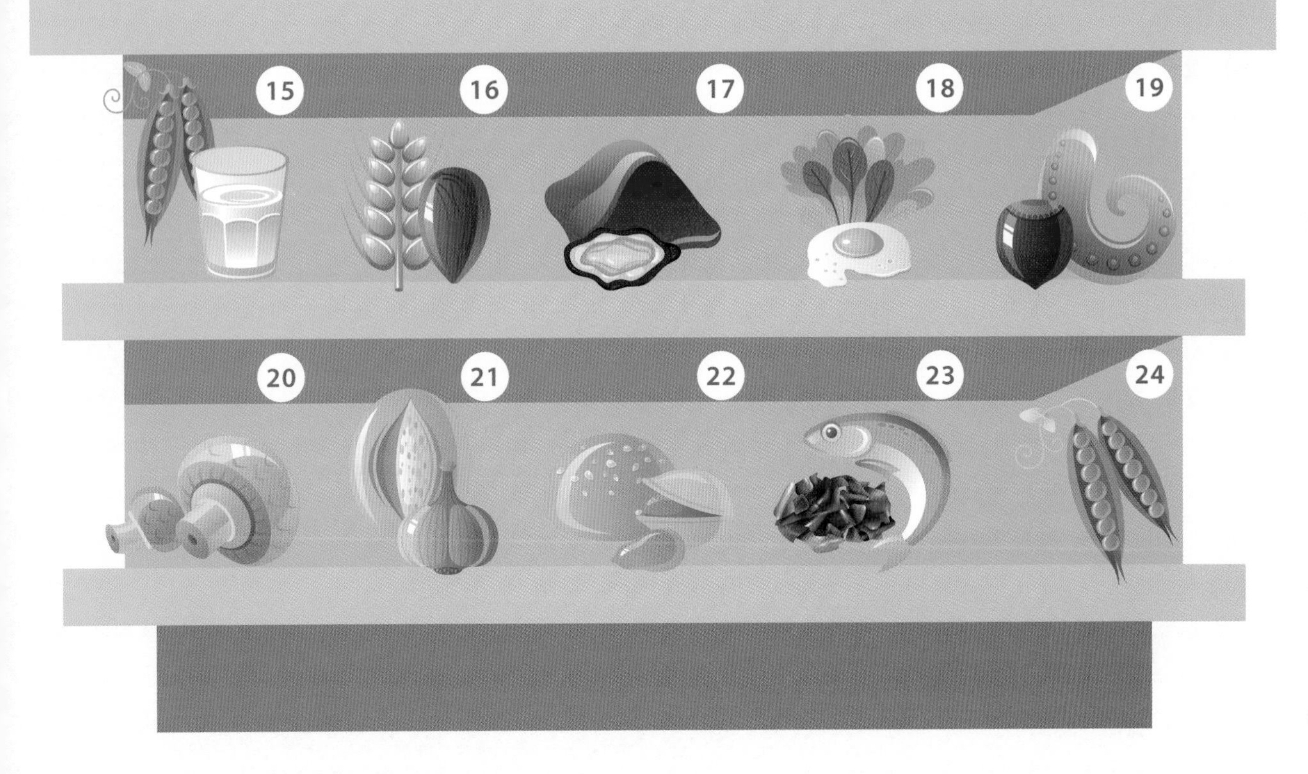

17 鋅

››› 促進代謝、提升免疫、維持味覺正常、維持生殖機能

››› Zinc・亜鉛

鋅對於肌肉、骨骼、皮膚、毛髮等組織生長有關。鋅也是抗氧化酵素的必要成分，所以對於抗發炎、抗氧化來說也很重要。此外，鋅能協助味覺、嗅覺及生殖系統維持正常功能。

18 鐵

››› 預防貧血、促進代謝、提升活力

››› Iron・鉄

鐵在體內最主要的功能就是作為血紅素及肌紅素的主成分，能協助氧氣運送至全身，再將二氧化碳運送至肺部排出。鐵質具有抗氧化力，但過量攝取時反而變成會助氧化，使體內自由基增加，因此要注意不要攝取過量。鐵與維生素 C 同時攝取能增加人體的鐵質吸收率。另一方面，鐵若與鈣同時攝取，則會抑制鐵的吸收，建議須錯開補充時間。

19 銅

››› 預防貧血、骨骼健康、抗氧化

››› Copper・銅

銅可協助骨骼、皮膚彈力蛋白、結締組織、紅血球的形成。此外銅也具有抗氧化功能，因此可協助細胞避免受到氧化傷害。對於想維持皮膚彈性的人而言，是不可或缺的營養素。銅的攝取與鋅及維生素 C 有關，若是大量攝取銅，可能會降低體內鋅及維生素 C 的含量。

20 鉻

>>> 促進代謝、調節血糖、調節膽固醇

>>> Chromium・クロム

鉻在體內會轉化為葡萄糖耐受因子，促進胰島素受體的活性，進而協助體內葡萄糖能正常被代謝。鉻也會促進胰島素的分泌，因此可以協助血糖維持穩定。鉻除了協助醣類代謝之外，也會輔助脂肪的代謝。

21 錳

>>> 促進代謝、骨骼健康、提升腦力

>>> Manganese・マンガン

錳會參與醣類及脂肪的代謝，但其更廣為人知的作用是參與骨骼、軟骨、結締組織生長所需，因此錳無論對於基本的骨骼健康或是軟組織的緩衝或潤滑都很重要，可以協助維持正常的活動力。此外，錳也會參與製造腦內神經傳導物質，是維持腦部健康的重要因子。錳可活化造血、骨骼作用中參與的酵素，故也有人認為錳算是造血所需的營養素。

22 硒

>>> 抗氧化、心血管健康

>>> Selenium・セレン

硒為抗氧化酵素麩胱甘肽的組成成分，因此具有協助抗氧化的作用。與同為抗氧化能力強的維生素，如維生素 C 及維生素 E 共同補充時，具有協助的功能。若缺乏可能導致心肌病變。但硒具有毒性，需小心每日補充不可超過 400 微克。

23 碘

>>> 促進成長、調節代謝、提升活力

>>> Iodine・ヨウ素

碘是一種存在於甲狀腺，對人體健康相當重要的礦物質，主要可透過海藻類進行攝取。除了可調節人體代謝機能之外，碘對於孩童的成長，特別是在精神與智能方面的成長相當有助益。

24 鉬

>>> 促進代謝、分解排毒

>>> Molybdenum・モリブデン

人體當中的鉬大多存在於腎臟與肝臟，和人體排出老廢物質的機能息息相關。另一方面，鉬也能幫助鐵質發揮造血機能。比起其他礦物質來說雖然較為陌生，但其實可透過全穀類、大豆等食物進行攝取。

DHC
カルシウム / マグ

 營養機能食品

廠商名稱 DHC　建議攝取量 1 日 3 粒

容量 / 價格
60 粒 / 270 円、90 粒 / 380 円、
120 粒 / 750 円、270 粒 / 1,060 円

主要成分 / 含量
15 鈣 360 mg　11 維生素 D 2.2 μg
16 鎂 206 mg

許多現代人都有鈣鎂攝取不足的問題，而 DHC 的複方鈣鎂健骨配方，特別以 2：1 的鈣鎂黃金比例，搭配維生素 D3 來提升鈣質吸收率。除此之外，還加入 CPP（酪蛋白磷酸胜肽），輔助讓鈣質能更為確實附著在骨骼之上。

Dear-Natura
カルシウム・マグネシウム・亜鉛・ビタミン D

廠商名稱 アサヒグループ食品

建議攝取量 1 日 6 粒

容量 / 價格 180 粒 / 780 円

主要成分 / 含量
15 鈣 500 mg　17 鋅 7 mg
16 鎂 250 mg　11 維生素 D 5 μg

除了鈣、鎂、維生素 D3 這些健骨黃金鐵三角成分之外，還多添加人體每日必需的鋅。市場上的鈣鎂複方健康輔助食品大多以女性需求為主，但這瓶則是強調男性也適用。

DHC
亜鉛

廠商名稱 DHC　建議攝取量 1 日 1 粒

容量 / 價格
15 粒 / 150 円、20 粒 / 181 円、
30 粒 / 267 円、60 粒 / 524 円

主要成分 / 含量
17 鋅 15 mg　22 硒 50 μg
20 鉻 60 μg

除了可活化細胞再生與促使味覺正常的鋅之外，還搭配可促進代謝的鉻和能夠抗氧化的硒。不只是男性，就連注重健康活力與肌膚健康的女性也很需要。

SCALP-D
サプリメント
亜鉛 EX

營養機能食品

廠商名稱 アンファー

建議攝取量 1 日 2 粒

容量 / 價格 120 粒 / 1,112 円

主要成分 / 含量
17 鋅 300 mg　10 維生素 C 20 mg

採用富含胺基酸且人體吸收率高的酵母鋅所製造。最為特別的地方，是另外搭配毛髮相關成分「角蛋白水解粉末」，可說是專為深受毛髮稀疏問題所苦的男性所開發。

A

DHC
ヘム鉄

廠商名稱	DHC
建議攝取量	1日2粒
容量 / 價格	60粒 / 580円、120粒 / 1,150円、180粒 / 1,680円

主要成分 / 含量

18 鐵 10.0 mg　09 維生素 B12 1.0 µg
08 葉酸 75 µg

採用來自魚類或肉類，人體吸收率較高的血質鐵，再搭配葉酸及維生素 B12 等可以輔助紅血球生成的營養素。不只適合貧血女性，因為減重而減少肉類攝取的人也適合攝取。

B

Dear-Natura
鉄・葉酸

廠商名稱	アサヒグループ食品
建議攝取量	1日1粒
容量 / 價格	30粒 / 420円、60粒 / 600円

主要成分 / 含量

18 鐵 12 mg　10 維生素 C 80 mg
08 葉酸 200 µg

針對女性所開發，鐵及葉酸含量都接近最高建議攝取量。除此之外，還加入維生素 C 來提升人體吸收鐵質的效率。

A

B

C

D

E

C

井藤漢方製薬
サプリル 鉄＋葉酸

廠商名稱	井藤漢方製薬
建議攝取量	1日1包
容量 / 價格	2克 ×30包 / 1,200円

主要成分 / 含量

18 鐵 7.5 mg　09 維生素 B12 2 µg
08 葉酸 200 µg　104 檸檬酸 100 mg
06 維生素 B6 1 mg

專為女性所開發的鐵＋葉酸複方健康輔助食品。單次量分包裝相當方便攜帶，而且入口即化的顆粒劑型不用水就可服用。吃起來酸中帶甜，口感順口美味。

D

小林製藥
ヘム鉄 葉酸 ビタミン B12

廠商名稱	小林製薬
建議攝取量	1日3粒
容量 / 價格	90粒 / 1,500円

主要成分 / 含量

18 鐵 325 mg　09 維生素 B12 2 µg
08 葉酸 200 µg　19 銅 4.3 mg

主成分採用人體吸收率較高的血質鐵，再搭配鐵劑中常見的葉酸及維生素 B12。最為特別的地方為添加銅來輔助紅血球生成。

E

DHC
マルチミネラル

廠商名稱	DHC
建議攝取量	1日3粒
容量 / 價格	90粒 / 458円、270粒 / 1,239円

主要成分 / 含量

15 鈣 250 mg　22 硒 30.2 µg
18 鐵 7.5 mg　20 鉻 28.3 µg
17 鋅 6.0 mg　21 錳 1.5 mg
19 銅 0.6 mg　23 碘 50.8 µg
16 鎂 125 mg　24 鉬 10.5 µg

每天只要小小的 3 粒，就可補充男女都需要的 10 種必需礦物質。對於平時蔬菜攝取量偏少的外食族而言，是個可以強化礦物質攝取的小幫手。

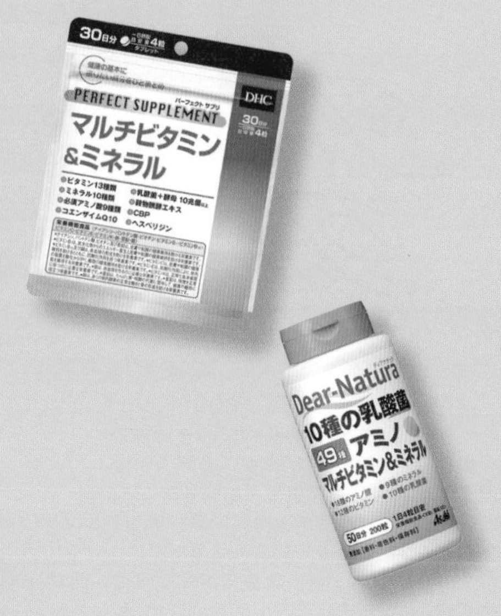

DHC
パーフェクト サプリ
マルチビタミン
&ミネラル

營養機能食品

廠商名稱	DHC
建議攝取量	1 日 4 粒
容量 / 價格	120 粒 / 1,780 円

主要成分 / 含量

13 種維生素、10 種礦物質、9 種必需胺基酸、10 兆個乳酸菌＋酵母、輔酶 Q10、維生素 K、CBP、黑胡椒萃取物、穀物發酵萃取粉末

囊括所有人體每日必需的維生素、礦物質與胺基酸，只要 4 粒就可補充 38 種營養素，對於有選擇困難或是不想同時購買多種健康輔助食品的人來說是不錯的選擇。較為特別的地方，是添加 CBP 健骨成分，因此不只是青壯年，就連家中的長輩也適合。

Dear-Natura
49 アミノマルチビタミン
&ミネラル

營養機能食品

廠商名稱	アサヒグループ食品
建議攝取量	1 日 4 粒
容量 / 價格	200 粒 / 2,050 円

主要成分 / 含量

12 種維生素、9 種礦物質、18 種胺基酸、10 種乳酸菌

小小 4 粒當中，就濃縮 49 種營養素在其中，對於想輕鬆補充每日所需營養的人而言，是省時省事的好幫手。強化乳酸菌組合的配方，一次搭配 10 種乳酸菌，特別適合想同時改善腸道環境的外食族。

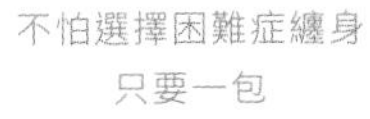

不怕選擇困難症纏身
只要一包

健康輔助
懶人包

就可補充
每日所需營養成分

小林製薬
マルチビタミン
ミネラル
必須アミノ酸

營養機能食品

廠商名稱	小林製薬
建議攝取量	1 日 4 粒
容量 / 價格	120 粒 / 1,400 円

主要成分 / 含量

12 種維生素、9 種礦物質、9 種胺基酸

將人體每日所必需的維生素、礦物質以及必需胺基酸都濃縮在一起。只要少少的 4 錠，就能簡單補足 30 種營養素，屬於綜合營養補充品當中的基本款。

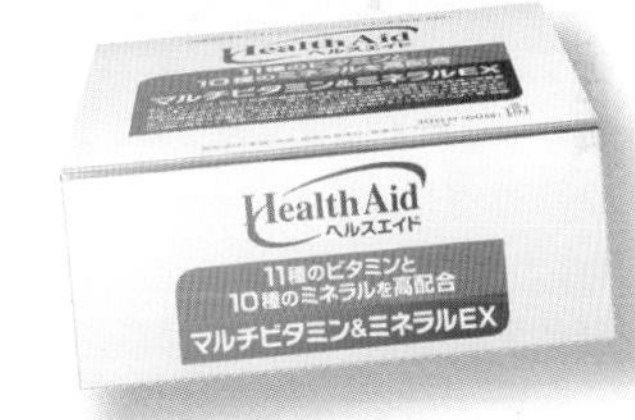

HealthAid®
マルチビタミン
& ミネラル EX

營養機能食品

廠商名稱	森下仁丹
建議攝取量	1 日 2 包
容量 / 價格	7 粒 ×60 包 / 4,800 円
主要成分 / 含量	11 種維生素、10 種礦物質

把萃取自酵母及乳酸菌的 11 種維生素和 10 種礦物質，濃縮到 7 粒錠劑和軟膠囊當中。小包分裝相當方便攜帶，出門前抓個兩包丟進包包裡，就能補充一整天所需的維生素及礦物質。

美容型 For Beauty

除維生素及礦物質這些基本類型之外，在健康輔助食品市場當中，最受注目且品項選擇最多的類別，應該就是主打美容機能的產品。除了膠原蛋白、玻尿酸這些固定班底之外，這幾年市場上也出現不少神經醯胺與胎盤素的相關產品。到了近期，蛋白聚醣更是成為新興的美容新寵。

25 膠原蛋白

››› Collagen · コラーゲン
››› 肌膚健康、骨骼健康、關節健康、頭髮健康

膠原蛋白是人體結締組織及細胞間重要的蛋白質，包括皮膚、骨骼、內臟、牙齦等部位，都有膠原蛋白協助維持組織的彈性。一般而言，若是在蛋白質不缺乏的情況下，人體可以自行將蛋白質分解再合成為膠原蛋白。但如果膠原蛋白開始流失，可以考慮另外補充。但一般補充品若未經處理，腸道無法消化大分子膠原蛋白，故無法吸收，也就是之前大家會質疑膠原蛋白攝取效果之因。

目前有技術可以將膠原蛋白預先分解成小分子（胺基酸、二肽或三肽），特別被發現具有胺基酸 Hydroxyproline（Hyp）的二肽成份更是主要受人體吸收的形式，因此除了分子大小，具機能性的二肽：Pro-Hyp（PO）與 Hyp-Gly（OG）也可以做為考量。

由於維他命 C 能促進膠原蛋白的合成，也能強化膠原蛋白的結構，因此攝取膠原蛋白時，通常建議搭配維生素 C 一起攝取。

26 玻尿酸

››› Hyaluronic Acid · ヒアルロン酸
››› 肌膚健康、關節健康、抗齡保養

玻尿酸又稱為醣醛酸或透明質酸，主要存在細胞間的結構，尤其是皮膚、水晶體及關節囊液中。由於玻尿酸具有很強的吸水性，可以維持細胞形狀，因此是皮膚保養品的重點成分之一。除了外用，日本做了許多口服玻尿酸的研究，發現以口服方式也能轉移至人體內吸收並運用。尤其對於皮膚來說，可以改善肌膚保水度，例如膚紋、亮度，因此這幾年市場上出現許多以玻尿酸為主成分的機能性表示食品。除了直接利用，玻尿酸也可能會刺激更多玻尿酸的形成，進而達到輔助維持皮膚完整及保水效果。

27 神經醯胺

››› Ceramide · セラミド
››› 肌膚健康、抗齡保養

神經醯胺又稱為分子釘或賽洛美，是角質層細胞間脂質的主要成分。除了作為重要的皮膚屏障，其優異的保水效果以及增加組織間柔軟度的能力更是被注目。與膠原蛋白一起攝取可以有相輔相成的效果。

28 胎盤素

››› Placenta · プラセンタ
››› 肌膚健康、提升活力、提升免疫、女性健康

胎盤素中較特別的組成有雌激素、紅血球生成素、催乳素、抗體、細胞生長因子等，因此被期待具有預防老化的功效。中醫也會使用胎盤——紫河車，用來調理女性體質。針對胎盤素的功效有很多說法，包括輔助肝細胞再生、緩解更年期症狀、改善膚質、穩定神經系統等等。在日本，胎盤素最受注目的作用則是美白機能，但是若是有腫瘤、發育中、孕婦及嬰幼兒則不建議使用。

29 蛋白聚醣

››› Proteoglycan · プロテオグリカン
››› 肌膚健康、抗齡保養、關節健康

又稱蛋白多醣，為蛋白質與醣類的結合體，是日本近年來相當受到注目的美容成分。目前日本絕大部分的蛋白聚醣，都是萃取自鮭魚鼻軟骨，而且萃取技術也發展得相當純熟。蛋白聚醣之所以會在短時間內成為主流美容成分，最主要的原因是保水力表現佳，而且號稱具備類似肌膚生長因子 EGF 的美肌作用。

30 彈力蛋白

››› Elastin · エラスチン
››› 肌膚健康、心血管健康

彈力蛋白是體內組織維持彈性的成分，雖然含量不多，但對於保持組織結構彈性很重要。與膠原蛋白相輔相成，做為支持肌膚的架構，因此彈力蛋白對於肌膚的彈性與緊緻有關。彈性蛋白除了在皮膚上的作用，也存在肺部及血管，使器官維持彈性。

31 半胱胺酸

››› Cysteine · シスチン
››› 美容保養、頭髮健康、抗氧化

半胱胺酸是一種含硫的胺基酸，是體內抗氧化成分穀胱甘肽的主成分，可發揮相當不錯的解毒作用。在美容作用方面，因為可以抑制黑色素形成的關係，許多主打淡斑的醫藥品當中，也常見會添加 L-半胱胺酸做為美白成分。

32 角鯊烯

››› Squalene · スクワレン
››› 美容保養、促進代謝、提升免疫

萃取自深海鯊魚的魚肝油，對肌膚具有相當優秀的保濕力，因此有不少保養品將其作為保濕潤澤成分。除了美容保養作用之外，有研究發現角鯊烯在促進新陳代謝以及提升免疫機能方面也有不錯的表現。

33 薏仁

››› Coix Seed · ハドムギ
››› 美容保養、利尿排水

薏仁除了食用，也會被作為外用。若是食用薏仁，以中醫來說具有健脾、清熱、利濕功效，因此對於體內容易蓄積水分的人來說，有溫和的利水效果。此外有日本研究發現，食用薏仁可能也有增加皮膚代謝及改善皮膚乾燥的效用。

34 多酚

››› Polyphenol · ポリフェノール
››› 美容保養、抗氧化、預防生活習慣病

在日本被視為第六大營養素，多酚廣泛存在植物之中，是植物對抗紫外線的產物。近年來研究顯示多酚具有強力的抗氧化作用，輔助體內自由基代謝，抑止 LDL 膽固醇氧化。常見的多酚種類有花青素、兒茶素、槲皮素及紅酒多酚等。

35 氫

››› Hydrogen · 水素
››› 美容保養、抗老化

水素也就是我們所認識的「氫」，是元素表中分子量最小的物質。日本研究認為，補充水素可以輔助抗氧化，幫助身體代謝，進而減緩體內自由基的形成。

36 蝦青素

››› Astaxanthin · アスタキサンチン
››› 美容保養、抗老化、眼睛健康

蝦青素有時被稱為蝦紅素，屬於類胡蘿蔔素的一種，代謝及生理功能也與類胡蘿蔔素相近，因此對視網膜健康及眼睛疲勞也有幫助。具有高度抗氧化力，且同時具有水溶性及脂溶性環境下的生理活性，有人稱之為維生素 X 或超級維生素，在近年來常被利用作為保養品及健康輔助食品。

37 番茄紅素

››› Lycopene · リコピン
››› 美容保養、抗氧化、血壓管理、男性健康

番茄紅素簡稱茄紅素，為一種植化素，屬於類胡蘿蔔素的一種。以天然紅色色素存在於自然界中，最早於番茄中發現而得名，擁有強大的抗氧化力，可以幫助身體清除自由基，同時具備養顏美容等作用，甚至男性朋友平日多補充番茄紅素，也能維持攝護腺健康，輔助維持生殖能力。屬於脂溶性，和油脂一起攝取時成份會較易吸收而增加其利用率。

38 生育三烯酚

››› Tocotrienol · トコトリエノール
››› 抗氧化、心血管健康

萃取自天然棕櫚油的生育三烯酚又被稱為新世代維生素 E，其抗氧化能力比傳統的維生素 E 高上 40 ～ 60 倍之多，對於心血管、腦部及肝臟健康都有相當不錯的幫助。生育三烯酚有 α、β、γ 以及 δ 等四種不同類型，許多健康輔助食品在同時添加這四種成分時，會以「總生育三烯酚」進行標示。

39 輔酶 Q10

››› Coenzyme Q10 · コエンザイム Q10
››› 肌膚健康、美容保養、抗氧化、促進代謝、心臟健康

輔酶 Q10 具備強大的抗氧化能力，是人體可自行合成的抗老化成分，但合成量卻會隨著年齡增長而衰減。其實輔酶 Q10 最早是一種治療心臟疾病的藥物，後來在修法之後才成為美容保養及抗齡的健康輔助食品成分。

40 酚波克

››› Fernblock · ファーンブロック
››› 肌膚健康、美容保養、抗氧化

酚波克是一種從中美洲蕨類中萃取的專利成分，被發現對於皮膚有抗氧化及保護皮膚結構的功效。過去酚波克大多應用於防曬乳的製作，但在歐美國家製作成健康輔助食品已行之有年，直到近年才在日本解禁上市。

DHC
コラーゲン

廠商名稱 DHC　建議攝取量 1日6粒

容量 / 價格 180粒 / 753円、540粒 / 2,048円

主要成分 / 含量
- 25 膠原蛋白胜肽 2,050 mg
- 02 維生素 B1 14 mg
- 03 維生素 B2 2 mg

採用萃取自魚類的膠原蛋白胜肽，再搭配能夠提升膠原蛋白吸收率的維生素 B1 及 B2，是膠原蛋白錠當中的長銷基本款。錠劑本身體積小，相當方便吞服，建議在晚餐過後攝取。

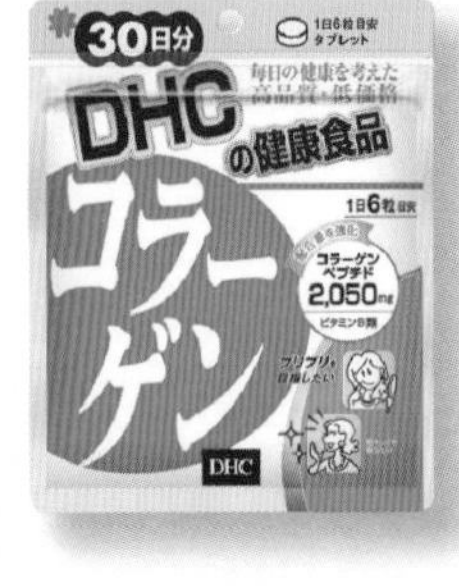

Dear-Natura
低分子コラーゲン

廠商名稱 アサヒグループ食品

建議攝取量 1日8粒

容量 / 價格 240粒 / 1,380円

主要成分 / 含量
- 25 膠原蛋白 2,000 mg
- 10 維生素 C 80 mg
- 26 玻尿酸 1 mg
- 30 彈力蛋白胜肽 1 mg
- 39 輔酶 Q10 1 mg

採用來自豬隻的小分子膠原蛋白作為主成分。除搭配維生素 C 提升膠原蛋白的生成作用之外，還添加 3 種強化保水潤彈成分，整體的美容成分組合算是相當實在。

小林製薬
コラーゲン
ヒアルロン酸
ビタミンC

廠商名稱 小林製薬

建議攝取量 1日8粒

容量 / 價格 240粒 / 3,000円

主要成分 / 含量
- 25 膠原蛋白 1,569 mg
- 26 玻尿酸 38.3 mg
- 10 維生素 C 100 mg
- 109 大豆卵磷脂 100 mg
- 111 蜂王漿 77.7 mg
- 09 維生素 B12 12 mg

除了膠原蛋白、玻尿酸及維生素 C 這美肌金三角成分之外，還搭配大豆卵磷脂及蜂王漿，整體感覺起來就是專為女性所量身打造，可同時兼顧美容與健康的複方產品。

ASTALIFT
ピュアコラーゲン
パウダー

廠商名稱 富士フイルム

建議攝取量 1回1包

容量 / 價格 5.5克 ×30包 / 4,570円

主要成分 / 含量
- 25 高純度小分子膠原蛋白 5,000 mg
- 90 鳥胺酸 27 mg
- 10 維生素 C 30 mg

富士軟片運用獨家奈米化技術，開發出分子極小的膠原蛋白粉，並且去除絕大部分的雜質。因此，不只是溶解的速度快而已，就算是倒入水中，也不會使水變的混濁，喝起來更是幾乎沒有異味，所以加入任何食物及飲品中，都不會破壞原本的風味。

SUNTORY
Milcolla

廠商名稱 SUNTORY WELLNESS LIMITED

建議攝取量 1日1包

容量 / 價格 6.5克 ×30包 / 5,000円

主要成分 / 含量
- 25 高純度小分子膠原蛋白 5,000 mg
- 27 神經醯胺（CERAMIDE）1,200 μg
- 30 彈力蛋白 1,000 μg
- 29 蛋白聚醣 500 μg
- 10 維生素 C 50 mg

蜜露珂娜是三得利獨家技術開發，分子小且活性高的「高濃度 PO·OG 膠原蛋白」，號稱速決型膠原蛋白。不只有傳統膠原蛋白的補充力，還多了促進膠原蛋白自行生成的再生力。更添加萃取自牛乳的珍貴美容成分神經醯胺，無論是在日本或台灣，都是討論度相當高的產品。

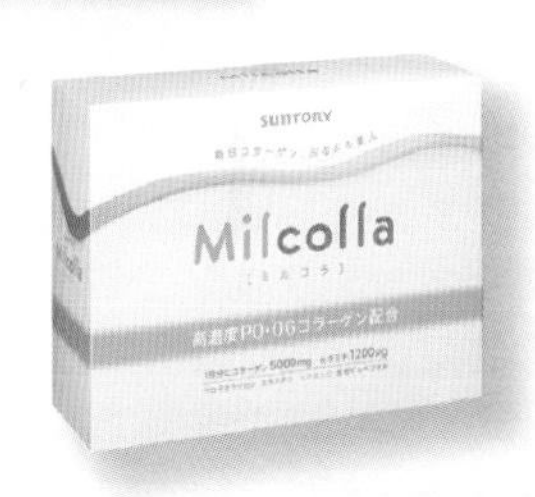

井藤漢方製薬
プロテオグリカン
コラーゲン

廠商名稱 井藤漢方製薬

建議攝取量 1日5.2克

容量 / 價格 104克 / 3,900円

主要成分 / 含量
- 29 蛋白聚醣 5,000 μg
- 25 膠原蛋白胜肽 5,000 mg
- 26 玻尿酸 5,000 μg

可以加在飲料、優格甚至是湯品之中的膠原蛋白粉。這包膠原蛋白粉最大的特色，就是除了膠原蛋白含量高之外，還高含量搭配時下美容業界蔚為話題，但相關產品還不算多的蛋白聚醣。

井藤漢方製薬
宇治抹茶コラーゲン

廠商名稱 井藤漢方製薬

建議攝取量 1日1包

容量 / 價格 2.5克 ×14包 / 784円

主要成分 / 含量
- 25 膠原蛋白胜肽 1,000 mg
- 26 小分子玻尿酸 2.5 mg

膠原蛋白本身的含量雖然不算太高，但搭配茶香濃郁的宇治抹茶，喝起來感覺格外不同。無論是做成冷飲或溫飲口感都很不錯，可以當成日常的美容飲品。

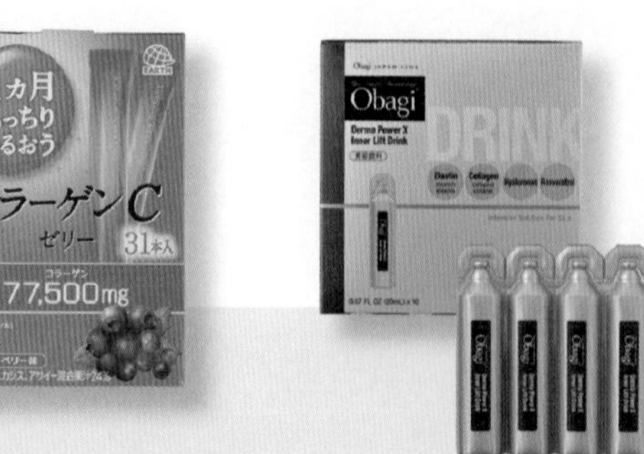

EARTH 製藥 もっちりうるおう コラーゲン C ゼリー

廠商名稱　アース製薬

建議攝取量　1 日 1 條

容量 / 價格
10 克 ×7 條 / 550 円、10 克 ×31 條 / 2,200 円

主要成分 / 含量　（每盒 31 條總含量）

25 膠原蛋白 77,500 mg
10 維生素 C 109 ~ 797 mg
72 葡萄糖胺 223 mg
73 硫酸軟骨素 111 mg
29 蛋白聚醣 13 mg
34 小分子多酚 46 mg

日本藥妝店必掃的膠原蛋白美容果凍，膠原蛋白成分萃取自魚類。酸中帶甜的莓果口味，改善傳統膠原蛋白令人詬病的腥味或藥水味，而且還搭配多種美容與健康成分，因此可說是口味接受度最高的膠原蛋白產品。

Obagi ダーマパワー X インナーリフトドリンク

廠商名稱　ロート製薬

建議攝取量　1 日 1 支

容量 / 價格　20ml×10 支 / 3,000 円

主要成分 / 含量

25 膠原蛋白胜肽 500 mg
30 彈力蛋白 20 mg
26 玻尿酸 20 mg

樂敦旗下的醫美保養品牌 Obagi 所推出的美容飲品。主打機能為保濕潤彈，除基本的膠原蛋白、彈力蛋白及玻尿酸之外，還添加多種獨家彈力提升輔助成分，可用來幫忙打造健康且有張力感的 Q 彈肌。

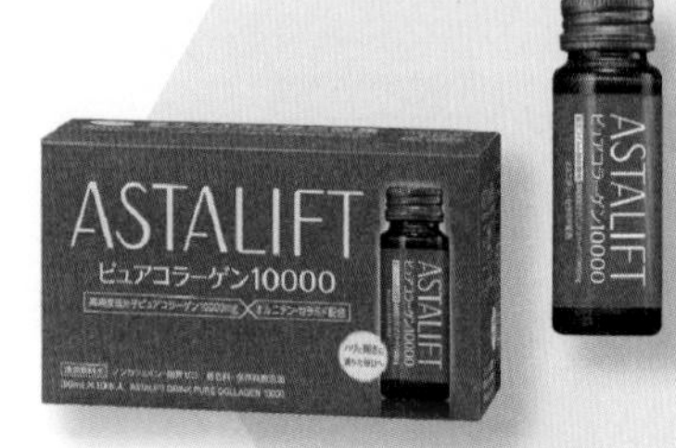

ASTALIFT ドリンク ピュアコラーゲン 10000

健康輔助食品

廠商名稱　富士フイルム

建議攝取量　1 日 1 瓶

容量 / 價格　30 毫升 ×10 瓶 / 3,610 円

主要成分 / 含量

25 小分子魚膠原蛋白 10,000 mg
90 鳥胺酸 400 mg
10 維生素 C 250 mg

小小一瓶當中就濃縮著 10,000 毫克的小分子膠原蛋白，再搭配等同 1,100 顆蜆當中所含的美容胺基酸「鳥胺酸」。很適合在重要日子來臨之前，用來做集中急救保養。

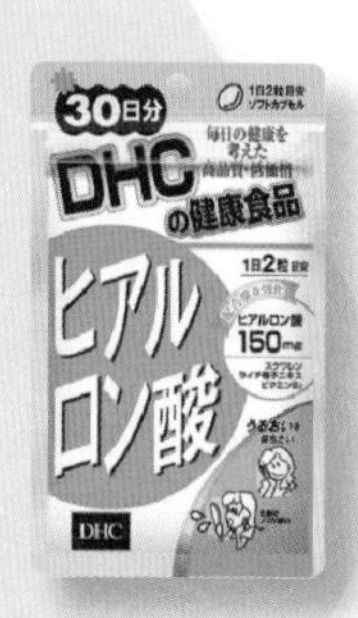

DHC ヒアルロン酸

廠商名稱　DHC　　建議攝取量　1 日 2 粒

容量 / 價格　60 粒 / 1,315 円、120 粒 / 2,610 円

主要成分 / 含量

26 玻尿酸 150 mg
32 角鯊烯 170 mg
03 維生素 B2 2 mg

自上市以來累積銷量超過 1,100 萬包，儼然是日本玻尿酸健康輔助的代表性產品之一。特別是長時間待在冷氣房裡的上班族，在覺得肌膚顯得乾燥無彈力時，也可以即時加以補充。

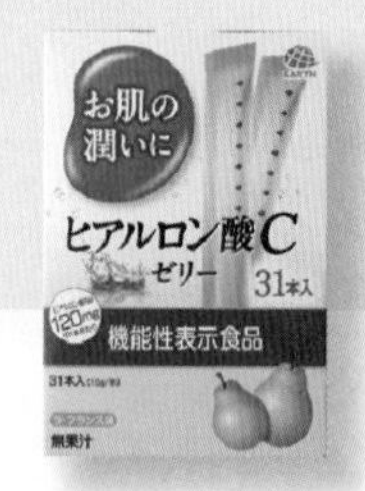

EARTH 製薬 お肌の潤いに ヒアルロン酸 C ゼリー

機能性表示食品

廠商名稱　アース製薬

建議攝取量　1 日 1 條

容量 / 價格　10 克 ×31 條 / 2,200 円

主要成分 / 含量

26 玻尿酸鈉 120 mg
25 膠原蛋白 143 mg

保水型玻尿酸機能性表示食品當中，極少數採用果凍劑型的產品。微甜不膩的西洋梨口味，吃起來就像是在吃零食一樣，讓人時間一到就會主動想起來自己該補充玻尿酸了。

DHC セラミド モイスチュア

廠商名稱　DHC　　建議攝取量　1 日 1 粒

容量 / 價格　30 粒 / 1,450 円

主要成分 / 含量

27 米神經醯胺 3.5 mg
25 膠原蛋白胜肽 60 mg
10 維生素 C 15 mg
12 維生素 E 13 mg
08 葉酸 200 μg
09 維生素 B12 60 μg

採用萃取自米胚芽的米神經醯胺作為主成分，經官方實驗發現，可改善表皮的水分蒸散量，藉此幫助肌膚維持一定的防禦機能和滋潤感。是目前市面上少數的神經醯胺機能性表示食品之一。

ORBIS
オルビス
ディフェンセラ

特定保健用食品

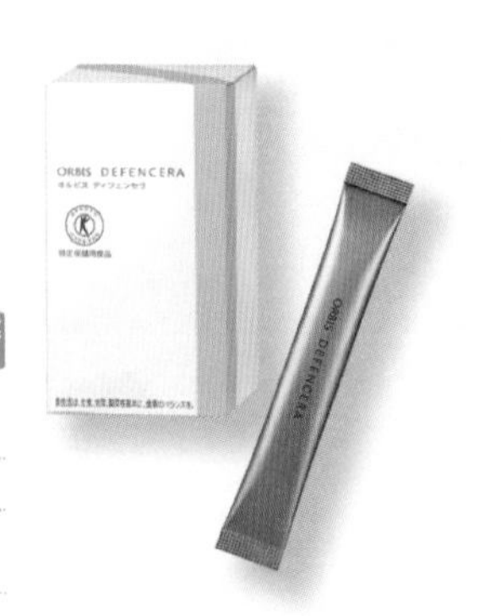

廠商名稱	オルビス
建議攝取量	1日1包
容量 / 價格	1.5 克 ×30 包 / 3,200 円

主要成分 / 含量

27 DF- 神經醯胺 1.8 mg

日本目前唯一取得特保認證的美容型健康輔助食品。主成分 DF- 神經醯胺是從一噸的米胚芽中，僅萃取出 2 公克的珍貴成分。經日本國家認證，能減輕水分從肌膚表面蒸散，不需配水即能口服食用的柚子口味顆粒劑型，無論任何時間場地都能輕鬆攝取。

DHC
生プラセンタ
ハードカプセル

健康輔助食品

廠商名稱	DHC	建議攝取量	1日2粒
容量 / 價格	40 粒 / 2,610 円、60 粒 / 3,200 円		

主要成分 / 含量

28 豬胎盤萃取粉末 250 mg

採用 DHC 獨家萃取法，避免傳統高溫及強酸萃取方式造成胎盤素中的養分遭到破壞，藉此完整保留胎盤素豐富的美容及營養成分。搭配超過 100 兆個乳酸菌及酵母，可同時強化美肌與腸道健康作用。

井藤漢方製薬
エクスプラセンタ
粒タイプ

健康輔助食品

廠商名稱	井藤漢方製薬
建議攝取量	1日4粒
容量 / 價格	120 粒 / 2,800 円

主要成分 / 含量

28 胎盤素 200 mg　27 神經醯胺 200 μg
25 膠原蛋白胜肽 300 mg　39 輔酶 Q10 3 mg
26 小分子玻尿酸 5 mg

包括高濃度胎盤素在內，集結目前市面上五大主流美容成分所製作而成的產品，號稱是美容系健康輔助食品界的 ALL IN ONE。適合有選擇障礙，或是懶得同時攝取好幾瓶健康輔助食品的人。

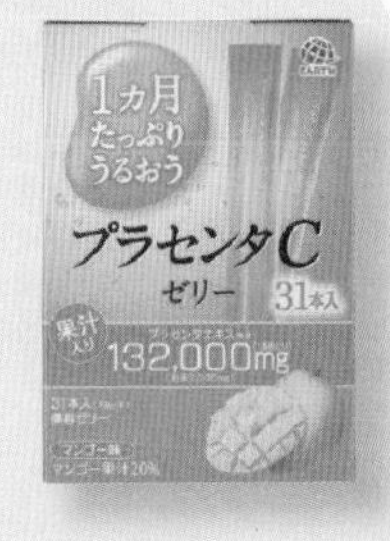

EARTH 製薬
たっぷりうるおう
プラセンタ C ゼリー

營養輔助食品

廠商名稱	アース製薬
建議攝取量	1日1條
容量 / 價格	10 克 ×7 條 / 550 円、10 克 ×31 條 / 2,200 円

主要成分 / 含量 （每盒 31 條總含量）

28 胎盤素 132,000 mg　30 彈力蛋白 220 mg
25 膠原蛋白 6,600 mg　29 蛋白聚醣 13 mg

攝取起來方便又美味的胎盤素美容果凍。一般藥妝店最常看到的是芒果口味，但其實還有另一個非常好吃的西印度櫻桃口味。不只順口，胎盤素含量也很扎實，很適合害怕胎盤素特殊腥味的人試試。

DHC
Briller
エクストラアップ
[タブレット]

健康輔助食品

廠商名稱	DHC	建議攝取量	1日3粒
容量 / 價格	45 粒 / 1,720 円		

主要成分 / 含量

29 蛋白聚醣 10,000 μg　52 薊拔萃取物 150mg
25+27 膠原蛋白・神經醯胺複合成分 MKP-1 500 mg　30 彈力蛋白胜肽 75mg
26 玻尿酸 50mg

包括純萃技術難度高，原價居高不下的蛋白聚醣在內，同時集結 6 種時下主流的保水美容成分，可對增齡下失去活力的肌膚提升潤澤感與彈力。

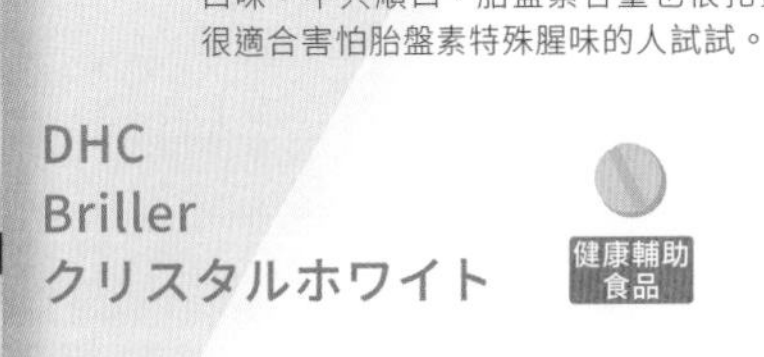

DHC
Briller
クリスタルホワイト

健康輔助食品

廠商名稱	DHC	建議攝取量	1日4粒
容量 / 價格	60 粒 / 1,720 円		

主要成分 / 含量

28 胎盤素 6,000 mg　10 維生素 C 150 mg
31 L- 半胱胺酸 500 mg

豬胎盤素透過發酵製法萃取，藉此提升美容作用力，再搭配高濃度的 L- 半胱胺酸與維生素 C，可說是抗氧化美容的黃金組合。除此之外還有蠶絲萃取物和燕窩萃取物，相當適合用於強化保養受紫外線傷害，以及增齡下略顯黯沉的肌膚。

ORBIS=U WHITE インサイトフォーカス

廠商名稱	オルビス
建議攝取量	1日4粒
容量／價格	120粒／2,700円

主要成分／含量

31 L-半胱胺酸 120 mg
10 維生素C 500 mg
02 維生素B1 1 mg
03 維生素B2 1.1 mg
06 維生素B6 1 mg
12 維生素E 5 mg

採用L-半胱胺酸、維生素C以及美肌維生素B群所打造的美白錠。除此之外，還搭配抗氧化成分以及阻斷成分，提升黑色素抑制作用。身為POLA集團一員的ORBIS，技術力也蠻令人期待的呢。

DHC はとむぎエキス

廠商名稱	DHC	建議攝取量	1日1粒
容量／價格	30粒／600円		

主要成分／含量

33 薏仁萃取粉末 170 mg
12 維生素E 10 mg

上市以來已經熱銷超過550萬包，以薏仁萃取物為主，成分組合相對單純的美容型健康輔助食品。採用濃縮13倍的薏仁萃取物，適合在肌膚顯得黯沉、粗糙或是冒小痘痘的時候攝取。

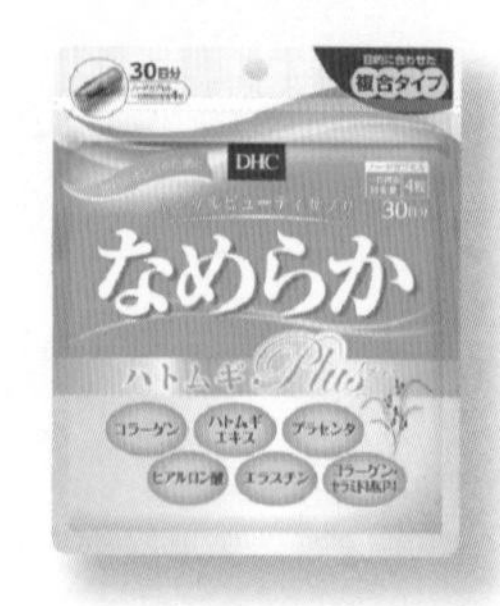

DHC なめらか ハトムギplus

廠商名稱	DHC	建議攝取量	1日4粒
容量／價格	80粒／1,086円、120粒／1,524円		

主要成分／含量

25 膠原蛋白胜肽 450 mg
28 胎盤素萃取物 1,050 mg
26 玻尿酸 45 mg
30 彈力蛋白胜肽 27 mg
33 薏仁萃取粉末 170 mg

包括獨特複合成分「膠原蛋白・神經醯胺複合物MKP-1」在內，總共添加6大美容成分，號稱是美容輔助食品界的綜合維他命。對於想全面調整肌膚狀態，卻又不知道該如何選擇美容補充品的人來說，堪稱是最方便的美麗懶人包。

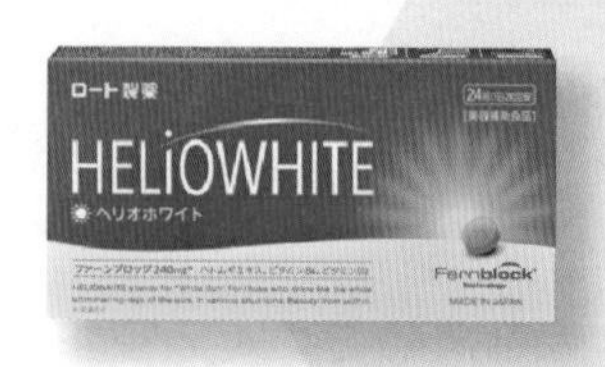

ROHTO製薬 ヘリオホワイト

廠商名稱	ロート製薬
建議攝取量	1日2粒
容量／價格	24粒／2,400円

主要成分／含量

40 酚波克 240 mg
33 薏仁萃取粉末 20 mg
03 維生素B2 4 mg
06 維生素B6 10 mg

在歐美各國風行多年，「用吃的防曬」終於正式登陸日本，而樂敦製藥則是搶得頭籌的日本大廠之一。出門前只要兩粒，就可以強化身體的抗氧化及肌膚細胞防禦機能，讓外用的防曬品不再孤軍奮戰！

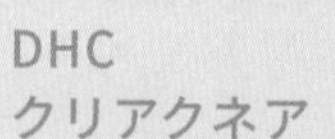

DHC クリアクネア

廠商名稱	DHC	建議攝取量	1日2粒
容量／價格	60粒／1,143円		

主要成分／含量

34 奇異果多酚 50 mg
27 米神經醯胺 20 mg
26 玻尿酸 3.5 mg
04 菸鹼酸 21.6 mg
05 泛酸 10.6 mg
07 生物素 55 µg
02 維生素B1 5.0 mg
03 維生素B2 4.4 mg
06 維生素B6 4.4 mg
10 維生素C 360 mg

乍看之下可能會被誤以為是維生素B群製劑，但其實是同時強化保濕、控油以及循環代謝三大類成分，成人痘與青春痘問題都適用的健康輔助食品。在痘痘問題出現時，除了外用保養之外，由內側改善狀態也很重要哦。

DHC ポリフェノール

廠商名稱	DHC	建議攝取量	1日3粒
容量／價格	90粒／1,350円		

主要成分／含量

34 γ次亞麻油酸 35 mg
34 蘋果萃取物 150 mg
34 兒茶素 48 mg
34 紅酒萃取物粉末 30 mg

從月見草油、蘋果、綠茶以及紅酒當中，萃取出四種不同的抗氧化多酚。除了用於抗氧化美容之外，也很適合愛吃油膩食物的外食族，或是有抽菸等壞習慣的人攝取。

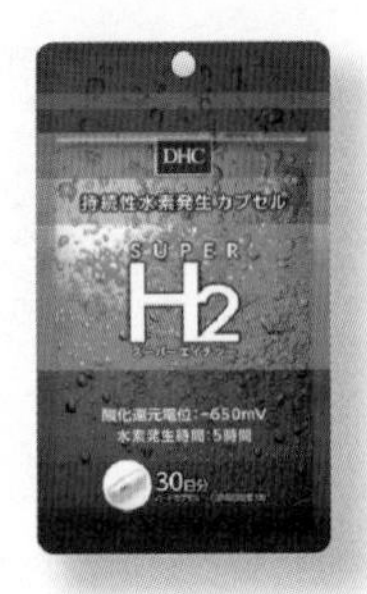

DHC
スーパー
エイチツー

健康輔助
食品

廠商名稱	DHC	建議攝取量	1日3粒
容量／價格	90粒／2,700円		

主要成分／含量

35 氫（氧化還元電位）-650 mV

水素（氫）抗齡健康法已經席捲日本多年，但絕大部分的產品都是加入水之後再飲用。為改善水素的攝取方便性，DHC開發出可直接服用，並能在體內持續產生5小時水素的膠囊，讓每個人都能更簡單的體驗水素健康法。

DHC
アスタキサンチン

廠商名稱	DHC	建議攝取量	1日1粒
容量／價格	30粒／1,440円		

主要成分／含量

36 蝦青素 9 mg　　12 維生素E 2.7 mg

蝦青素搭配維生素E，成分組合較為單純的抗氧化健康輔助食品。若平時已經攝取其他補充品，但又想強化抗齡作用的話，是蠻不錯的抗氧化保養入門款。

FUJIFILM
飲む
アスタキサンチン AX

廠商名稱	富士フイルム
建議攝取量	1日2粒
容量／價格	60粒／4,800円

主要成分／含量

36 蝦青素 6 mg　　12 維生素E 3 mg
10 維生素C 40 mg　　22 硒 25 μg

富士軟片利用招牌成分──蝦青素所開發出的抗氧化健康輔助食品，不只能針對肌膚發揮作用，還能輔助抑制血脂氧化，是相當少見的雙效機能性表示食品。

ASTALIFT
サプリメント

廠商名稱	富士フイルム
建議攝取量	1日2粒
容量／價格	60粒／4,000円

主要成分／含量

36 蝦青素 6 mg　　12 維生素E 3 mg
10 維生素C 30 mg

富士軟片蝦青素健康輔助食品的另一個品項，也是一般藥妝店中常見的版本。這個版本同樣能對肌膚及血脂發揮輔助抗氧化機能，但因為額外搭配番茄紅素、多酚及膠原蛋白胜肽的關係，更為適合重視美肌效果的人。

DHC
リコピン

廠商名稱	DHC	建議攝取量	1日1粒
容量／價格	30粒／1,560円		

主要成分／含量

37 番茄紅素 8.1 mg　　38 總生育三烯酚 12 mg

每1小粒當中，就濃縮著2顆大番茄所含的番茄紅素。想強化攝取具有抗氧化作用的番茄紅素，但又不喜歡吃番茄的話，這包則是不錯的替代品。

DHC
トコトリエノール

廠商名稱	DHC	建議攝取量	1日1粒
容量／價格	30粒／1,860円		

主要成分／含量

38 總生育三烯酚 105 mg

可加強攝取抗氧化成分的生育三烯酚單方製劑。生育三烯酚的抗氧化能力比傳統維生素E還要高出40～60倍，在美容抗齡的表現上也相當值得令人期待。

體重管理型

For Weight Management

繼美容型產品之後，日本健康輔助食品市場上產品項目最多的類型，就是體重管理型。從產品特性來看，這個族群的產品可細分為管理系、燃燒系以及阻斷系等三大類型。由於減重商機龐大，幾乎每年都有新的成分被開發成新的產品，因此在商品選擇上就需要花更多時間做功課才行。

管理系

41 毛喉鞘蕊花

››› Coleus Forskohlii・コレウスフォルスコリ

››› 體重管理、促進代謝、抗氧化

毛喉鞘蕊花是原產於南亞及東南亞的植物，在印度阿育吠陀醫學當中是自古傳承至今的藥草，除能夠活化人體代謝力之外，還能促進脂肪代謝，因此被視為能夠輔助減重的成分。在藥理上與強心劑或抗凝血劑有交互作用，因此服用相關心血管藥物者在攝取此類健康輔助食品前，建議先詢問主治醫師的意見。

42 初榨椰子油

››› Virgin Coconut Oil・バージンココナッツオイル

››› 體重管理、促進代謝、膽固醇健康

未經過精煉的初榨椰子油富含中鏈脂肪酸，相較於其他油脂，可更快速地受人體吸收而不易形成體脂肪，因此被視為兼具美容及減重作用的好油。

43 光甘草定

››› Glabridin・グラブリジン

››› 體重管理、促進代謝

光甘草定是一種萃取自光果甘草的甘草多酚，是由日本 KANEKA 公司花了 10 年才開發成功的新成分。光甘草定具備促進脂肪燃燒及抑制脂肪合成這兩大作用，因此成為許多體脂肪管理新品所採用的熱門成分。

44 共軛亞麻油酸

››› Conjugated Linoleic Acid・共役リノール酸

››› 體重管理、提升免疫

共軛亞麻油酸是一種不飽和脂肪酸，一般可從紅花籽或葵花籽當中萃取，其最受注目的機能是輔助抑制體脂肪增加。另外，共軛亞麻油酸也能輔助減少血液中的中性脂肪（三酸甘油脂），甚至是抑制過敏反應。也可在運動之前搭配左旋肉鹼一同攝取，藉此提升燃燒體脂的作用。

45 銀椴苷

››› Tilliroside・ティリロサイド

››› 體重管理、代謝脂肪

銀椴苷是一種萃取自美容素材「玫瑰果」的體重管理新成分。銀椴苷可促進肝臟及肌肉中負責燃燒脂肪的蛋白質生成，藉此發揮輔助降低皮下脂肪與體脂肪的作用。

46 葛花異黃酮

››› Tectorigenin・テクトリゲニン

››› 體重管理、代謝脂肪

萃取自葛花，並且在日本應用於體重管理型機能性表示食品的新成分。葛花異黃酮最主要的功能，就是輔助脂肪的分解與燃燒，同時也能抑制被運輸至肝臟的糖分與脂肪酸變成三酸甘油脂。經實驗結果發現，此成分對於降低體重沒有太明顯的效果，但卻能夠輔助減少內臟脂肪及縮小腰圍。

47 硫辛酸

››› α-Lipoic Acid・α-リポ酸

››› 體重管理、促進代謝、抗氧化

硫辛酸是存在於粒線體當中的一種輔酶，能協助能量代謝，並且具有良好的抗氧化能力，可發揮清除自由基的作用。在血糖控制方面，能增加細胞對胰島素的敏感性，並提升神經系統的傳導功能。有研究發現，硫辛酸可能以多種形式協助減重。包括可降低飢餓感及在持續補充的狀態下提高代謝，進而輔助體重減輕。進入中年之後體內的合成量會減少，因此建議可以在餐前半小時左右透過健康輔助食品進行攝取。

48 左旋肉鹼

››› L-Carnitine・L-カルニチン

››› 體重管理、促進代謝、抗氧化

肉鹼的結構與胺基酸相似，是由離胺酸和甲硫胺酸合成而來，但屬於維生素B的一種，因此作用也與胺基酸不同，無法合成蛋白質。在體內主要的作用為將長鏈的脂肪酸運送至細胞內燃燒，藉以產生能量供應肌肉使用，因此有預防脂肪堆積的效果。人體內的左旋肉鹼生成量會隨著年齡增長而逐年減少，進而引起容易發胖與疲勞等問題，因此必要時仍需要透過內服方式進行補充。

49 β-羥基-β-甲基丁酸鈣

>>> HMB Calcium・HMB カルシウム
>>> 提升肌力、促進代謝、抗發炎

在日本，將 β-羥基-β-甲基丁酸鈣作為主成分的健康輔助食品，通常會在包裝上標示「HMB」。該成分最主要的機能，就是輔助促進肌肉合成與抑制肌肉分解，因此許多健身愛好者都會攝取 HMB 以強化健身效果。乍看之下，HMB 看似與減重無關，但隨著人體肌肉量增加，基礎代謝率也會隨之上升，如此一來就可促使多餘的脂肪燃燒。因此，最近市面上陸續出現添加HMB的燃燒型體重管理產品。

50 金時生薑

>>> Kintoki Ginger・ 金時ショウガ
>>> 促進代謝

別名為「生薑之王」的金時生薑是產自於日本的改良品種，其特徵是體積較小，但辣味成分與香味成分卻格外強烈。據傳金時生薑當中，能夠促進新陳代謝及提高體溫的辛香成分，更是傳統生薑的 4 倍之多。由於體溫過低會造成減重效果變差，因此日本有些體重管理型健康輔助食品會採用金時生薑萃取物來做為輔助成分。

51 辣椒素

>>> Capsaicin・ カプサイシン
>>> 體重管理、促進代謝

辣椒素是存在於辣椒當中的辣味成分，可透過刺激腎上腺素的方式來發揮代謝脂肪的作用。另一方面，辣椒素也能促進血液循環，進而提升人體的體溫及新陳代謝，因此有不少燃燒型的體重管理產品都會搭配辣椒素作為溫體成分。

52 蓽拔

>>> Piper longum・ ヒハツ
>>> 促進代謝、促進血液循環

蓽拔又稱為長胡椒，味道似胡椒，成熟果實會做為香料使用，或是作為藥用，中醫使用於改善脾胃功能。因為發現蓽拔有擴張血管及改善血液循環的功效，可能對於高血壓及循環不良者有改善作用，所以日本有廠商將其做為保健食品，西方則是著重在研究其對抗癌細胞的效果。

53 昆布石榴複合物

>>> Xanthigen®・ ザンシゲン
>>> 促進代謝

Xanthigen® 為石榴酸及褐藻素搭配而成的專利複方成分，因為具備降低 TG 血脂與體重的作用，所以近年來成為代謝症候群相關的注目焦點之一。就成分定位來看，較偏向於促進脂肪燃燒作用。

54 野櫻莓

>>> Aronia・ アロニア
>>> 促進代謝

野櫻莓是原產於東歐寒冷地帶，具有多種機能的健康果實，在波蘭甚至是政府大力推動的農作物之一。野櫻莓富含多酚及花青素，因此經常被作為抗氧化素材使用。在專家研究之下，發現野櫻莓花青素能夠提升人體的燃燒力，因此有廠商利用高濃度萃取技術，將野櫻莓花青素開發成體重管理產品。

阻 斷 系

55 五層龍

››› Salacia · サラシア
››› 體重控制、血糖控制、整腸作用

別名為莎拉木的五層龍，是原產於印度斯里蘭卡及東南亞等地的植物。從五層龍根莖所萃取出的莎拉西諾（Salacinol），目前常被運用在血糖控制及肥胖治療上，可以輔助抑制大分子醣類分解進而阻止被小腸吸收。除了避免醣類吸收過多轉化為脂肪儲存，也具有協助血糖穩定的效果。根據日本實驗，五層龍的茶多酚還可以促進脂肪燃燒以及抑制脂肪吸收。若平時有服用控制血糖的藥物，應避免同時攝取莎拉西諾，避免交互作用下造成血糖過低。另外，受阻斷的寡醣等糖類，會直接被送往腸道，成為腸道好菌的食物，因此莎拉西諾也被視為具輔助整腸作用。

56 白腎豆

››› White Kidney Beans · 白インゲン豆
››› 體重控制、血糖控制

白腎豆當中所含的腎豆素（Phaseolin）具有阻斷澱粉分解酵素的作用，故具有降低餐後血糖濃度及醣類被吸收比例的功能。建議不要離餐太久後服用，且若餐食中沒有攝取澱粉，就不會有相關的作用。

57 難消化性麥芽糊精

››› Indigestible Dextrin · 難消化性デキストリン
››› 體重控制、血糖控制

難消化性麥芽糊精是一種水溶性膳食纖維，可在小腸當中發揮抑制糖類與脂肪吸收的作用，藉此減緩飯後血糖與三酸甘油脂的上升速度。在日本的特定保健用食品認證基準當中，認可難消化性麥芽糊精具備抑制飯後血糖、抑制飯後三酸甘油脂以及整腸等三大作用，因此在產品開發上也應用得相當廣泛。

58 兒茶素

››› Catechin · カテキン
››› 體重控制、血糖控制、抗氧化、抗菌、牙齒健康

兒茶素是存在於茶類當中的苦澀味成分，也是一種水溶性多酚。在所有茶類當中，就屬綠茶所含的兒茶素含量最高。兒茶素不只能夠降低血糖值，還具有相當高的抗氧化力，其消除自由基的能力，甚至是維生素 E 的 20 倍之多。近年來，更是有許多研究指出，兒茶素也和輔助降低罹癌風險有關。

59 毗黎勒

››› Terminalia Bellirica · セイタカミロバラン
››› 體重控制、血糖控制

毗黎勒是一種生長於東南亞一帶的樹種，其果實自古以來就是相當廣為人知的健康果實。從成分組合來看，毗黎勒的果實富含多酚，不只是對美容有所助益，還具有輔助阻斷人體吸收糖類及脂肪的機制。

DHC
フォースコリー

廠商名稱　DHC

建議攝取量　1 日 2 ～ 4 粒

容量 / 價格
60 粒 / 934 円、80 粒 / 1,219 円、120 粒 / 2,715 円

主要成分 / 含量
41 毛喉鞘蕊花 50 ～ 100 mg
02 維生素 B1 0.8 ～ 1.6 mg
03 維生素 B2 1 ～ 2 mg
06 維生素 B6 1.2 ～ 2.4 mg

在日本已經狂銷 4,000 萬包以上，堪稱是 DHC 體重管理型產品當中的招牌商品。毛喉鞘蕊花植萃錠最主要的作用目標，就是存在於體內的體脂肪。建議可以分為數次，搭配步行或家事等日常活動攝取。

DHC
フォースコリー ソフトカプセル

廠商名稱　DHC

建議攝取量　1 日 1 ～ 2 粒

容量 / 價格
30 粒 / 900 円、40 粒 / 1,180 円、60 粒 / 1,680 円

主要成分 / 含量
41 毛喉鞘蕊花 25 ～ 50 mg
42 初榨椰子油 100 ～ 200 mg
02 維生素 B1 0.5 ～ 1 mg
03 維生素 B2 0.5 ～ 1 mg
06 維生素 B6 0.5 ～ 1 mg

DHC 旗下熱賣的毛喉鞘蕊花植萃錠進化版。除了將主成分減半溫和化之外，也採用軟膠囊製劑技術，降低毛喉鞘蕊花本身特殊的氣味。此外也搭配初榨椰子油，增加促進代謝及美容的成分種類。

DHC
バージン ココナッツオイル

廠商名稱　DHC　　建議攝取量　1 日 5 粒

容量 / 價格　100 粒 / 514 円、150 粒 / 700 円

主要成分 / 含量
42 初榨椰子油 1,500 mg

只要 5 粒就可攝取 1,500 毫克的初榨椰子油。對於想體驗兼顧體重管理與美容的椰子油，但卻害怕特殊氣味的人來說，這種軟膠囊型態的產品最為適合，而且攝取起來簡單又不沾手。

DHC
エクササイズ ダイエット

廠商名稱　DHC　　建議攝取量　1 日 1 粒

容量 / 價格　20 粒 / 2,270 円、30 粒 / 3,100 円

主要成分 / 含量
43 光甘草定 300 mg

高含量光甘草定的單方機能性表示食品。若是覺得腰背等部位的脂肪變多，或是體檢時發現內臟脂肪過高，以及 BMI 值持續居高不下，不如嘗試看看這種新成分。

Health Aid®
ローズヒップ

廠商名稱　森下仁丹

建議攝取量　1 日 6 粒

容量 / 價格　180 粒 / 4,500 円

主要成分 / 含量
45 銀椴苷 0.1 mg

玫瑰果是相當常見的美容素材，但百年藥廠森下仁丹卻從不同角度研究玫瑰果，運用多年來的製劑技術，獨家從玫瑰果當中萃取出可輔助降低體脂肪的銀椴苷，並推出這瓶市場上獨特性相當高的機能性表示食品。

FUJIFILM
メタバリア 葛の花イソフラン

廠商名稱　富士フイルム

建議攝取量　1 日 4 粒

容量 / 價格　120 粒 / 4,570 円

主要成分 / 含量
46 葛花異黃酮 35 mg

主成分葛花異黃酮是相當新的體重管理成分，可針對內臟脂肪及皮下脂肪發揮作用。若是在意脂肪肝問題，或是腰圍的游泳圈越來越明顯，不妨可以嘗試看看。

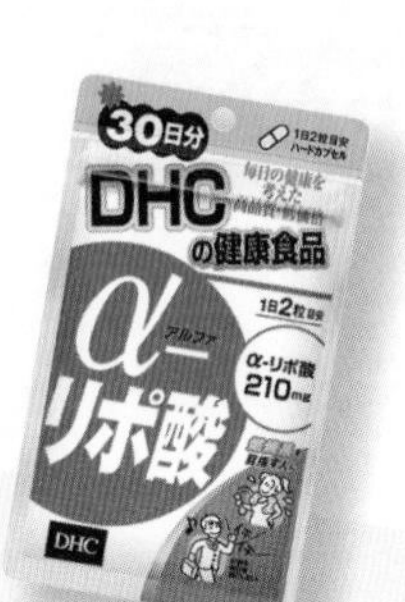

DHC
α-リポ酸

廠商名稱 DHC　建議攝取量 1 日 2 粒

容量 / 價格
60 粒 / 905 円、120 粒 / 1,762 円、
180 粒 / 2,572 円

主要成分 / 含量
47 硫辛酸 210 mg

硫辛酸原本是美國熱門的減重輔助素材。適合在運動之前攝取，幫助身體提升代謝能力及運動效果。一般建議分成早晚兩次攝取，讓代謝變差的身體持續維持在良好的狀態。

DHC
カルニチン

廠商名稱 DHC　建議攝取量 1 日 5 粒

容量 / 價格
100 粒 / 905 円、150 粒 / 1,239 円、
300 粒 / 2,286 円

主要成分 / 含量
48 左旋肉鹼 750 mg　02 維生素 B1 12 mg
38 總生育三烯酚 4.8 mg

5 粒當中所含的左旋肉鹼，相當於 550 公克牛肉中的含量。除此之外，還搭配總生育三烯酚及維生素 B1 等營養成分，適合減重時避免攝取油脂和肉類，但卻想要實現「易燃體質」的人。

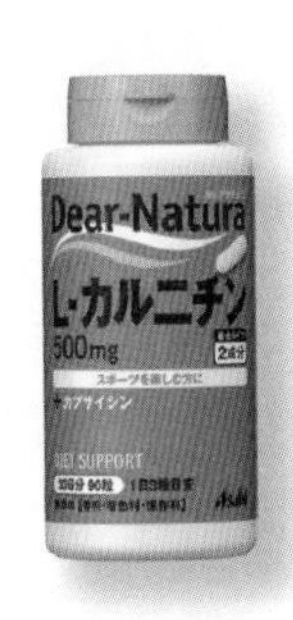

Dear-Natura
L-カルニチン

廠商名稱 アサヒグループ食品

建議攝取量 1 日 3 粒

容量 / 價格 90 粒 / 1,800 円

主要成分 / 含量
48 左旋肉鹼 500 mg　51 辣椒素 14 mg

左旋肉鹼搭配辣椒素的雙重燃燒配方，適合喜歡透過運動來健康減重的人。其實不只是劇烈運動，只要在活動身體前攝取，都能讓運動的成果更好。

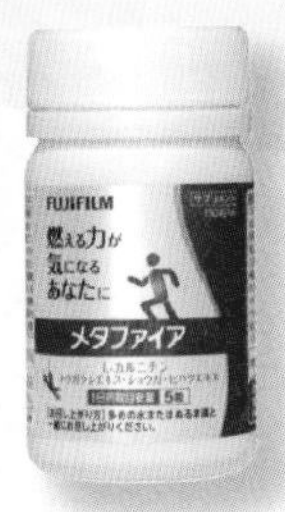

FUJIFILM
メタファイア

廠商名稱 富士フイルム

建議攝取量 1 日 5 粒

容量 / 價格 150 粒 / 4,570 円

主要成分 / 含量
48 左旋肉鹼 500 mg　50 生薑 100 mg
51 辣椒素 5 mg　52 蓽拔 25 mg

同時添加 4 種燃燒系成分，不只能夠提升運動效率，也能用來提升日漸衰退的基礎代謝率。除了運動前攝取之外，平時若覺得手腳冰涼，也可以將每日 5 粒的建議攝取量分成數次服用。

DHC
HMB

廠商名稱 DHC　建議攝取量 1 日 5 粒

容量 / 價格 150 粒 / 2,150 円

主要成分 / 含量
49 β-羥基-β-甲基丁酸鈣 1,500 mg

5 粒當中就含有 1,500 毫克的 HMB 鈣，若透過一般飲食方式，可是要一口氣吃下 1.7 公斤的牛肉。對於正在利用運動鍛鍊肌力與燃燒脂肪的人來說，是相當具有效率的攝取方式。

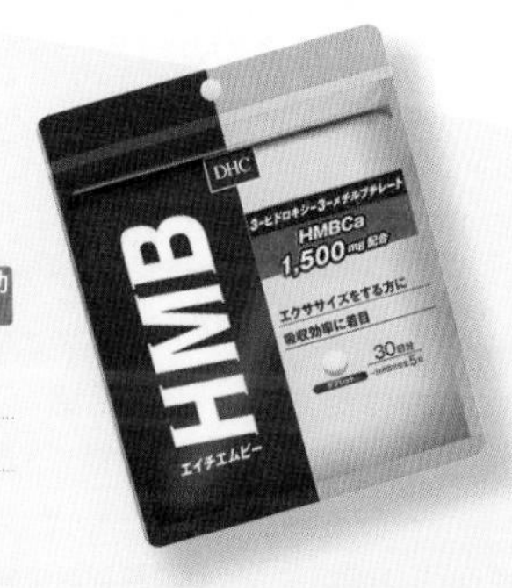

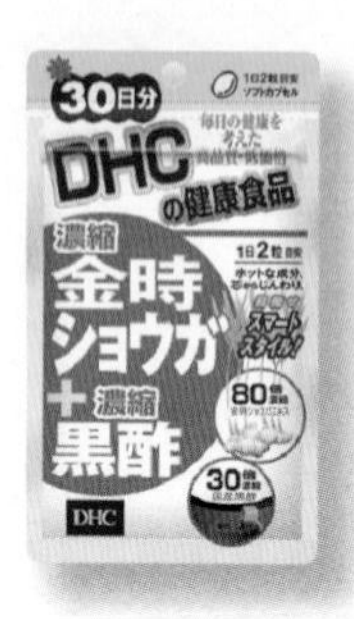

DHC
濃縮金時ショウガ＋濃縮黒酢

廠商名稱 DHC	建議攝取量 1日2粒
容量／價格 60粒／1,715円	

主要成分／含量
50 金時生薑 120 mg　52 蓽拔 20 mg

採用濃縮製劑技術，將「金時生薑」結合同樣也具有溫熱身體作用的蓽拔，可透過該作用發揮促進代謝的機能。除此之外，還添加日本國產玄米所釀造的濃縮黑醋，適合手腳冰涼、循環代謝不佳的女性。

DHC
ザンシゲンダイエット

廠商名稱 DHC	建議攝取量 1日2粒
容量／價格 60粒／2,381円	

主要成分／含量
53 昆布石榴複合物 400 mg
44 共軛亞麻油酸 46 mg
48 左旋肉鹼 23 mg
12 維生素 E 18 mg

日本市面上仍算少見的體重管理型產品。從產品特色來看，雖然是促進代謝與燃燒脂肪，主要目標鎖定在中高年人的凸起的小腹問題。

GRAPHICO
走りませんから！

廠商名稱 グラフィコ
建議攝取量 1日3粒
容量／價格 60粒／934円
主要成分／含量
41 毛喉鞘蕊花
49 β-羥基-β-甲基丁酸鈣

添加2種當紅的燃燒系成分，並在改版後將原有的黑薑溫體成分濃度提高10倍，很適合在上班通勤或逛街之前攝取，提升一般走路的運動效果。

ORBIS
スーパーアロニア EX

廠商名稱 オルビス
建議攝取量 1日2粒
容量／價格 60粒／4,500円
主要成分／含量 54 野櫻莓 30 mg

採用原產東歐，具有提升身體燃燒力的野櫻莓作為主成分，再搭配黑薑、桂皮及橄欖葉這些溫體成分加強輔助。對於增齡後明顯衰退的基礎代謝力來說，是蠻不錯的燃燒素材。

FUJIFILM
メタバリアプレミアム S

廠商名稱 富士フイルム
建議攝取量 1日8粒
容量／價格
240粒／5,520円、720粒／14,950円
主要成分／含量
55 五層龍濃縮萃取物 240 mg
69 膳食纖維 1,120 mg
51 辣椒素 2 mg
52 蓽拔 12 mg

除了可抑制糖類吸收的五層龍與膳食纖維之外，還搭配可抑制脂肪吸收的海藻多酚，因此很適合在吃炸物、飯麵及甜點之前攝取。每天攝取量約8粒，建議在用餐前5～10分鐘，搭配飲食內容分配每餐的攝取粒數。

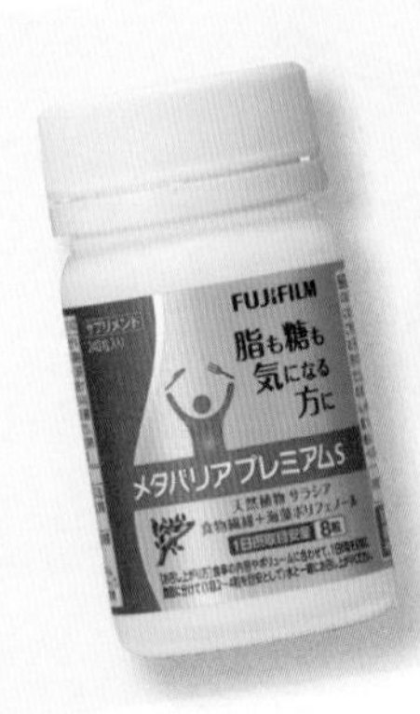

小林製薬
サラシア 100

廠商名稱　小林製薬

建議攝取量　1 次 1 粒

容量 / 價格　15 粒 / 900 円、60 粒 / 2,800 円

主要成分 / 含量

55 五層龍萃取物 100 mg
（Neokotalanol 663 µg）

日本小林製藥與近畿大學共同開發，從五層龍中萃取出專利成分「ネオコタラノール（Neokotalanol）」後所開發的特定保健用食品。對於愛吃甜食或是三餐重視碳水化合物的人來說，是蠻值得嘗試的阻斷系小幫手。

GRAPHICO
なかったコトに！

廠商名稱　グラフィコ

建議攝取量　1 次 3 粒

容量 / 價格　120 粒 / 1,400 円

主要成分 / 含量

56 白腎豆　58 兒茶素
57 難消化性麥芽糊精

自上市以來，已經熱賣超過 550 萬包的長銷商品。針對外食族的飲食不均衡問題，同時採用多種阻斷系成分，因此廣受愛吃甜食卻又運動不足的女性所推崇。

GRAPHICO
なかったコトに！
40R

廠商名稱　グラフィコ

建議攝取量　1 次 4 粒

容量 / 價格　120 粒 / 1,680 円

主要成分 / 含量

56 白腎豆　58 兒茶素
57 難消化性麥芽糊精

專為 40 世代之後，整體代謝能力變差的族群所設計的美容成分強化版。除原先紅色包裝版本的阻斷系成分之外，還搭配 108 種植物酵素、綜合維生素及山藥萃取物。

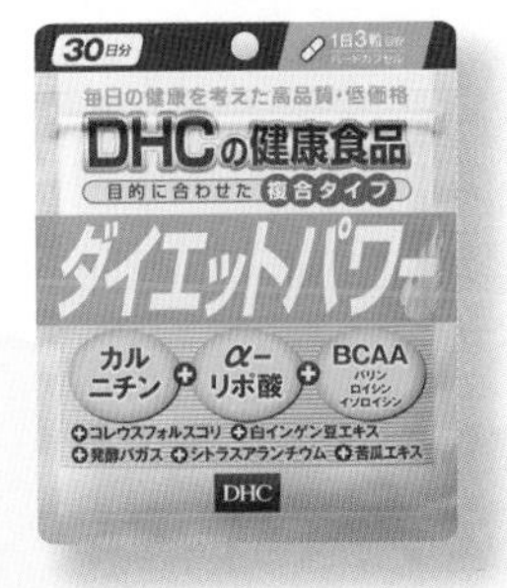

ORBIS
スリムキープ

廠商名稱　オルビス

建議攝取量　1 次 2 粒

容量 / 價格　60 粒 / 1,300 円、120 粒 / 2,300 円

主要成分 / 含量

59 毗黎勒果實萃取物 20.8 mg

主成分是能夠抑制糖類與脂肪吸收的毗黎勒果實萃取物，再搭配茶花、桑葉、芭樂葉及杜仲葉等健康茶當中常見的阻斷系成分，可幫助減重忌口中的人不必再痛苦的抗拒美食誘惑。

DHC
ダイエットパワー

廠商名稱　DHC　　建議攝取量　1 日 3 粒

容量 / 價格
30 粒 / 934 円、60 粒 / 1,219 円、90 粒 / 1,715 円

主要成分 / 含量

41 毛喉鞘蕊花 30 mg　56 白腎豆 90 mg
48 左旋肉鹼 90 mg　47 硫辛酸 15mg

熱銷超過 1,000 萬包的綜合型體重管理產品。從燃燒型到阻斷型，一口氣納入 10 種人氣減重輔助成分，對於有選擇困難的人來說，可說是簡單易懂的入門款。建議分成早、中、晚餐前攝取。

Healthya
茶カテキンの力

廠商名稱　花王　　建議攝取量　1 日 2 包

容量 / 價格　30 包 / 2,400 円

主要成分 / 含量　58 兒茶素 540 mg

主打降低內臟脂肪機能的花王健康茶。這品牌在 2019 年推出新的茶粉產品，只要用溫水或熱水泡開，就可簡單攝取高含量的兒茶素，藉此提高身體的脂肪代謝力。喝起來感覺並不苦澀且順口，建議一天攝取 2 包。

護眼型 For Eyes

現代人普遍存在著用眼過度的問題。除了工作上需要長時間盯著電腦工作外，許多大人用手機平板追劇，更有不少孩童從小就在平板電腦的陪伴下長大。對於用眼過度以及藍光傷害問題，日本市面上也出現不少相關的護眼型健康輔助食品。

60 胡蘿蔔素

››› Carotene · カロテン

››› 眼睛健康、美容保養、抗氧化、預防生活習慣病

胡蘿蔔素具有強大的抗氧化能力，可細分為α- 胡蘿蔔素、β- 胡蘿蔔素，能保護體內不受氧化壓力的傷害。其中 β- 胡蘿蔔素可轉化為維生素 A，而維生素 A 對於夜間視力的正常狀態來說為重要物質。

62 玉米黃素

››› Zeaxanthin · ゼアキサンチン

››› 眼睛健康、抗氧化

葉黃素與玉米黃素同為類胡蘿蔔素的一種，是構成植物色素的成分。視網膜中心區塊為黃斑部，葉黃素與玉米黃素為視網膜上的色素斑點 —— 黃斑色素的主要成分。另外，玉米黃質能避免視網膜的黃斑部病變。也同時具有氧化力，避免身體受到自由基的攻擊。

61 葉黃素

››› Lutein · ルテイン

››› 眼睛健康、美容保養、抗氧化

葉黃素與玉米黃素同為類胡蘿蔔素的一種，是構成植物色素的成分。視網膜中心區塊為黃斑部，葉黃素與玉米黃素為視網膜上的色素斑點黃斑色素的主要成分。葉黃素對於受紫外線及輻射光源造成的老化性黃斑部病變有保護的效果。此外，葉黃素還具有強力的抗氧化能力，能避免細胞病變。

63 藍莓

››› Blueberry・ ブルーベリー
››› 眼睛健康、抗氧化、血管健康

藍莓、黑醋栗這類的莓果類食物，因含有豐富的花青素，可增強眼睛感光物質「視紫質」的生成，因此都被認為有良好的視力保健功效。花青素也具有強抗氧化力，因此能避免眼睛細胞受到氧化傷害而有發炎或細胞病變的問題。

64 藏花酸

››› Crocetin・ クロセチン
››› 眼睛健康、抗氧化、改善睡眠

藏花酸即為藏紅花及黃梔子中所含的類胡蘿蔔素。藏花酸除了具有類胡蘿蔔素家族的高抗氧化力，能避免氧化壓力造成視網膜細胞傷害之外，還有研究發現能維護視網膜感光細胞的型態及功能。除此之外，日本還有部分改善睡眠品質的健康輔助食品也會採用藏花酸作為主成分。

65 黑醋栗

››› Blackcurrant・ カシス
››› 眼睛健康、抗氧化、改善疲勞

黑醋栗又被稱為黑加侖，是一種原產於北歐及加拿大等寒冷地帶的莓果類。黑醋栗和藍莓一樣，主成分都是具備抗氧化能力的花青素。從許多臨床實證來看，黑醋栗不只能夠防止青光眼等眼部血流降低造成的問題及改善眼睛疲勞等不適，也能活化末梢循環及消除疲勞。

66 毛果槭

››› Nikko Maple・ メグスリノキ
››› 眼睛健康、抗發炎、肝臟健康

毛果槭別名為眼藥之樹，是一種原產於日本的楓樹科植物。日本自戰國時代，就將毛果槭的樹皮熬煮成藥物，作為眼藥或洗眼液使用。除了可改善眼部疾患之外，有研究報告甚至發現其具有改善肝功能障礙及動脈硬化等健康問題，但孕婦及哺乳中婦女應避免攝取。

DHC
マルチカロチン

廠商名稱 DHC　建議攝取量 1日1粒

容量／價格 30粒／867円

主要成分／含量

60 β-胡蘿蔔素 7.9 mg　37 番茄紅素 5.2 mg
60 α-胡蘿蔔素 1.5 mg　64 藏花酸 0.4mg
61 葉黃素 10 mg

一口氣可攝取5種抗氧化素材的綜合型胡蘿蔔素。不只能夠拿來保養眼睛健康，也能透過多種抗氧化成分來提升身體活力，是市面上相對少見的複合劑型。

DHC
ルテイン光対策

廠商名稱 DHC　建議攝取量 1日1粒

容量／價格
15粒／667円、20粒／858円、30粒／1,143円

主要成分／含量

61 葉黃素 16 mg　64 藏花酸 3 mg
65 黑醋栗 20 mg　12 維生素E 13.4 mg
66 毛果槭 20 mg

主成分為葉黃素的機能性表示食品，可用來保護受藍光傷害的視網膜維持健康的色素濃度，藉此維持或改善顏色對比的感受度。另外還搭配素有眼藥之樹美名的毛果槭，對於經常接觸3C產品的現代人來說，是蠻不錯的健康輔助食品。

ROHTO製薬
ロートV5粒

廠商名稱 ロート製薬

建議攝取量 1日1粒

容量／價格 30粒／1,800円

主要成分／含量

61 葉黃素 10 mg　62 玉米黃素 2 mg

日本樂敦製藥旗下眼藥品牌所推出的護眼型健康輔助食品。應用累積百年的製劑技術，將兩種提升視網膜健康度的護眼成分濃縮在1個小小的軟膠囊當中，就連不擅長吞服藥錠的人也能簡單攝取。

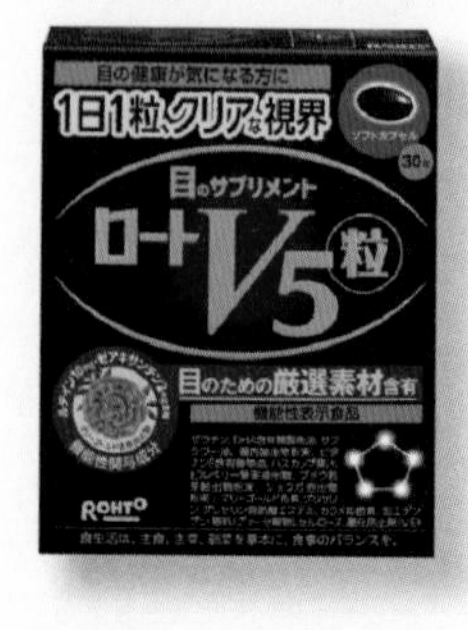

Dear-Natura
ルテイン
&ゼアキサンチン

廠商名稱 アサヒグループ食品

建議攝取量 1日2粒

容量／價格 60粒／1,300円、120粒／2,400円

主要成分／含量

61 葉黃素 10 mg　62 玉米黃素 2 mg

同時採用2種護眼成分的機能性表示食品，可保護眼睛不受3C藍光刺激，還能增加黃斑部色素量，改善雙眼對於色彩對比的敏銳度。

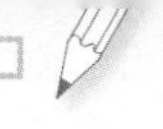

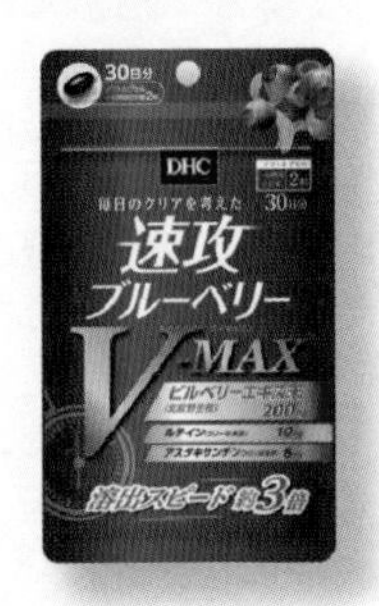

DHC
速攻ブルーベリー
V-MAX

廠 商 名 稱　DHC　　建議攝取量　1 日 2 粒

容量 / 價格　60 粒 / 2,250 円

主要成分 / 含量

63 藍莓 200 mg
61 葉黃素 10 mg
66 毛果槭 20 mg
36 蝦青素 6 mg
02 維生素 B1 4 mg
03 維生素 B2 1 mg
06 維生素 B6 4 mg
09 維生素 B12 40 μg
12 維生素 E 18 mg
60 β- 胡蘿蔔素 0.9 mg

DHC 熱銷的藍莓護眼系列中的頂級版本，同時採用藍莓、葉黃素及蝦青素這三大抗氧化護眼成分，在含量方面也向上提升許多，很適合日常用來強化保養眼部健康。

小林製薬
ブルーベリー
ルテイン
メグスリノ木

廠 商 名 稱　小林製薬

建議攝取量　1 日 2 粒

容量 / 價格　60 粒 / 1,900 円

主要成分 / 含量

63 藍莓 120 mg
66 毛果槭 55.3 mg
61 葉黃素 6.4 mg
02 維生素 B1 1.4 mg
06 維生素 B6 1.4 mg
09 維生素 B12 0.0024 mg

主成分為藍莓及葉黃素這兩大人氣護眼成分，再搭配日本自古以來就傳用至今的眼部保健成分，別名為眼藥之樹的毛果槭，適合經常閱讀或長時間盯著螢幕的人攝取。

井藤漢方製薬
ブルーベリー
ルテインプラス

廠 商 名 稱　井藤漢方製薬

建議攝取量　1 日 3 粒

容量 / 價格　60 粒 / 3,800 円

主要成分 / 含量

63 藍莓 250 mg
61 葉黃素 6 mg
62 玉米黃素 0.3 mg
01 維生素 A 600 μg

採用北歐藍莓作為主成分，含量高達 250mg，另外還搭配其他 3 種護眼的抗氧化成分。在眾多藍莓複方產品當中，藍莓含量可說是相當高水準的一項產品。

井藤漢方製薬
ブルーベリー
タブレット

廠 商 名 稱　井藤漢方製薬

建議攝取量　1 日 3 粒

容量 / 價格　90 粒 / 2,000 円

主要成分 / 含量

63 藍莓 40 mg
01 維生素 A 600 μg
10 維生素 C 60 mg

藍莓搭配維生素 A，劑型為不用開水也能服用的咀嚼錠。吃起來甜中略帶酸味，感覺就像是在吃零嘴一樣。就算是不諳吞錠劑的人，也可以輕鬆服用。

DHC
クロセチン
＋カシス

廠 商 名 稱　DHC　　建議攝取量　1 日 2 粒

容量 / 價格　60 粒 / 2,100 円

主要成分 / 含量

64 藏花酸 11 mg
65 黑醋栗 50 mg
80 DHA 68 mg
79 EPA 14 mg
63 藍莓 20 mg
61 葉黃素 12 mg
39 輔酶 Q10 2 mg
12 維生素 E 3.6 mg
60 β- 胡蘿蔔素 6,000 μg

中心成分為近年來護眼成分當中，關注度相當高的新成分「藏花酸」，同時搭配其他 12 種可改善眼睛健康的護眼成分。適合電腦作業長的上班族，或是覺得眼睛特別容易感到疲勞的時候攝取。

腸道健康型

For Intestinal Health

「腸活」跟「菌活」是這幾年日本相當熱門的健康題材。無論是腸活還是菌活，其實指的都是透過益生菌或對腸道有益的成分來幫助排便順暢，藉此維持腸道機能正常與健康。有句話說，腸是第二個大腦，只要腸道健康，全身就會跟著健康。因此，每個人都得好好照顧自己的腸道健康，這樣才能活得健康又快樂。

67 乳酸桿菌

››› Lactobacillus ・ 乳酸菌
››› 腸道健康、提升免疫

乳酸桿菌亦為乳酸菌的一種，有別於雙歧桿菌的地方，是乳酸桿菌會產生較多的乳酸，並透過降低腸道內酸鹼值來調整菌相。乳酸桿菌最大功用也是維持腸道內菌相的平衡，藉此保護腸道健康，進而改善腸道機能。膳食纖維及寡醣為益生菌所需攝取的營養素，因此同時攝取可提升其作用。

68 雙叉乳桿菌

››› Lactobacillus Bifidus・ビフィズス菌
››› 腸道健康、提升免疫

雙叉乳桿菌又稱為雙叉桿菌、比菲德氏菌、B 菌，是益生菌的一種，目前發現的種類已超過 50 種。對於腸道菌叢相平衡有幫助。人體腸道為多種細菌共生的狀態，當菌相達到平衡時，對於腸道有保護不被有害菌破壞的作用，進而維持腸道健康。膳食纖維及寡醣為益生菌所需攝取的營養素，因此同時攝取可提升其作用。

69 膳食纖維

››› Dietary Fiber・ 食物纖維
››› 腸道健康、血糖控制、排便順暢

膳食纖維為大分子的植物性多醣，難以被人體消化道分解或吸收，因此不會產生熱量，但在人體卻有特殊的功能性。分為水溶性及非水溶性兩種種類，在體內能改善腸道功能，維持排便順暢進而輔助有害物質的排出。此外又能作為大腸細胞營養來源及抑制膽固醇的吸收。

70 寡醣

››› Oligosaccharide・ オリゴ糖
››› 腸道健康、提升免疫

寡醣具有相當多的生理活性，其中最廣為熟知的機能，就是能夠活化腸道內的益生菌，也就是增加腸道當中的乳酸菌及比菲德氏菌之數量。如此一來，就能改善便祕等問題，並使腸道更加健康。另外，進入腸道的寡醣，會被腸道內的細菌分解並產生維生素 B 群。

71 大麥若葉

››› Young Barley Leaf・ 大麦若葉
››› 腸道健康、提升免疫、改善生活習慣病

大麥若葉指的就是大麥的嫩芽，富含豐富的纖維質及維生素，且纖維質能維護腸道功能的正常，協助廢棄物排除以促進腸道健康。此外還含有葉綠素及 SOD 酵素，兩者都具有抗氧化能力，能避免氧化壓力對體內細胞的傷害。

A

DHC 届くビフィズス EX

機能性表示食品

廠商名稱	DHC	建議攝取量	1日1粒

容量 / 價格　20 粒 / 1,250 円、30 粒 / 1,750 円

主要成分 / 含量

68 雙叉乳桿菌（龍根菌 BB536）200 億個

採用森永乳業所發現，在健康嬰兒腸道中分析出來的菲德氏菌龍根菌 BB536。由於是存在於人體中的原生菌種，所以更能適應人體腸道環境。除了整腸作用之外，對於改善免疫及骨骼強度也都有不錯的表現。

B

SUNTORY ビフィズス菌＋ミルクオリゴ糖

保健食品

廠商名稱　SUNTORY WELLNESS LIMITED

建議攝取量　1日1包

容量 / 價格　1.7 克 ×30 包 / 2,500 円

主要成分 / 含量

68 雙叉乳桿菌（比菲德氏龍根菌）70 億個以上

70 乳寡醣 650 mg

69 膳食纖維 780 mg

日本三得利運用累積多年的發酵技術，開發出耐胃酸，且能確實抵達腸道的「比菲德氏菌＋乳寡醣」配方，輔助益生菌生長，再搭配順暢成分雙重膳食纖維促進腸道蠕動，輔助代謝力。可說是相當適合經常外食的忙碌現代人，拿來天天保養腸道健康。分包方便攜帶，而且溶解速度快，就算直接服用也爽口無異味。

A

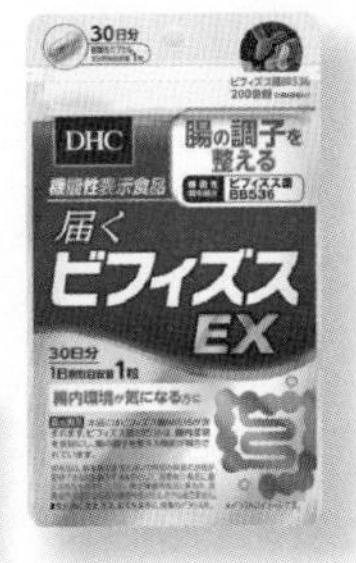

B

C

D

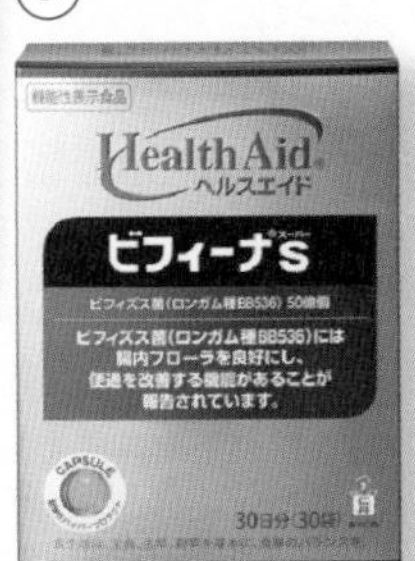

E

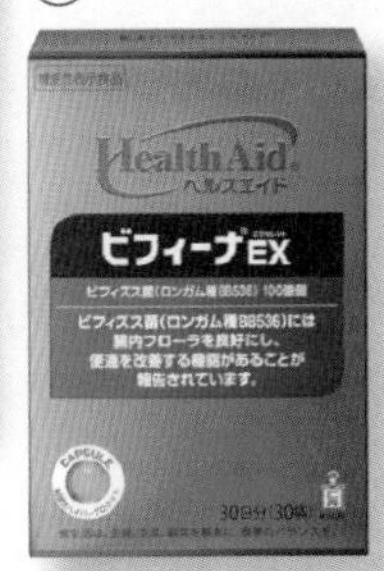

井藤漢方製薬 Wの乳酸菌 はねかえすチカラ

健康輔助食品

廠商名稱　井藤漢方製薬

建議攝取量　1日1包

容量 / 價格　1.5 克 ×20 包 / 1,400 円

主要成分 / 含量

67 乳酸桿菌（Shield）100 億個

67 乳酸桿菌（EC-12）100 億個

同時採用 2 種乳酸桿菌，可兼顧健康防護力及腸道順暢。無論是加在冰飲或熱飲，還是任何餐點當中都不會影響其效果。顆粒本身溶解快，而且幾乎沒有異味。

C

Health Aid® ビフィーナ S

機能性表示食品

廠商名稱　森下仁丹

建議攝取量　1日1包

容量 / 價格　1.4 克 ×30 包 / 3,570 円

主要成分 / 含量

68 雙叉乳桿菌（龍根菌 BB536）50 億個

67 乳酸桿菌（嗜酸乳桿菌＋加氏乳桿菌）10 億個

70 寡醣 300 mg

森下仁丹晶球益生菌 S 銀盒裝使用通過日本機能性表示食品認定，可有效改善腸道健康與排便次數的比菲德氏龍根菌 BB536 作為主成分。森下仁丹獨家的三層耐酸晶球包覆技術，可保護 90% 的龍根菌 BB536 活著抵達腸道。入口即化的顆粒搭配體積小好吞服的晶球體，就算沒有水也能簡單服用。

D

Health Aid® ビフィーナ EX

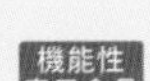

機能性表示食品

廠商名稱　森下仁丹

建議攝取量　1日1包

容量 / 價格　2 克 ×30 包 / 4,500 円

主要成分 / 含量

68 雙叉乳桿菌（龍根菌 BB536）100 億個

67 乳酸桿菌（嗜酸乳桿菌＋加氏乳桿菌）10 億個

70 寡醣 300 mg

森下仁丹晶球益生菌 EX 金盒裝為銀盒裝的升級版，主成分比菲德氏龍根菌 BB536 數量多達 100 億個。適合想強化腸道菌叢健康時攝取，尤其是腸道機能較差的長輩更是需要。

E

Ⓕ

DHC
生菌ケフィア

廠商名稱	DHC	建議攝取量	1日2粒
容量 / 價格	60粒 / 1,200円		

主要成分 / 含量
67 乳酸桿菌（Kefir 克菲爾）610 mg

克菲爾（克非爾／Kefir）是源自於東歐，透過數種乳酸桿菌及酵母所發酵而成，略帶有酒精成分的發酵乳。其作用包括整腸、調節體質以及美肌。DHC利用多重發酵與冷凍乾燥萃取技術，將4種乳酸桿菌及3種酵母菌製成活菌補充品，可以同時攝取多種益生菌。

Ⓖ

DHC
グッドスルー

廠商名稱	DHC	建議攝取量	1日1包
容量 / 價格	2.4克×30包 / 1,143円		

主要成分 / 含量
67 乳酸桿菌 16億個　70 寡醣 160 mg
69 膳食纖維 1.19 g

主成分為乳酸桿菌搭配膳食纖維，入口即化的優格口味順暢顆粒。除了添加寡醣及乳鐵蛋白來輔助乳酸桿菌之外，還額外添加水溶性膳食纖維及非水溶性膳食纖維，補足現代人容易忽略的膳食纖維攝取量。

Ⓗ

Dear-Natura
乳酸菌×ビフィズス菌＋食物纖維・オリゴ糖

廠商名稱	アサヒグループ食品
建議攝取量	1日1粒
容量 / 價格	20粒 / 890円

主要成分 / 含量
67 乳酸桿菌 1億個　69 膳食纖維 180 mg
68 雙叉乳桿菌 20億個　70 寡醣 10 mg

採用3種乳酸桿菌作為基底，再搭配比菲德氏菌與寡醣。平時若是沒有攝取乳製品習慣，卻又在意腸道健康的人，倒是可以透過這樣的健康輔助加以攝取。

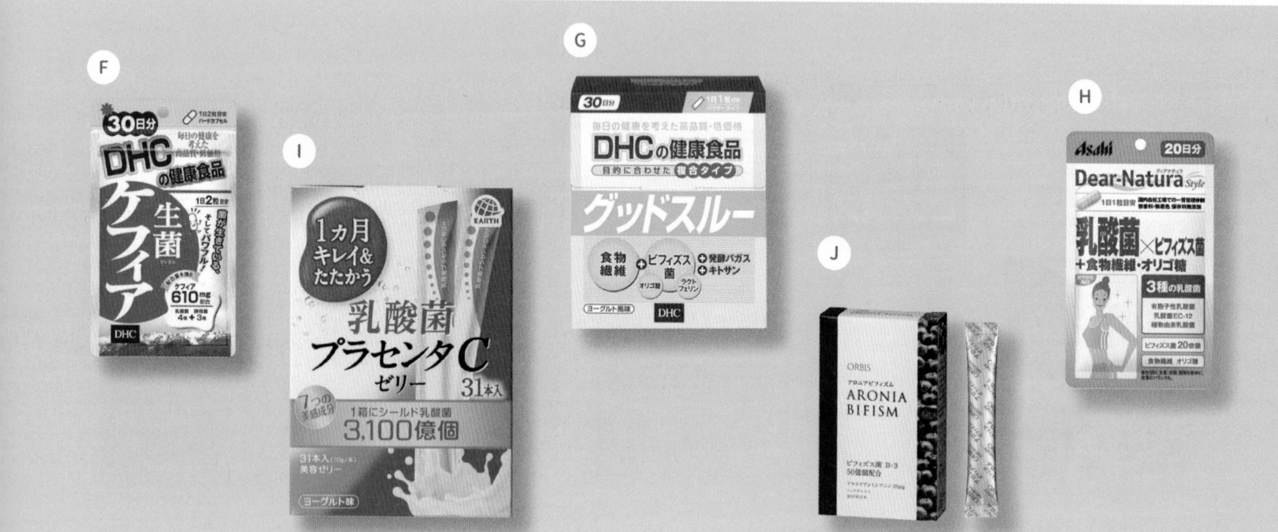

EARTH製薬
キレイ&たたかう乳酸菌プラセンタ酸Cゼリー

廠商名稱	アース製薬
建議攝取量	1日1條
容量 / 價格	10克×31條 / 2,200円

主要成分 / 含量（每盒31條總含量）
67 乳酸桿菌 3,100億個　70 寡醣 1,240 mg
28 胎盤素 44,000 mg　30 彈力蛋白 440 mg
25 膠原蛋白 1,550 mg

每條當中含有100億個護盾乳酸菌的美容果凍。除了能夠抵禦外敵的乳酸菌之外，還搭配胎盤素、膠原蛋白以及彈力蛋白這些系列招牌美肌配方，而且吃起來帶有乳酸菌飲品般的微酸帶甜口感。

Ⓘ

ORBIS
アロニアビフィズム

廠商名稱	オルビス
建議攝取量	1日1包
容量 / 價格	1.5克×15包 / 1,800円

主要成分 / 含量
68 雙叉乳桿菌（B-3）50億個
54 野櫻莓花青素 10 mg

使用比菲德氏B-3菌搭配野櫻莓和生薑這些燃燒系成分，在腸道健康型產品當中算是訴求較為不同，但卻相當吸睛的特殊產品。

Ⓙ

DHC ケール青汁＋食物纖維

特定保健用食品

廠商名稱 DHC　建議攝取量 1 日 3 包

容量 / 價格 4.3 克 ×30 袋 / 2,800 円

主要成分 / 含量
- 69 膳食纖維 6.9 g
- 57 難消化性麥芽糊精 5.1 g

1 天建議分為早中晚攝取 3 包，當中含有 6.9 克的膳食纖維，相當於 7 根芹菜所含的分量。其中難消化性麥芽糊精的含量更高達 5.1 克，很適合蔬菜攝取不足的族群補充。用水沖泡就可飲用，並沒有太難入喉的草味。

小林製薬 イージーファイバー

特定保健用食品

廠商名稱 小林製薬

建議攝取量 1 日 1 包

容量 / 價格 5.2 克 ×30 包 / 800 円

主要成分 / 含量
- 57 難消化性麥芽糊精 4.2 g

針對日本人平時攝取不足的膳食纖維量，小林製藥特別開發出可以簡單補充膳食纖維的特定保健用食品。不只是小包分裝方便攜帶，而且倒入任何液體後都能快速溶解，而且幾乎無色無味，不會破壞飲料的風味。

DHC 食べる よくばり青汁

健康輔助食品

廠商名稱 DHC　建議攝取量 1 日 3 粒

容量 / 價格 30 粒 / 700 円

主要成分 / 含量
- 71 大麥若葉 1,000 mg
- 67 乳酸桿菌（FK-23）400 億個

專為不喜歡青汁特殊氣味的人所開發，搭配京都宇治抹茶所製成的青汁咀嚼錠。就像吃糖果一樣簡單，卻能攝取相當於 4 公升優酪乳的乳酸桿菌。另外，還加入可強化血管健康的米糠萃取物。

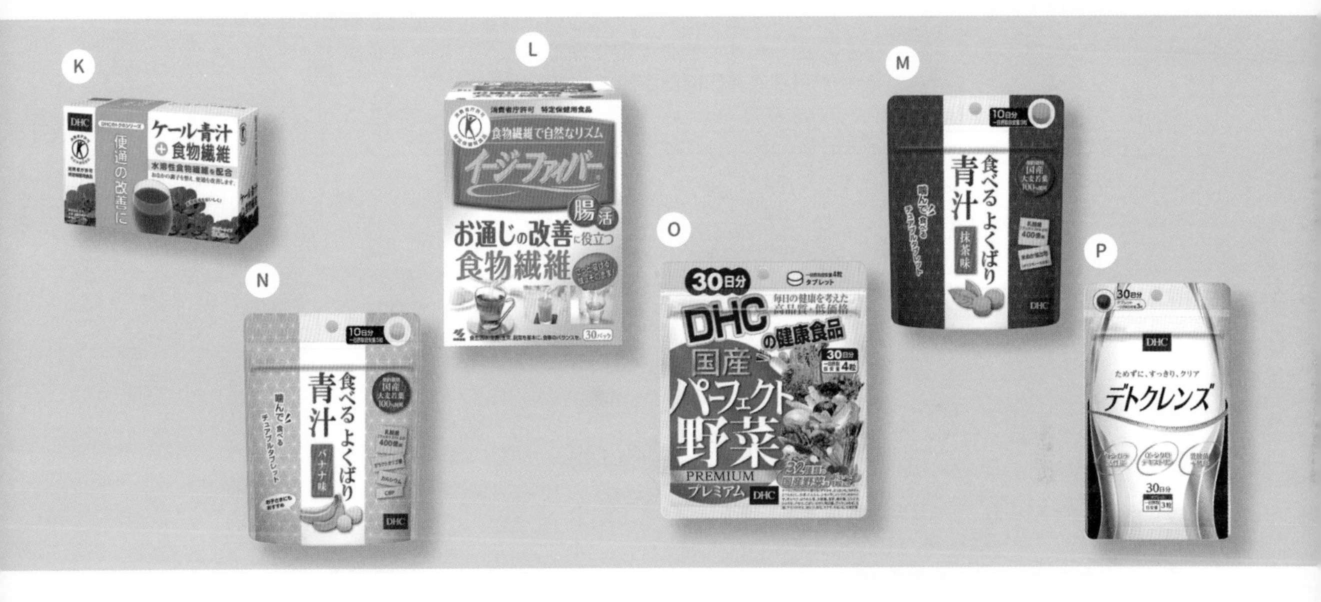

DHC 食べる よくばり青汁 バナナ味

健康輔助食品

廠商名稱 DHC　建議攝取量 1 日 5 粒

容量 / 價格 50 粒 / 580 円

主要成分 / 含量
- 71 大麥若葉 300 mg
- 67 乳酸桿菌（FK-23）400 億個
- 70 寡醣 140 mg
- 75 CBP 濃縮乳清活性蛋白質 12 mg
- 15 鈣 220 mg
- 16 鎂 16 mg

青汁咀嚼錠的香蕉口味，同樣能夠補充青汁與乳酸桿菌，且又搭配多種健骨配方。因此不只是高齡者，對青汁接受度偏低，正處成長期的孩童也很適合。

Ⓝ

DHC 国産パーフェクト野菜プレミアム

健康輔助食品

廠商名稱 DHC　建議攝取量 1 日 4 粒

容量 / 價格 60 粒 / 380 円、120 粒 / 680 円、240 粒 / 1428 円

主要成分 / 含量
- 69 膳食纖維 660 mg
- 67 乳酸桿菌（含酵母）1 兆個以上
- 12 維生素 E 5 mg

包括大麥若葉在內，將 32 種日本國產蔬菜精華全濃縮在一起的豪華蔬菜錠。除此之外，還搭配總數量超過 1 兆個的 4 種乳酸桿菌與 3 種酵母。相當適合偏食或不容易攝取到蔬菜的外食族。

Ⓞ

DHC デトクレンズ

健康輔助食品

廠商名稱 DHC　建議攝取量 1 日 3 粒

容量 / 價格 90 粒 / 1,800 円

主要成分 / 含量
- 67 乳酸桿菌（含酵母）50 兆個以上
- 69 膳食纖維 50 mg

除了乳酸桿菌、酵母菌以及難消化水溶性膳食纖維之外，最特別的地方就是每 3 粒當中就含有 350 毫克的椰殼活性碳。當活性碳進入腸道之後，就能發揮吸附老廢物質並帶出體外的特性，可說是腸道的清道夫。

關節活動型

For Joints

隨著年齡增長，許多人都會有關節變得不靈活，或是膝蓋在走路及爬樓梯時出現疼痛不適感。針對這些增齡所帶來的關節健康問題，最廣為人知的改善成分為葡萄糖胺、軟骨素以及MSM。到了這幾年，第二型膠原蛋白及蛋白聚醣也都成為注目的新焦點。此外萃取自黑薑的5,7-二甲氧基黃酮，也逐漸成為用在改善關節健康的主流成分。

72 葡萄糖胺

››› Glucosamine・グルコサミン
››› 關節健康、抗發炎

葡萄糖胺由碳水化合物組成，但在體內主要功能並非是能量來源，而是各種身體組織的架構基礎成分。例如皮膚、骨骼、消化及呼吸系統黏膜，都可見葡萄糖胺存在。在關節組織中有大量葡萄糖胺的聚集，已有許多研究證實葡萄糖胺除了能建造關節軟骨，也能降低軟骨被破壞。另外，同時補充葡萄糖胺及硫酸軟骨素對於關節炎有良好的效果。

73 軟骨素

››› Chondroitin・コンドロイチン
››› 關節健康、骨骼健康

軟骨素為軟骨中重要的物質，可以使結締組織堅固但富有彈性，具有避震效果。另外還能使水分保留在醣蛋白中，藉此使關節軟骨保有充足的水分。除此之外，也會抑制分解或破壞軟骨的酵素發揮作用。

74
第二型膠原蛋白

››› Type II Collagen・II 型コラーゲン
››› 關節健康、軟骨健康

人體膠原蛋白有許多形式，其中第二型膠原蛋白主要存在軟骨組織中，輔助軟骨組織再生與維護。軟骨組織因為第二型膠原蛋白、醣蛋白與水分共同存在排列為緊密結構，因此有承受壓力的能力。而選擇第二型膠原蛋白時須注意挑選未經酸、鹼破壞過的結構，才能達到預期效果，通常會以「非變性」來表示。

75
濃縮乳清活性蛋白質

››› Concentrated-whey Bioactive Protein・CBP（濃縮乳清活性たんぱく）
››› 骨骼健康、提升免疫

顧名思義，即為濃縮的乳清蛋白，再透過技術去除分子過大部分後所獲得之成分。乳清蛋白本身即為良好的蛋白質來源，並含有免疫球蛋白及抗體。研究發現經過特殊處理的 CBP 除了小分子較好吸收外，更有增加鈣質吸收、保持骨骼平衡的作用。另外，CBP 與鈣質、維生素 D 共同攝取有加成作用。

76
5,7- 二甲氧基黃酮

››› 5,7-Dimethoxy Flavone・5,7- ジメトキシフラボン
››› 關節健康、抗發炎

5,7- 二甲氧基黃酮為黑薑萃取物中的一個成分，目前研究表示具有改善周邊循環，進而改善手腳冰冷、腫脹及水腫的情形。另外還有抗發炎及改善肥胖等輔助作用。

77
甲基硫醯基甲烷

››› Methyl Sulfonyl Methane（MSM）・メチルスルフォニルメタン
››› 關節健康、抗發炎

縮寫名稱為 MSM 的甲基硫醯基甲烷是一種有機硫化物，存在於人體的軟骨組織與結締組織當中。除了能夠維持骨骼、皮膚及膠原蛋白正常發揮作用之外，也能緩和關節或肌肉發炎所引起的疼痛不適。

DHC
グルコサミン
2000

機能性表示食品

廠商名稱　DHC　建議攝取量　1 日 6 粒

容量 / 價格　90 粒 / 690 円、120 粒 / 900 円、180 粒 / 1,250 円

主要成分 / 含量
72 葡萄糖胺 2,000 mg
25 膠原蛋白胜肽 30 mg
73 硫酸軟骨素 27 mg
26 玻尿酸 18 mg
74 第二型膠原蛋白 9 mg
30 彈力蛋白胜肽 6 mg
75 CBP 濃縮乳清活性蛋白質 6 mg

專為膝關節活動力所開發的葡萄醣胺複方機能性表示食品。除了含量高達 2,000 毫克的葡萄醣胺之外，還搭配硫酸軟骨素、第二型膠原蛋白以及 CBP 濃縮乳清活性蛋白質這些筋骨關節活動輔助型的主流成分，堪稱是成分組合最為豪華的產品之一。

Dear-Natura GOLD
グルコサミン

機能性表示食品

廠商名稱　アサヒグループ食品

建議攝取量　1 日 6 粒

容量 / 價格　360 粒 / 2,500 円

主要成分 / 含量
72 葡萄糖胺 2,000 mg

原料萃取自蝦蟹的葡萄糖胺單方機能性表示食品。成分組合相當簡單，就是含量高達 2,000 毫克的葡萄糖胺。對於不需要攝取其他成分，只想補充葡萄糖胺的人而言，是項簡單明瞭的產品。

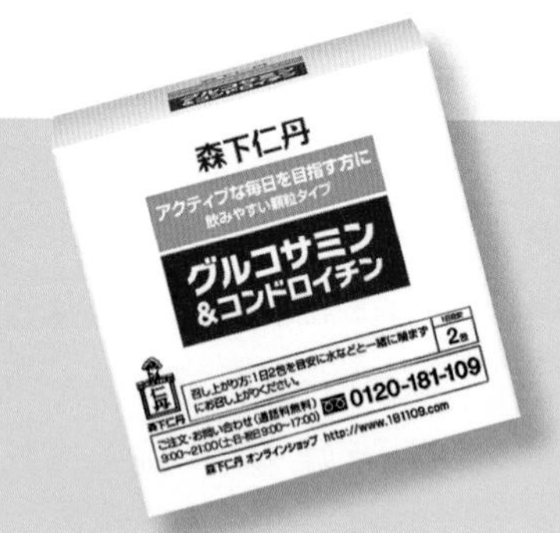

森下仁丹
グルコサミン
&コンドロイチン
（顆粒タイプ）

健康輔助食品

廠商名稱　森下仁丹

建議攝取量　1 日 2 包

容量 / 價格　2.4 克 ×60 包 / 4,000 円

主要成分 / 含量
72 葡萄糖胺 1,500 mg　101 咪唑二肽 50 mg
73 軟骨萃取粉 300 mg

透過多種複方成分，可同時強化軟骨、肌肉及身體柔軟度，是將機能性鎖定在步行能力上的產品。分包類型方便攜帶，而且顆粒劑型相對容易吞服。

井藤漢方製薬
グルコサミン 2000
ヒアルロン酸

健康輔助食品

廠商名稱　井藤漢方製薬

建議攝取量　1 日 12 粒

容量 / 價格　360 粒 / 3,800 円

主要成分 / 含量
72 葡萄糖胺 2,000 mg　26 玻尿酸 10 mg

高純度且高含量的葡萄糖胺，搭配對於軟骨及關節液都相當重要的玻尿酸，適合想讓日常活動更為順暢的人。

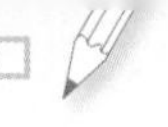

A

B

A

小林製薬 グルコサミン EX

營養輔助食品

廠商名稱	小林製薬
建議攝取量	1 日 8 粒
容量 / 價格	240 粒 / 2,750 円

主要成分 / 含量

72 葡萄糖胺 1,500 mg
73 軟骨萃取物 180 mg

高含量採用葡萄糖胺及硫酸軟骨素作為改善關節活動力的主成分，同時搭配具有抗發炎緩和疼痛的白柳及乳香等草本成分，適合站著不舒服，坐著也不舒服的人試試。

B

小林製薬 ロコエール

營養輔助食品

廠商名稱	小林製薬
建議攝取量	1 日 9 粒
容量 / 價格	270 粒 / 3,000 円

主要成分 / 含量

72 葡萄糖胺 1,500 mg
15 鈣 344.4 mg
74 第二型膠原蛋白 33.5 mg
101 咪唑二肽 33 mg

除了高含量葡萄糖胺與第二型膠原蛋白之外，也加強鈣質的補充量，甚至還搭配時下討論度相當高的活力成分「咪唑二肽」。從產品特性來看，是同時強化關節活動力與體能活力的複方產品。

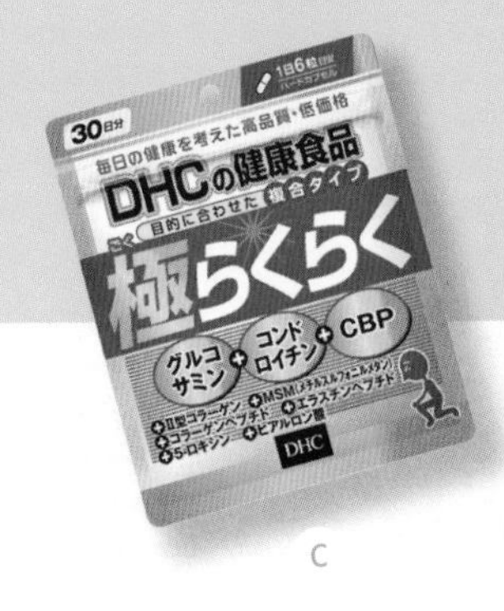

C

D

E

C

DHC 極らくらく

健康輔助食品

廠商名稱	DHC	建議攝取量	1 日 6 粒

容量 / 價格
90 粒 / 1,030 円、120 粒 / 1,350 円、180 粒 / 1,700 円

主要成分 / 含量

72 葡萄糖胺 1,320 mg
77 MSM（甲基硫醯基甲烷）540 mg
73 硫酸軟骨素 150 mg
25 膠原蛋白胜肽 120 mg
74 第二型膠原蛋白 36 mg
26 玻尿酸 18 mg
30 彈力蛋白胜肽 6 mg
75 CBP 濃縮乳清活性蛋白質 6 mg

主成分同樣為葡萄糖胺，雖然含量稍微低了一些，不過搭配簡稱 MSM 的甲基硫醯基甲烷，可針對關節發炎疼痛等問題發揮作用。內含 9 大機能成分，很適合關節問題多樣化的老人家。建議可分為早、中、晚三次攝取。

D

DHC II型コラーゲン＋プロテオグリカン

健康輔助食品

廠商名稱	DHC	建議攝取量	1 日 3 粒
容量 / 價格	90 粒 / 2,191 円		

主要成分 / 含量

74 第二型膠原蛋白 150 mg
73 硫酸軟骨素 100 mg
29 蛋白聚醣 10 mg
75 CBP 濃縮乳清活性蛋白質 6 mg

主成分為高含量第二型膠原蛋白與蛋白聚醣的複方產品。人體軟骨當中含有相當多的第二型膠原蛋白，而蛋白聚醣則是能幫助軟骨保留水分並維持彈力。適合想針對軟骨進行保養的人攝取。

E

DHC 歩く力

機能性表示食品

廠商名稱	DHC	建議攝取量	1 日 2 粒
容量 / 價格	40 粒 / 1,080 円、60 粒 / 1,480 円		

主要成分 / 含量

76 5,7-二甲氧基黃酮 1.89 mg
49 HMB-Ca（β-羥基-β-甲基丁酸鈣）75 mg
101 咪唑二肽 10 mg
75 CBP 濃縮乳清活性蛋白質 6 mg

主要機能性成分為萃取自黑薑的 5,7-二甲氧基黃酮。這項聽起來有點陌生的機能性成分，其實是泰國政府也認定的健康素材，其主要的作用是能維持步行能力，可及早應對增齡所造成的步行能力和距離日漸衰退之問題。

數值管理型

For Health Management

每年都有不少人在收到健檢報告之後，會不禁眉頭深鎖地倒吸一口氣。現代人生活忙碌且難以維持均衡飲食，所以有關身體健康的數值會在不知不覺當中轉為紅字。若想改善這些健康上的小問題，最好的方式就是改變飲食與生活習慣，但有時也能透過相對應的健康輔助食品，來幫助自己更有效率地進行數值管理。

---

78 納豆菌培養萃取粉

››› Bacillus Natto Culture Extract Powder · 納豆菌培養エキス末

››› 血流順暢

納豆營養價值高，不僅是優良蛋白質的來源食物，更具有豐富的維生素及礦物質。在發酵過程中會產生獨特的納豆激酶，被發現能預防血栓形成並且具有清血栓的作用，進而維護血管的通透性。

79 二十碳五烯酸

››› Eicosapentaenoic Acid · EPA

››› 血流順暢、血管健康、降低三酸甘油脂

EPA 為 ω-3 不飽和脂肪酸的成員之一，主要作用可提高膽固醇及血中脂肪的代謝，並且減少脂肪酸的合成。除此之外 EPA 還具有抑制血小板凝集的作用，因此能避免栓塞型的心血管疾病發生。因此，已服用抗凝血藥物者須與醫生討論是否可以合併服用。

80 二十二碳六烯酸

››› Docosahexaenoic Acid · DHA

››› 血流順暢、腦部健康、調節神經

DHA 亦為 ω-3 不飽和脂肪酸的成員之一，在大腦細胞中具有大量 DHA 成分，因此被視為與腦部神經發展及維持腦部機能有相關性。DHA 為不飽和脂肪酸，因此也具有改善血流通透性及清除血中脂肪的作用。

81 沙丁魚胜肽

››› Sardine Peptide・
サーデンペプチド

››› 血壓調節

胜肽為組成蛋白質的小分子單位，不同成分的胜肽會有特定的功能在，特定的蛋白質胜肽被發現具有降血壓的效果。來自沙丁魚蛋白質的短鏈胜肽因含有降低血壓作用的酵素抑制劑，因此被發現能抑制血壓升高。

82 紅麴

››› Red Yeast Rice・ベニコウジ

››› 血壓調節、膽固醇調節

紅麴在傳統上被作為天然色素使用，再加上其特殊氣味，故廣泛應用在料理上，近年被證實具有許多生理活性。紅麴在發酵過程中會產生紅麴菌素 K，為膽固醇合成的抑制劑，可讓血液中的壞膽固醇減少。另外，紅麴當中還含有降血壓物質（如 γ- 胺基丁酸）、抗氧化物質、類黃酮等活性成分。

83 芝麻蛋白水解物

››› Hydrolyzed Sesame Protein・
ゴマタンパク分解物

››› 血壓調節、膽固醇調節

芝麻本身具有高度抗氧化及預防心血管疾病的功能，而其中的芝麻蛋白依其水解片段的不同，被發現具有不同的功能。有些水解產物具有抗氧化及降低膽固醇的功能。而日本研究的片段為 LVY，發現可以抑制血壓調控酵素，所以具有降血壓的作用。

84 綠原酸

››› Chlorogenic Acid・クロロゲン酸

››› 血壓調節

綠原酸為咖啡中單寧酸的一種，為一種多酚物質。多酚物質本身具有抗氧化的功能，因此能減緩體內因氧化壓力造成的發炎反應。研究發現綠原酸還有協助改善胰島素敏感性及協助脂肪代謝的作用，因此能輔助減少脂肪的囤積，達到減重的功效。此外，近年來發現綠原酸可減少體內的自由基，並可協助血管正常收縮與擴張，因此被視為可改善高血壓。綠酸原易受熱破壞，故深度烘焙的咖啡含量會比淺烘焙者低。

85 植物固醇

››› Phytosterol・植物ステロール

››› 膽固醇調節

植物固醇存在於植物性的食物來源，因其結構與動物性固醇相似，所以可與動物性的固醇競爭吸收的結合部位，使膽固醇的吸收減少，進而達到降低膽固醇的功能。有研究發現每天攝取 2 ～ 3 克植物固醇並且持續 3 週以上，能降低膽固醇指數，故具有保護心臟血管的輔助作用。

86 藻酸鈉

››› Sodium Alginate・
アルギン酸ナトリウム

››› 膽固醇調節

海藻廣泛指所有海洋藻類的總稱，一般常見為褐藻、紅藻和綠藻。藻酸鈉為來自於海藻中的一種成分，因具備良好的親水性，所以也被用來作為食品的增稠劑及乳化劑。近來發現藻酸鈉會抑制膽固醇的吸收，故具有輔助降低血壓及血脂的作用。

87 前花青素

››› Proanthocyanidins・プロシアニジン

››› 膽固醇調節、抗氧化、婦女健康

前花青素為黃酮類，具有強抗氧化性。前花青素存在於許多植物當中，其中松樹皮當中所含的濃度特別高，而萃取自松樹皮的前花青素，在日本是屬於機能性表示食品的認可成分。前花青素不只擁有強大的抗氧化能力，更能活化血管代謝、阻止低密度膽固醇（LDL）在血管壁囤積與氧化、減少血小板凝集以預防血栓，以及輔助維生素C發揮機能。

88 類薑黃素

››› Curcuminoids・クルクミノイド

››› 輔助身體解毒、輔助肝功能

類薑黃素為薑黃根部取得的黃色素，具有強抗氧化能力，也是天然的抗發炎劑，對人體的多種發炎反應或骨關節炎都能發揮輔助作用。近年有研究發現類薑黃素可能具有抑制癌細胞及改善慢性肝病的效用，在日本常用來作為護肝及飲酒後的輔助成分。

89 肝精

››› Liver Extract・肝臓エキス

››› 促進代謝、肝臟健康

肝精其實就是由肝臟濃縮萃取分離而成，含有血紅素及胺基酸。當肝臟受到損傷及破壞時，補充肝精能提供營養素來協助肝臟維持新陳代謝機能。因肝精萃取原料容易取得，故選擇時需注意原料來源是否安全。

90 鳥胺酸

››› Ornithine・オルニチン

››› 輔助身體解毒、輔助肝功能

鳥胺酸為胺基酸的一種，主要參與含氮廢物的代謝，將含氮廢物毒性轉化後再經由尿液排除。這樣的代謝作用主要是於肝臟進行，有業者利用鳥胺酸鹽酸鹽的形式研發作為營養補充品，用於協助肝臟排除廢物、降低疲勞感的作用。

91 蜆萃取物

››› Freshwater Clam Extract・しじみエキス

››› 促進代謝、肝臟健康

蜆富含有肝醣、膽鹼、精胺酸、肝醣、鳥胺酸、牛磺酸以及維生素，可提供肝臟作為營養來源，維護肝臟功能。當肝臟營養充足時，也有降低疲勞感的作用。另外，蜆中的膽鹼成分則是能夠輔助肝臟進行脂肪代謝及膽固醇合成。

92 甲肌肽

››› Anserine・アンセリン

››› 降低尿酸值、抗氧化

甲肌肽存在於鮪魚或鰹魚等高速回游的魚類體內，屬於胺基酸的一種。除了抗氧化及抗疲勞作用之外，近年來在日本因為被發現具有輔助降低尿酸的作用，因此備受痛風患者注目，市面上也開發出不少健康輔助食品。

DHC ナットウキナーゼ

健康輔助食品

不少人明知納豆對身體有益，卻因為黏稠的口感和特殊的氣味而對納豆敬而遠之，幸好現在有這樣的納豆萃取成分能夠簡單攝取。專為飲食習慣太過油膩，或是注重心血管健康的中高年人打造。

廠商名稱	DHC
建議攝取量	1日1粒
容量 / 價格	30粒 / 1,430円

主要成分 / 含量
- 78 納豆菌培養萃取粉 155 mg（納豆激酶 3,100 FU）
- 109 大豆異黃酮 16 mg

小林製薬 ナットウキナーゼ EX

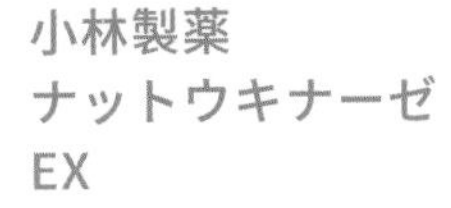

營養輔助食品

除了納豆菌中所含的納豆激酶之外，還搭配 EPA、DHA 以及沙丁魚胜肽等可以降低血中三酸甘油脂的成分，再加上可以控制血壓的洋蔥萃取物，整個就是為心血管健康所設計的組合。

廠商名稱	小林製薬
建議攝取量	1日2粒
容量 / 價格	60粒 / 2,500円

主要成分 / 含量
- 78 納豆菌培養萃取粉 32.2 mg（納豆激酶 2,500 FU）
- 79 EPA 13.7 mg
- 80 DHA 72.3 mg
- 81 沙丁魚胜肽 50 mg
- 57 難消化性麥芽糊精 33.8 mg

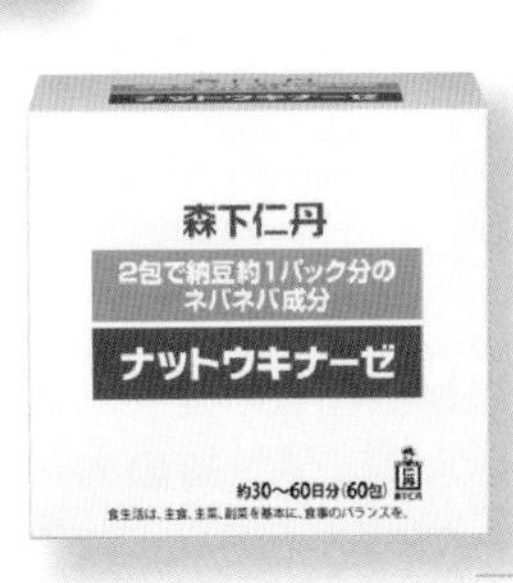

森下仁丹 ナットウキナーゼ

健康輔助食品

採用晶球包覆技術，可保護納豆激酶不受胃酸破壞。小包分裝攜帶方便，而且晶球膠囊體積較小，即使是吞嚥能力較差的長輩也能簡單吞服。每日建議攝取2包，相當於可以攝取1整盒納豆所含的納豆激酶。

廠商名稱	森下仁丹
建議攝取量	1日2包
容量 / 價格	1.7克×60包 / 5,400円

主要成分 / 含量
- 78 納豆菌培養萃取粉 50 mg（納豆激酶 1,000 FU）

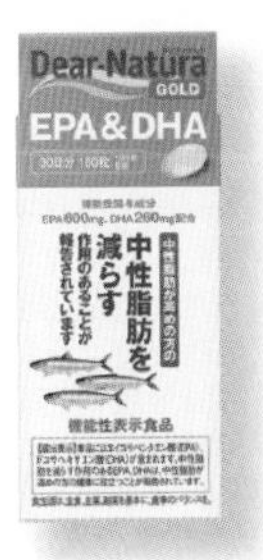

Dear-Natura GOLD EPA&DHA

機能性表示食品

從魚油當中萃取出高含量 EPA 及 DHA 的機能性表示食品。專為三酸甘油脂指數偏高，但又不喜歡吃魚，或是日常飲食中攝取魚類機會不多的人設計。

廠商名稱	アサヒグループ食品
建議攝取量	1日6粒
容量 / 價格	90粒 / 1,450円、180粒 / 2,200円、360粒 / 3,900円

主要成分 / 含量
- 79 EPA 600 mg
- 80 DHA 260 mg

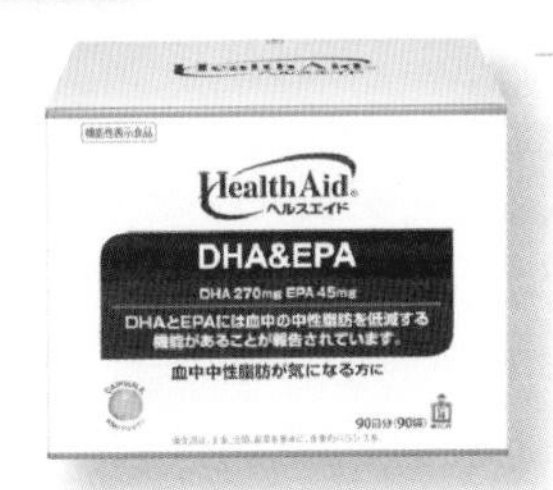

森下仁丹 DHA&EPA

機能性表示食品

可以輕鬆補充 DHA 及 EPA，幫助控制血液中的三酸甘油脂指數。採用獨家的晶球膠囊包覆技術，不只可以阻斷魚油特殊的腥味，還能保護有效成分不受胃酸破壞。小包分裝方便攜帶，也能維持 DHA 及 EPA 本身的鮮度。

廠商名稱	森下仁丹
建議攝取量	1日1包
容量 / 價格	2.1克×90包 / 4,400円

主要成分 / 含量
- 79 EPA 270 mg
- 80 DHA 45 mg

井藤漢方製薬 DHA 1000s

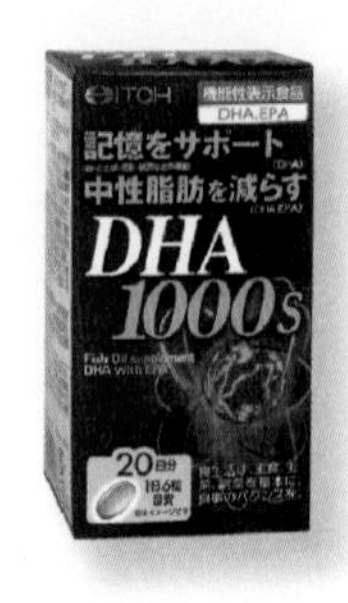

廠商名稱	井藤漢方製薬
建議攝取量	1 日 6 粒
容量 / 價格	120 粒 / 5,700 円

主要成分 / 含量

79 EPA 14 mg　80 DHA 1,000 mg

可簡單攝取 1,000 毫克 DHA 的機能性表示食品。除了可幫助調節三酸甘油脂濃度之外，還能輔助腦部健康，考生以及想改善記憶力的人可以試試。

Dear-Natura GOLD サーデンペプチド

廠商名稱	アサヒグループ食品
建議攝取量	1 日 2 粒
容量 / 價格	60 粒 / 1,900 円、120 粒 / 3,300 円

主要成分 / 含量

81 沙丁魚胜肽 400 μg

採用可輔助控制血壓的沙丁魚胜肽所開發的機能性表示食品。擔心沙丁魚調味料過重，或是不喜歡沙丁魚腥味的人，可以透過這種健康輔助食品進行攝取。

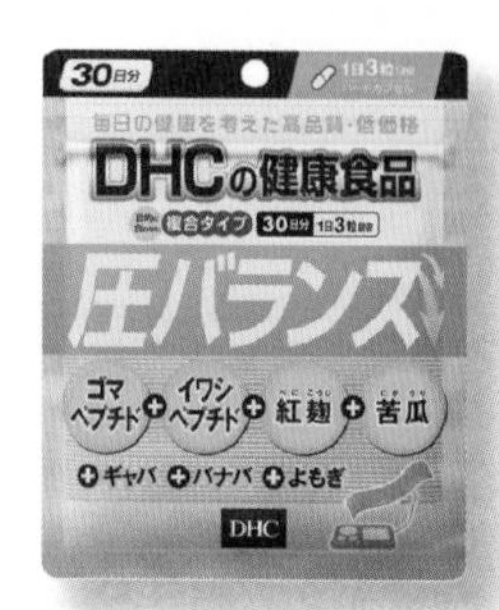

DHC 圧バランス

廠商名稱	DHC	建議攝取量	1 日 1 粒
容量 / 價格	90 粒 / 1,334 円		

主要成分 / 含量

83 芝麻蛋白水解物 180 mg
81 沙丁魚胜肽 90 mg
82 紅麴 180 mg

同時採用芝麻蛋白水解物、沙丁魚胜肽以及紅麴這三大血壓調節熱門成分，再搭配苦瓜、GABA 等四種輔助調節機能成分，可說是相當全面性的「適壓」健康輔助食品。建議可以分為早中晚三次攝取，讓適壓成分可以持續發揮輔助作用。

咖啡風味

黑豆茶風味

Healthya クロロゲン酸の力

廠商名稱	花王	建議攝取量	1 日 1 包
容量 / 價格	15 包 / 2,700 円		

主要成分 / 含量

84 綠原酸 271 mg

若是有點在意血壓偏高的問題，但卻還不到需要透過藥物控制的程度，那倒是可以嘗試花王在 2019 年所推出的新產品。主成分是萃取自咖啡豆，可輔助管理血壓的飲品，共有咖啡及黑豆茶等兩種風味可以選擇，而且無論是熱飲或冷飲都好喝。

FUJIFILM GABA（ギャバ）

廠商名稱	富士フイルム
建議攝取量	1 日 2 粒
容量 / 價格	60 粒 / 2,800 円

主要成分 / 含量

94 GABA 28 mg

市面上絕大部分採用 GABA 作為主成分的機能性表示食品，大多主打抗壓及穩定情緒等作用。其實，在日本有部分商品則是像富士軟片一樣，將 GABA 定位在輔助調節血壓。因此，GABA 可說是具有雙重作用的健康輔助成分。

DHC
健康ステロール

健康輔助食品

廠商名稱 DHC 建議攝取量 1日2粒

容量 / 價格 60粒 / 1,334円

主要成分 / 含量

85 植物固醇 160 mg 82 紅麴 70 mg

86 藻酸鈉 160 mg

採用植物固醇、藻酸鈉及紅麴等三種輔助管理血壓及血脂的成分，再搭配4種可以抑制糖質吸收及輔助維持健康狀態的成分。適合經常外食，特別是常吃油炸食物的人攝取。

FUJIFILM
フラバンジェノール

機能性表示食品

廠商名稱 富士フイルム

建議攝取量 1日4粒

容量 / 價格 120粒 / 3,300円

主要成分 / 含量

87 松樹皮前花青素（B1）2.46 mg

採用富含多酚，具備抗氧化及防止壞膽固醇在血管內氧化與堆積的前花青素為主成分，是市面極少數以松樹皮前花青素配方的膽固醇健康產品。錠劑本身體積較小，就連高齡者也能簡單吞服。

DHC
濃縮ウコン

健康輔助食品

廠商名稱 DHC 建議攝取量 1日2粒

容量 / 價格

60粒 / 810円、120粒 / 1,524円、180粒 / 2,239円

主要成分 / 含量

88 類薑黃素 50 mg

採用110倍濃縮製法，將富含類薑黃素的秋薑黃，搭配春薑黃與紫薑黃混和後所開發的濃縮薑黃錠。利用軟膠囊包覆製法，可以阻隔薑黃特殊的氣味，適合不敢吞服顆粒或液態劑型的人在應酬前補充一下。

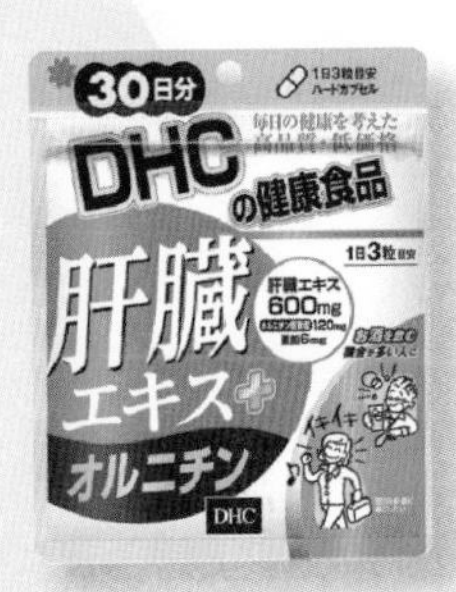

DHC
肝臓エキス
＋オルニチン

健康輔助食品

廠商名稱 DHC 建議攝取量 1日3粒

容量 / 價格 90粒 / 1,250円

主要成分 / 含量

89 肝精 600 mg 17 鋅 6 mg

90 鳥胺酸鹽酸鹽 120 mg

除了薑黃之外，日本最常見的應酬族專用健康輔助食品成分，就是這種以肝精搭配鳥胺酸的組合。除此之外，還搭配可以幫助酒精代謝的鋅。其實除了應酬前後之外，平時也能在餐後作為保養身體與提升精力所用。

井藤漢方製薬
しじみの入った牡蠣ウコン
＋オルニチン

健康輔助食品

廠商名稱 井藤漢方製薬

建議攝取量 1日4粒

容量 / 價格 120粒 / 1,600円

主要成分 / 含量

88 類薑黃素 100 mg 90 鳥胺酸 66 mg

91 蜆萃取物 30 mg

採用高含量的類薑黃素，搭配有益健康的蜆萃取物。其中鳥胺酸的含量約等同於150個蜆的總含量。除此之外，還添加約等同1/3顆廣島產牡蠣萃取物。

DHC
アンセリン

廠商名稱 DHC 建議攝取量 1日3粒

容量 / 價格 90粒 / 2,096円

主要成分 / 含量

92 甲肌肽 60 mg

主成分是從鮪魚及鰹魚體內萃取而來，並且濃縮30倍的甲肌肽。由於該成分具備降低尿酸值的作用，所以適合擔心日常飲食中普林攝取過多或生活壓力大、容易疲勞的人。

30 多年前的好奇心驅使下 於偶然中發現的神奇成分

在眾多成分當中，「芝麻素」是一種可同時兼顧睡眠品質、活力、甚至是美容保養機能的成分。說到日本最具代表性的芝麻素保健食品，就不能不提到熱銷台日多年的三得利芝麻明 EX。

日本三得利從 1984 年，就開始展開對於人體有益的油脂研究。因為注意到芝麻油不易氧化的特性，所以深入研究芝麻的營養素特性。經過一番研究與分析之後，三得利發現芝麻當中比重僅有不到 1%的芝麻素具備兼顧健康及美容的作用，因此在 1993 年時開發出第一代芝麻素產品。不過三得利的芝麻素是透過獨家技術所萃取而來，因此相較於一般萃取技術所產生的芝麻素，三得利所研發出的更容易被身體所吸收。三得利所採用的芝麻素，又被稱為「芝麻明」，也能將其視為「進階版的芝麻素」。

即便芝麻素已經商品化，三得利仍持續研究芝麻素。後來陸續發現維生素 E 及玄米多酚都能與芝麻素相互輔佐，發揮更大的效果，於是在 2012 年推出最新的進化版本，也就是目前市面上流通的「芝麻明 EX」。

SUNTORY セサミン EX

保健食品

現已強勢登台，長期熱銷的日本國民保健食品三得利芝麻明 EX，利用獨家技術開發出更容易被身體吸收的芝麻明，搭配可調節生理機能的玄米多酚，以及不敗的抗氧化成分維生素 E，打造出這瓶可以兼顧睡眠、活力、美容，輔助身體有良好循環進而使免疫力自然提升的成人全方位保養產品。無論是忙碌的上班族、家庭主婦，或是注重健康養生的中高齡者都相當適合攝取。

廠商名稱　SUNTORY WELLNESS LIMITED
建議攝取量　1 日 3 粒
容量 / 價格　90 粒 / NTD 1,600 元
主要成分 / 含量
93 芝麻素（芝麻明）10 mg
12 維生素 E 55 mg

舒眠抗壓型 & 活力免疫型

許多現代人都有忙碌或工作壓力大，造成日常當中有慢性睡眠不足的問題。其實，睡眠不足對人體帶來的影響非常大。除了整天無精打采地像行屍走肉之外，整個人的氣色與膚況也會變差，最後甚至會引起免疫力衰退而容易感冒或出現過敏症狀。

為打破壓力大➡睡眠不足➡活力下降➡免疫衰退這個惡性循環，從源頭改善壓力及睡眠問題，便成為現代人最重要的課題。除了改變生活型態與調整心態之外，其實市面上也有許多相關的保健食品，可以幫助我們提升生活品質與身心活力，必要時適度補充也是不錯的選擇。

93 芝麻素

››› Sesamin · セサミン

››› 提升活力、免疫、抗壓舒眠、抗氧化、膽固醇健康、骨骼健康

芝麻素指的是芝麻籽中的木酚素（Lignan），在芝麻中的含量不到 1%，但研究發現具有很好的抗氧化力，對於保護肝臟細胞、清除自由基、保護皮膚細胞具有輔助作用。另外也有研究發現，芝麻素可能對於協助自律神經的平衡有幫助，進而能夠改善失眠、倦怠及壓力等狀態。

94 γ-胺基丁酸

››› γ-Aminobutyric Acid · GABA

››› 抗壓舒眠、安心凝神、血壓管理

γ-胺基丁酸又被簡稱為 GABA，是一種近年來相當受到注目的功能性胺基酸，其主要作用為抑制過度的神經傳導。當神經持續處於過度傳導的興奮狀態時，就可能引發憂鬱、失眠、焦慮及憤怒等問題。相反地，若是體內 GABA 濃度充足，就能調控維持正常的神經傳導，並使人放鬆情緒與改善壓力狀態。

95 茶胺酸

››› L-Theanine · L-テアニン

››› 抗壓舒眠、安心凝神

茶胺酸是一種存在於茶葉之中的胺基酸，不只能讓茶散發出甘甜味，還具備輔助抗憂鬱、抗焦慮、提升專注力以及改善睡眠品質等作用。在日本的機能性表示食品當中，就有不少產品是採用茶胺酸穩定情緒的特性，開發出輔助睡眠品質的產品。

96 忘憂草

››› Hemerocallis Fulva Flower · クワンソウ

››› 抗氧化、眼睛健康、安心凝神

忘憂草又名金針花，含有豐富的多酚類化合物，因此具有抗氧化作用，且能避免身體出現發炎反應。其所含的類胡蘿蔔素成分除了抗氧化，還有維護眼睛功能的效果。另有研究結果指出，金針花中含有一種名為芸香素的物質，此物質可能透過腦內神經傳導物質的調控，達到輔助改善情緒的作用。

97 乳蛋白生物活性肽

››› Lactium®・ラクティウム
››› 安心凝神

Lactium®是由牛奶蛋白取得的專利成分，能作用於 GABA 受體，增加 GABA 活性。由自家實驗室研究有以下輔助效果：穩定睡眠、改善食慾不振、協助放鬆及抑制焦慮、改善注意力及記憶力等。

98 精胺酸

››› Arginine・アルギニン
››› 改善疲勞、輔助免疫、促進成長

存在於魚類與雞肉當中的必需胺基酸，不只能夠輔助成長賀爾蒙分泌、免疫力以及血液循環，更具備輔助改善疲勞等作用。除了成長期孩童需要補充之外，經常運動的人也建議補充。

99 甘胺酸

››› Glycine・グリシン
››› 抗壓舒眠、安心凝神、改善疲勞、調節神經

甘胺酸是組成人體的必需胺基酸之一，因為可以活化副交感神經，幫助人體能夠進入休息狀態，因此在日本又被稱為「休息胺基酸」。有研究顯示，若睡前攝取足夠的甘胺酸，不只能夠快速入眠，而且睡眠品質也會提升。除了從海鮮攝取之外，也能透過健康輔助食品進行補充。

100 還原型輔酶 Q10

››› Ubiquinol CoQ10・還元型コエンザイム Q10
››› 輔助減輕身體疲勞、美容保養、抗氧化、心血管健康

輔酶 Q10 是相當知名的抗氧化成分，無論是在美容或心血管健康方面，都有著不錯的表現。不過最近在日本的健康輔助食品市場上，經常可看見一種名為「還原型輔酶 Q10」的成分。還原型輔酶 Q10 不同於傳統輔酶 Q10 的地方，在於不需經過氧化轉換程序就能受人體使用，所以能夠發揮更佳的效果。另外，還原型輔酶 Q10 在日本被列為機能性表示食品的成分，其作用是輔助減輕身體疲勞。

101 咪唑二肽

››› Imidazole Dipeptide・イミダゾールペプチド
››› 改善疲勞、抗氧化、改善睡眠

咪唑二肽是日本政府參與開發研究的成分，又被稱為最強的抗疲勞成分。研究發現候鳥翅膀根部的肌肉中含有大量的咪唑二肽，而雞肉中的含量也遠高於牛肉與豬肉。無論是對於生理或心理上的疲勞，咪唑二肽都有不錯的輔助效果。另外，由於咪唑二肽是少數會被運送到大腦的抗氧化物質，因此又被認為可能對阿茲海默症會有正面的幫助。

102 黑蒜

››› Black Garlic・黒ニンニク
››› 改善疲勞、提升活力、提升免疫、促進食慾、促進血液循環

黑蒜是以生蒜進行發酵作用，顏色由白色轉為黑褐色，因此被稱為黑蒜。在長時間的發酵過程中，蛋白質被分解成小分子胺基酸，醣類被分解成小分子單醣，讓營養更容易吸收。其中部分胺基酸會轉變成 5- 羥色胺酸，有輔助調節睡眠的作用。相較於一般蒜頭而言，黑蒜的刺激性與臭味都較低，但抗氧化能力與多酚及胺基酸都比原本高出許多。

103 高麗蔘

››› Panax Ginseng· 高麗人参
››› 改善疲勞、提升活力、促進食慾、促進代謝

人蔘因產地不同，有東洋蔘或高麗蔘等不同名稱，且功效亦略有不同。剛採收的人蔘會稱為白蔘，若是經過加工如蒸製、泡製後所得稱為紅蔘。雖人蔘種類有不同，但主要活性物質皆為人蔘皂苷、人蔘多醣體、胺基酸、多酚化合物等成分。有研究發現可抗氧化、輔助免疫、穩定血糖以及改善疲勞等。

104 檸檬酸

››› Citric Acid· クエン酸
››› 改善疲勞、提升活力、促進食慾

檸檬酸為柑橘類水果天然的酸味來源，也是能量代謝的中間產物。人體會進行名為檸檬酸循環的代謝反應，目的為將葡萄糖轉換為熱量排出體外。補充檸檬酸可協助體內的檸檬酸循環正常運作，進而發揮改善疲勞的效果。

105 綠藻

››› Chlorella· クロレラ
››› 提升免疫、提升活力、預防貧血、骨骼健康

綠藻中含有豐富的營養素，包括豐富的蛋白質、多種礦物質及維生素、葉綠素、β-胡蘿蔔素等，因此對於飲食不均衡或是素食者來說，是很好的營養素來源。另外，綠藻擁有特殊的生長因子 CGF，且鹼性強度是檸檬的20倍以上。

106 管花肉蓯蓉

››› Cistanche Tubulosa· カンカ
››› 提升免疫、提升活力、抗氧化、改善記憶

原生於新疆及蒙古的沙漠地帶，因為具備多種有益人體健康的藥理活性，因此又被稱為沙漠人蔘。近年來，因為能夠輔助延緩腦部老化及改善記憶的作用備受注目，所以有不少抗齡保健品都會添加此成分。

107 蜂膠

››› Propolis· プロポリス
››› 提升免疫、抗菌、抗發炎

蜂膠為蜜蜂用來密封蜂巢縫隙的蜂蠟與樹脂之混和物，對於蜂巢除了強化結構外，還可以抑制黴菌、細菌、病毒及寄生蟲的生長。蜂膠中含有多種的多酚化合物，其中以類黃酮類最多。類黃酮中又以槲黃素（Quercetin）作為蜂膠等級的指標。蜂膠除了富含多酚化合物外，還有抗菌及抗發炎的作用。但建議懷孕或哺乳中婦女應避免攝取。

108 乳鐵蛋白

››› Lactoferrin· ラクトフェリン
››› 提升免疫、提升活力、抗菌

乳鐵蛋白是存在於母乳當中的成分，尤其是初乳當中的含量最高。乳鐵蛋白除了能夠調節人體吸收鐵質之外，最重要的作用就是輔助人體免疫機能，藉此抵抗各種外界威脅。

DHC
ギャバ（GABA）

廠商名稱	DHC
建議攝取量	1日1粒
容量／價格	15粒／530円、20粒／660円、30粒／900円

主要成分／含量

94 γ-胺基丁酸 200 mg　　17 鋅 0.5 mg
15 鈣 15 mg　　22 硒 2 μg

專為忙碌現代人所開發，將GABA作為主成分，再搭配數種有益健康的礦物質與微量元素。應該很符合工作壓力大，容易感到煩躁，以及需要讓頭腦更加清晰的上班族及考生等族群之需求。

ORBIS
おやすみ ブレンドティー

廠商名稱	オルビス
建議攝取量	1日1包
容量／價格	2克×14包／1,850円

主要成分／含量

95 茶胺酸 200 mg

主成分茶胺酸能夠抑制神經過度活動，並可發揮寧神與助眠效果。磨成粉狀可簡單沖泡的複方茶，其基底為不含咖啡因的博士茶，再搭配洋甘菊、檸檬香蜂草及橙皮等能夠安撫情緒的草本配方，很適合睡前用來幫助放鬆。

DHC
グースカ

廠商名稱	DHC
建議攝取量	1日1包（6粒）
容量／價格	10包／1,650円、30包／4,610円

主要成分／含量

98 精胺酸 600 mg　　97 乳蛋白生物活性肽 150 mg
90 鳥胺酸 400 mg
96 忘憂草 300 mg

兩種寧神助眠成分，搭配兩種提升活力的成分，可說是專為晚上睡不好，早上起不來的人所開發的睡眠輔助產品。因為不含安眠藥物成分，所以也不必擔心依賴性問題。

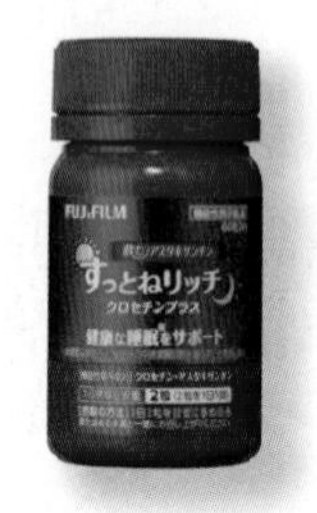

FUJIFILM
飲むアスタキサンチン すっとねリッチ クロセチンプラス

機能性表示食品

廠商名稱	富士フイルム
建議攝取量	1日2粒
容量／價格	60粒／5,500円

主要成分／含量

64 藏花酸 7.5 mg　　36 蝦青素 6 mg

兩大機能成分都具有高抗氧化能力，在美容保養及眼睛健康上都能發揮不錯的表現。其中，藏花酸更是能夠改善睡眠問題，是目前市面上少數功能如此多的機能性表示食品。錠劑本身體積小，不怕吞服時喝太多水反而夜長尿多又擾眠。

MEN'S HEALTH
ウェルナイト

廠商名稱	アンファー
建議攝取量	1日1粒
容量／價格	30粒／1,482円

主要成分／含量

95 茶胺酸 100 mg　　94 γ-胺基丁酸 30 mg
99 甘胺酸 200 mg

專為重視睡眠品質的忙碌現代人所開發，小小1粒就含有10杯綠茶所含的放鬆系胺基酸「茶胺酸」。除此之外，還搭配紓壓成分GABA與休息胺基酸「甘胺酸」，可說是睡眠輔助成分的集合體。

DHC
コエンザイム Q10 ダイレクト

機能性表示食品

廠商名稱	DHC	建議攝取量	1日2粒
容量／價格	30粒／1,343円、60粒／2,400円		

主要成分／含量

100 還原型輔酶Q10 110 mg　　09 維生素B12 20 μg
06 維生素B6 4 mg　　08 葉酸 100 μg

除了還原型輔酶Q10這項可減輕身體疲勞的機能性成分之外，還搭配維生素B6及B12。無論是一大早就覺得身心俱疲的上班族，或是想提升活力的中高齡者都可以嘗試看看。

IMIDAPEPTIDE
イミダペプチド
ソフトカプセル  

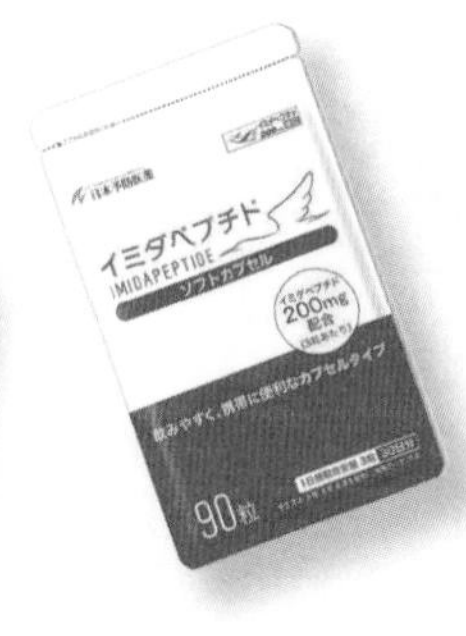

廠商名稱	日本予防医薬
建議攝取量	1日3粒
容量 / 價格	30粒 / 2,300円、90粒 / 6,153円

主要成分 / 含量

101 咪唑二肽 200 mg

從23種抗疲勞成分當中脫穎而出的咪唑二肽，可說是當今日本最受注目的抗疲勞成分。參與咪唑二肽研發的日本予防医薬，運用研發期間所累積的經驗與技術，推出這款可以每天輕鬆攝取200毫克咪唑二肽的抗疲勞保健品，很適合常感到疲勞的現代人試試。

森下仁丹
還元型
コエンザイム Q10 

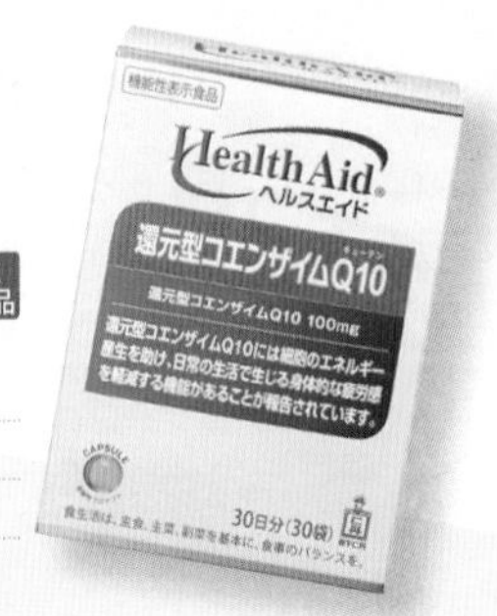

廠商名稱	森下仁丹
建議攝取量	1日1包（3粒）
容量 / 價格	0.82克 ×30包 / 4,000円

主要成分 / 含量

100 還原型輔酶 Q10 110 mg

可減輕日常生活中身體疲勞感的還原型輔酶Q10單方製劑。採用獨家晶球包覆技術，可保護有效成分能夠抵達腸道，藉此提升吸收效率。小包分裝方便攜帶，而且晶球膠囊體積小，吞嚥能力較差的人也能簡單吞服。

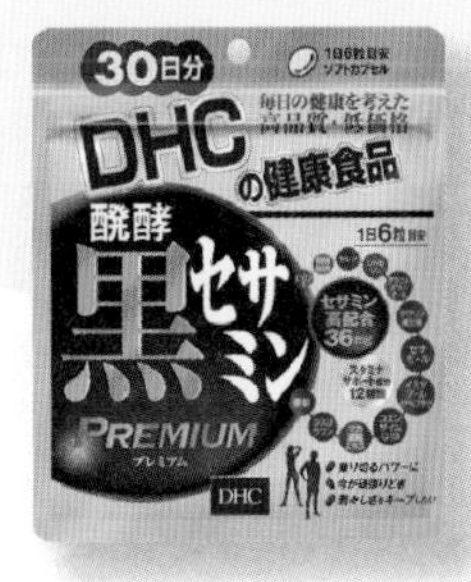

DHC
醗酵黒セサミン
プレミアム  

廠商名稱	DHC	建議攝取量	1日6粒
容量 / 價格	120粒 / 2,016円、180粒 / 2,750円		

主要成分 / 含量

93 芝麻素 36 mg
101 咪唑二肽 50 mg
115 瓜胺酸 150 mg
114 瑪卡 125 mg
39 輔酶 Q10 30 mg
88 類薑黃素 30 mg
12 維生素 E 54 mg
17 鋅 3 mg
22 硒 12 μg

包括高含量的發酵黑芝麻素在內，全部總共添加12種作用各不相同的活力輔助配方，能夠輔助從各方面提振身心活力，可說是相當重視體感成效的產品。若是市面上選擇過多，不知道該如何選起的話，倒不如先選擇這種綜合型的健康輔助食品開始嘗試。

DHC
イミダゾール
ペプチド  

廠商名稱	DHC	建議攝取量	1日6粒
容量 / 價格	180粒 / 3,850円		

主要成分 / 含量

101 咪唑二肽 225 mg
39 輔酶 Q10 30 mg
10 維生素 C 30 mg

主成分是萃取自雞胸肉，具備輔助抗疲勞力的咪唑二肽。對於一早就覺得無精打采，或老是有氣無力的人來說，是相當值得一試的火紅成分。

DHC
熟成黒ニンニク  

廠商名稱	DHC	建議攝取量	1日3粒
容量 / 價格	60粒 / 1,048円、90粒 / 1,429円		

主要成分 / 含量

102 黑蒜粉末 360 mg
38 總生育三烯酚 18 mg
12 維生素 E 27 mg

選用青森縣產的黑蒜，搭配營養素滿分的蛋黃油，以及生育三烯酚和維生素E等脂溶性抗氧化素材。對於想利用蒜頭成分維持活力與精力，卻又不喜歡蒜頭臭味的人而言，可說是簡單又有效率的健康輔助食品。

Dear-Natura
黒セサミン 

廠商名稱	アサヒグループ食品
建議攝取量	1日2粒
容量 / 價格	60粒 / 1,700円

主要成分 / 含量

93 芝麻素 25 mg
12 維生素 E 60 mg
17 鋅 7 mg
22 硒 23 μg
114 瑪卡 60 mg

黑芝麻素搭配維生素E，這可說是提升活力與抗氧化的黃金組合。再搭配微量元素及瑪卡，感覺起來就很適合努力工作打拚的人，拿來幫自己每天充電。

DHC
高麗人参

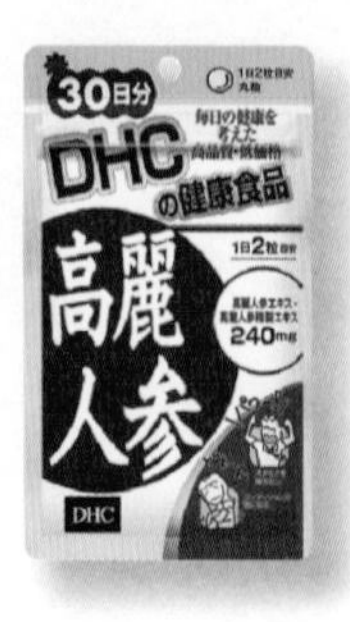

廠商名稱	DHC	建議攝取量	1 日 2 粒
容量 / 價格	60 粒 / 1,270 円		

主要成分 / 含量
103 高麗蔘萃取物 210 mg
103 高麗蔘皂苷 30 mg

選用富含皂苷及多種營養素的六年根，再以精製技術萃取出濃縮精華。除了工作忙碌需要補充體力的青壯年之外，中高齡者或體質較虛的女性也很適合拿來補精養氣。

DHC
クエン酸

廠商名稱	DHC	建議攝取量	1 日 1 包
容量 / 價格	30 包 / 500 円		

主要成分 / 含量
104 檸檬酸 500 mg
04 菸鹼酸 6.7 mg
02 維生素 B1 2.4 mg
06 維生素 B6 2.4 mg
05 泛酸 1 mg

檸檬酸搭配維生素 B 群所製成的健康輔助食品。除了適合運動後補充之外，在容易脫水中暑的夏季也很建議適量攝取。小包分裝好攜帶，且顆粒劑型入口即化，不需搭配開水也能服用。口味是清爽的柑橘風味。

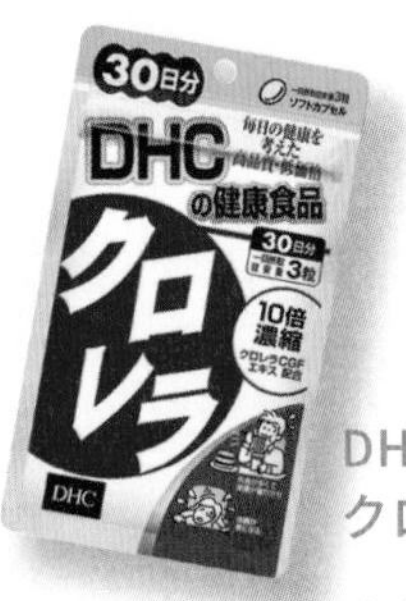

DHC
クロレラ

廠商名稱	DHC	建議攝取量	1 日 3 粒
容量 / 價格	90 粒 / 400 円		

主要成分 / 含量
105 綠藻粉末 120 mg
12 維生素 E 27 mg
105 綠藻 CGF 萃取粉末 15 mg

主打訴求為體內環保、調整均衡體質的健康輔助食品。由於綠藻為相當優秀的鹼性成分，因此很適合飲食不均衡的外食族或酸性體質者來調節身體平衡。

DHC
体力満々

廠商名稱	DHC	建議攝取量	1 日 1 粒
容量 / 價格	30 粒 / 1,810 円		

主要成分 / 含量
106 管花肉蓯蓉 230 mg
114 瑪卡粉末 30 mg
117 冬蟲夏草菌絲體 15 mg
98 精胺酸 5 mg

主成分為具備提升活力及抗老化，俗稱沙漠人參的管花肉蓯蓉，再搭配瑪卡、冬蟲夏草以及精胺酸等滋養成分。適合拿來維持體力與活力，讓自己不會一下子就沒電。

DHC
プロポリス

廠商名稱	DHC
建議攝取量	1 日 1 ～ 2 粒
容量 / 價格	120 粒 / 1,560 円

主要成分 / 含量
107 紅蜂膠萃取物 15 ～ 30 mg
38 總生育三烯酚 9.75 ～ 19.5 mg
12 維生素 E 9 ～ 18 mg
32 角鯊烯 9.95 ～ 19.9 mg

採用來自巴西熱帶雨林，其原始材料都來自於特殊雨林植物的紅蜂膠作為主成分，再利用獨特的超臨界萃取法，使萃取出來的紅蜂膠不易氧化及劣化。適合關心身體健康，想調整自身抵抗力的人。

森下仁丹
ラクトフェリン EX

廠商名稱	森下仁丹
建議攝取量	1 日 1 包
容量 / 價格	1.84 克 ×30 包 / 5,500 円

主要成分 / 含量
108 乳鐵蛋白 150 mg

能夠幫助人體調節免疫力的乳鐵蛋白單方產品。只要 1 小包，就能補充一天所需的乳鐵蛋白量。採用獨家的晶球膠囊包覆技術，可保護容易受胃酸破壞的乳鐵蛋白抵達腸道。特別適合在季節轉換之際加強攝取。

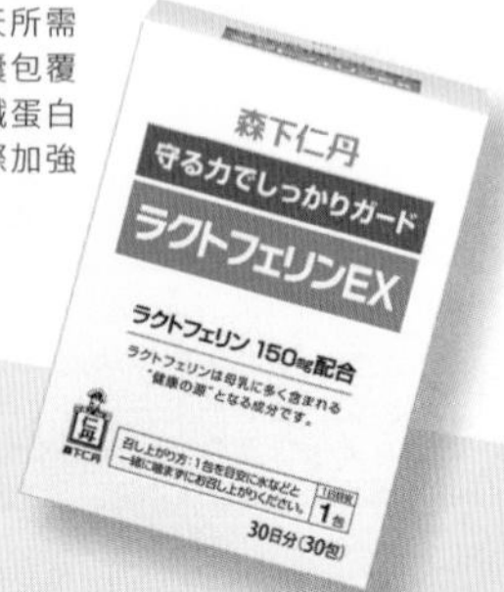

女性健康 For Women's Health

從美容保養到經期、孕期、哺乳期，甚至是更年期，女性一生當中面臨著許多生理上的轉換期。在每個不同的階段當中，女性都需要不同的成分來維持健康，因此在選擇上難免會較複雜一些。在這邊，就為女性朋友整理出市面上適合女性的代表性成分與產品。

109 大豆異黃酮

››› Soy Isoflavon · 大豆イソフラボン
››› 女性健康、骨骼健康、美容保養

異黃酮為多酚化合物，具有抗氧化力能輔助清除體內自由基。異黃酮類主要萃取來源為大豆，其結構與雌激素相似，能與雌激素的受體作用進而被體內當作雌激素作用，因此大豆異黃酮又被稱為植物性雌激素，並且被視為可以輔助改善更年期症候群。植物來源的異黃酮在研究中發現與動物性雌激素不同，研究認為和乳癌及子宮肌瘤產生應該沒有太大關連性。

110 雌馬酚

››› S-Equol · S- エクオール
››› 女性健康、骨骼健康、抗氧化、預防代謝症候群

雌馬酚是一種類似雌激素的物質，主要是大豆異黃酮與腸道菌結合後所產生的代謝物。雌馬酚對於女性有相當多的健康作用，包括改善更年期障礙、預防骨質疏鬆、女性特有的代謝症候群問題，甚至對男性的攝護腺健康也具有幫助。然而，倘若腸道內沒有特定菌種，即便攝取再多的大豆異黃酮也無法產生雌馬酚，據說有將近半數的女性無法自行產生雌馬酚。

111 蜂王漿

››› Royal Jelly · ローヤルゼリー
››› 女性健康、提升活力、提升免疫

蜂王漿又稱為蜂王乳，原本是專屬於女王蜂的營養補充品。蜂王漿中營養成分很豐富，更含有具備特殊作用的獨特成分，特別是癸烯酸及獨特蛋白質蜂王漿抗菌胜肽（Royalisin）。癸烯酸為一種不飽和脂肪酸，具有類似雌激素的作用，因此被認為可改善更年期症候群與自律神經失調症，而蜂王漿抗菌胜肽則具有抗菌的作用。

112 野葛根

››› Pueraria Mirifica · プエラリアミリフィカ
››› 女性健康

野葛根還有一個大家較為熟知的名字，就是白高顆。根部還有多種植物雌激素成分，包括異黃酮。因富含植物雌激素，所以對於減緩更年期症狀有幫助。除此之外，也被用來作為豐胸及美容的保健品。

113 葡糖基橙皮苷

››› Monoglucosyl Hesperidin · モノグルコシルヘスペリジン
››› 促進血液循環

橙皮苷是一種萃取自柑橘類果皮的成分，在歐洲被視為能夠改善心血管疾病。葡萄糖與橙皮苷結合後的葡糖基橙皮苷，具備更高的人體吸收力，因此在抗氧化、輔助改善心血管問題的作用便顯得更強。在日本的機能性表示食品當中，葡糖基橙皮苷則是因為能夠促進血液循環的關係，所以被用於輔助改善手腳末端冰涼問題的產品。

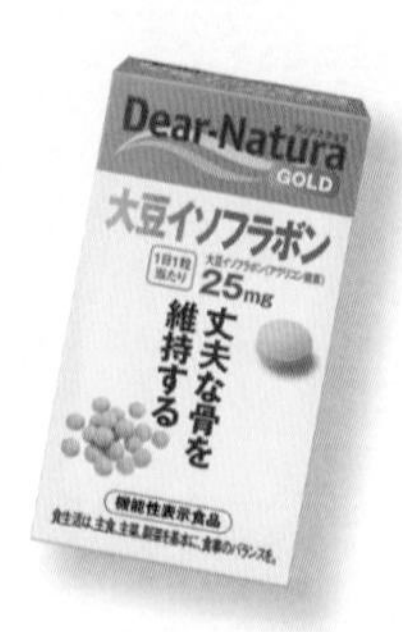

Dear-Natura GOLD 大豆イソフラボン

廠商名稱 アサヒグループ食品

建議攝取量 1日1粒

容量/價格 30粒/1,200円

主要成分/含量

109 大豆異黃酮（糖苷配基型）25 mg

糖苷配基型大豆異黃酮的單方產品。同樣能夠用來調節女性生理健康，但因為是以機能性表示食品的型態上市，所以包裝上能夠清楚標示「可維持骨骼強健」。對於只想加強補充大豆異黃酮的中高齡女性來說，是蠻不錯的選擇。

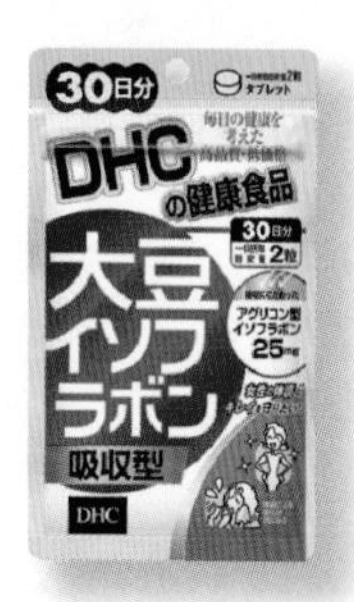

DHC 大豆イソフラボン 吸収型

廠商名稱 DHC　建議攝取量 1日2粒

容量/價格 40粒/840円、60粒/1,180円

主要成分/含量

109 大豆異黃酮（糖苷配基型）25 mg
11 維生素D 5 µg
08 葉酸 200 µg

採用分子量較小，容易受人體所吸收的糖苷配基型大豆異黃酮作為主成分，再搭配能夠調節月經週期的啤酒花萃取物與亞麻籽萃取物。除此之外，還添加有益女性健康的維生素D及葉酸。特別適合中高齡女性用來調節健康狀態。

小林製薬 発酵大豆イソフラボン エクオール

廠商名稱 小林製薬

建議攝取量 1日1粒

容量/價格 30粒/2,500円

主要成分/含量

110 雌馬酚 2 mg
95 茶胺酸 25 mg

專為中高年女性所開發的雌馬酚複方補充產品。其他成分包括能夠改善經期不順的黑升麻，以及可以穩定情緒的茶胺酸。整體感覺起來，是兼顧安撫女性心理層面變化的產品。

DHC 大豆イソフラボン エクオール

廠商名稱 DHC　建議攝取量 1日1粒

容量/價格 20粒/2,650円、30粒/3,700円

主要成分/含量

110 雌馬酚 10 mg

只要1粒，就可補充一天所需的雌馬酚。對於自體無法產生雌馬酚的中高齡女性來說，是相當方便的補充方式。為避免雌馬酚的作用過強或減弱，通常建議避免和大豆異黃酮、納豆激素以及蜂王漿等女性取向的產品同時攝取。

SCALP-D ボーテ ホルモーナ

廠商名稱 アンファー

建議攝取量 1日6粒

容量/價格 168粒/4,630円

主要成分/含量

110 雌馬酚 10 mg
103 高麗蔘 50 mg
114 瑪卡 50 mg
15 鈣 300 mg
18 鐵 10 mg
02 維生素B1 10 mg
03 維生素B2 20 mg
06 維生素B6 25 mg
09 維生素B12 10 µg
04 菸鹼酸 20 mg
05 泛酸 20 mg
12 維生素E 6.3 mg

專為年過40歲之後，身體健康狀況顯得較不穩定的女性所開發，使用近年來在日本相當受到注目成分的馬雌酚補充品。除此之外，還添加黑升麻、鈣、鐵以及維生素B群，可說是強化女性生理健康的綜合維生素。

DHC 酵素分解 ローヤルゼリー

廠商名稱 DHC 建議攝取量 1 日 4 粒

容量 / 價格 120 粒 / 3,800 円

主要成分 / 含量

111 蜂王漿 3,000 mg	11 維生素 D 2.5 μg
109 大豆異黃酮 30 mg	08 葉酸 200 μg
17 鋅 5 mg	

兼顧女性健康及美容的蜂王漿產品。考量到人體的吸收效率，特別採用好吸收的酵素分解蜂王漿，再搭配大豆異黃酮與多種有益女性健康的維生素及礦物質。

DHC パーフェクトサプリ ビタミン＆ミネラル 妊娠期用

廠商名稱 DHC 建議攝取量 1 日 3 粒

容量 / 價格 90 粒 / 1,980 円

主要成分 / 含量

80 二十二碳六烯酸（DHA）200 mg	06 維生素 B6 1.7 mg
87 前花青素 18 mg	09 維生素 B12 2.5 μg
67 乳酸桿菌（FK-23）4 億個	11 維生素 D 2.5 μg
02 維生素 B1 1.3 mg	08 葉酸 400 μg
03 維生素 B2 1.3 mg	15 鈣 100 mg
	18 鐵 10 mg
	17 鋅 1 mg

專為懷孕期婦女所開發的綜合型維生素與礦物質。除了強化懷孕期間，維持胎兒健康所需的葉酸含量之外，也搭配能夠維持婦女健康的前花青素。每日建議攝取量中，整體成分及含量是以孕婦及胎兒健康所設計。

DHC パーフェクトサプリ ビタミン＆ミネラル 授乳期用

廠商名稱 DHC 建議攝取量 1 日 4 粒

容量 / 價格 120 粒 / 1,280 円

主要成分 / 含量

80 二十二碳六烯酸（DHA）200 mg	06 維生素 B6 1.7 mg
61 葉黃素 4 mg	09 維生素 B12 2.5 μg
60 β- 胡蘿蔔素 5.4 mg	10 維生素 C 50 mg
108 乳鐵蛋白 2.5 mg	11 維生素 D 2.5 μg
67 乳酸桿菌（FK-23）4 億個	08 葉酸 280 μg
02 維生素 B1 1.3 mg	15 鈣 100 mg
03 維生素 B2 1.3 mg	18 鐵 2.5 mg
	17 鋅 1 mg

專為哺乳期婦女所開發，兼顧媽媽營養攝取需求，也不會影響母乳成分的綜合型維生素與礦物質。全部共有 15 種營養成分，其中包括提升免疫力的乳鐵蛋白與視力健康的葉黃素及胡蘿蔔素。每日建議攝取量中，整體成分及含量是以孕婦及胎兒健康所設計。

SUNTORY ローヤルゼリー ＋セサミン E

廠商名稱 SUNTORY WELLNESS LIMITED

建議攝取量 1 日 4 粒

容量 / 價格 120 粒 / 5,500 円

主要成分 / 含量

111 蜂王漿 1,800 mg	12 維生素 E 9 mg
93 芝麻素 10 mg	15 鈣 120 mg
10 維生素 C 100 mg	27 神經醯胺（Ceramide）600 μg
11 維生素 D 5 μg	

三得利所推出的蜂王乳＋芝麻明 E 最特別的地方，就是搭配可以輔助睡眠的招牌成分「芝麻明 E」，輔助促進代謝循環從基底打造紅潤好氣色。除此之外，還搭配多種維生素及鎖水聖品神經醯胺來強化保水美容效果，能一次對付熟齡女性容易遇到的困擾，可說是內外兼顧的蜂王乳產品。

DHC プレグム

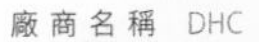

廠商名稱 DHC

建議攝取量 1 日 1 包（3 粒）

容量 / 價格 30 包 / 6,000 円

主要成分 / 含量

109 大豆異黃酮（糖苷配基型）20 mg	03 維生素 B2 1.2 mg
87 前花青素 36 mg	06 維生素 B6 1 mg
100 還原型輔酶 Q10 20 mg	09 維生素 B12 3 μg
	08 葉酸 400 μg
	11 維生素 D 20 μg

適合想先調節身體狀態，做好懷孕準備的女性。這款健康輔助食品市場上仍算少數的「孕活產品」，最主要的成分是含前花青素的碧蘿芷（Pycnogenol®）與萃取自麴菌發酵大豆胚芽的糖苷配基型大豆異黃酮，可改善婦女健康問題，輔助實現適合懷孕的體質環境。另外還有一個特別的成分，那就是在日本研究能輔助多囊性卵巢者孕活的「舞茸地復仙」（Maitake D-fraction）。服用時建議避免和蜂王漿產品一同攝取。

小林製薬 葉酸 鉄 カルシウム

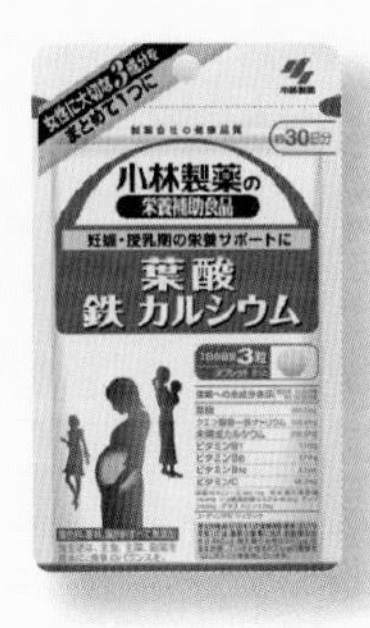

廠商名稱 小林製薬

建議攝取量 1 日 3 粒

容量 / 價格 90 粒 / 950 円

主要成分 / 含量

08 葉酸 480 μg	06 維生素 B6 1.7 mg
18 鐵 13.5 mg	09 維生素 B12 2.3 μg
15 鈣 90 mg	10 維生素 C 95 mg
02 維生素 B1 1.1 mg	

強化葉酸、鐵質及鈣質等懷孕及哺乳期間，對於女性很重要的三大營養素，再搭配維生素 B 群的補充品。很適合不知道如何區別懷孕期及哺乳期的營養補充品，但又想要攝取基本營養素的女性。

井藤漢方製薬 40代女性の オールインワンサプリ

廠商名稱　井藤漢方製薬

建議攝取量　1日8粒

容量／價格　120粒／1,200円

主要成分／含量

01	維生素A 550 µg	25	膠原蛋白 100 mg
02	維生素B1 1.1 mg	31	半胱胺酸 10 mg
03	維生素B2 1.2 mg	67	乳酸桿菌 170億個
06	維生素B6 1.2 mg	121	銀杏葉萃取物 10 mg
07	生物素 170 µg	78	納豆激素 500 FU
09	維生素B12 2.4 µg	114	瑪卡 100 mg
10	維生素C 500 mg	63	藍莓 20 mg
15	鈣 100 mg	28	胎盤素 100 mg
16	鎂 29 mg	26	玻尿酸 20 mg
18	鐵 4.3 mg	47	硫辛酸 3 mg

考量40世代女性的營養需求，濃縮23種營養素所打造而成的健康輔助食品。除了基本的維生素及礦物質之外，還搭配多種腸活、美肌與活力成分，適合想簡單滿足多種健康需求的忙碌女性。

DHC エステミックス

廠商名稱　DHC　建議攝取量　1日3粒

容量／價格　90粒／1,700円

主要成分／含量

112	野葛根 72 mg	06	維生素B6 3 mg
25	膠原蛋白胜肽 67.8 mg	09	維生素B12 6 µg
73	硫酸軟骨素 10.5 mg	10	維生素C 30 mg
111	蜂王漿 63 mg	12	維生素E 21 mg
02	維生素B1 3 mg	60	β-胡蘿蔔素 3 mg
03	維生素B2 0.6 mg	22	硒 30 µg

融合9種健康美容成分，專為女性所開發的健康輔助食品。由於野葛根當中含有植物雌激素，所以在攝取方面應注意別過量。另外，懷孕哺乳婦女以及罹患婦女疾病者避免攝取，或務必諮詢醫師意見後攝取。

DHC ネイリッチ

廠商名稱　DHC　建議攝取量　1日3粒

容量／價格　90粒／1,524円

主要成分／含量

25	膠原蛋白胜肽 120 mg	18	鐵 1 mg
77	甲基硫醯基甲烷（MSM）25 mg	22	硒 23 µg
31	半胱胺酸 25 mg	10	維生素C 5 mg
17	鋅 2.1 mg	60	β-胡蘿蔔素 1,620 µg
		07	生物素 25 µg

主成分角蛋白搭配眾多美容成分，專為女性打造的美甲保健品。許多女性都因為日常營養攝取不足，造成指甲上出現許多直紋，或是變得容易斷裂、凹凸不平、彎曲或是有小白點出現。想要解決這些指甲問題，可以嘗試用來保養傷痕累累的指甲。

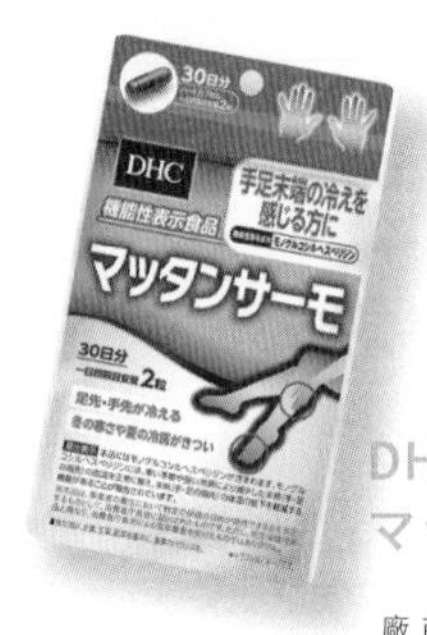

DHC マッタンサーモ

廠商名稱　DHC　建議攝取量　1日2粒

容量／價格　60粒／1,850円

主要成分／含量

113　葡糖基橙皮苷 375 mg

目前日本市面上仍屬少見的末梢溫熱型產品。利用主成分葡糖基橙皮苷能夠輔助促進血液循環的作用，發揮提升末梢體溫的效果。手腳經常冰涼得像從冰箱裡走出來的人，可以嘗試看看。

DHC 香るブルガリアン ローズカプセル

廠商名稱　DHC　建議攝取量　1日2粒

容量／價格　40粒／1,240円、60粒／1,690円

主要成分／含量

12　維生素E 10 mg

採用100%天然大馬士革玫瑰精油所製成的香氛膠囊。一整包所含的玫瑰精油量竟然等同850朵大馬士革玫瑰。吞服膠囊之後，玫瑰精油就能散發出優雅的迷人香味。不只是女性，就連在意體味的男性也很適合。

DHC オーラルクリア SS-K12

廠商名稱　DHC　建議攝取量　1日1粒

容量／價格　30粒／1,200円

主要成分／含量

67　乳酸桿菌（SS-K12）8 mg

SS-K12乳酸菌搭配木糖醇所打造而成的口腔護理咀嚼錠。只要在刷牙之後或睡前咀嚼一粒，就能對付口腔中無法完全刷淨的黏膩感，而且還能維持清新的口氣。不只是女性，其實男性及孩童也都可以使用。

男性保養 For Men's Health

大部分的男性保養重點，都鎖定在體力與精力上的表現。隨著生物科技不斷進步，以及稀有成分不斷問世，能夠幫助男性重振雄風的產品越來越多。不過在工作過勞與晚婚化等社會背景之下，日本甚至開始出現男性孕活以及專屬男性的綜合保健品。

114 瑪卡

››› Maca · マカ

››› 提升活力、提升免疫、促進血液循環

瑪卡又稱作祕魯人蔘，含有胺基酸、維生素、礦物質、生物鹼、多醣體、牛磺酸等成分。經由萃取出的成分會做為營養補充劑使用，有提升能量及維持體力的作用。其中瑪卡的獨特成分瑪卡烯被發現有促進男性性欲的輔助效果，因此被認為能輔助性功能。

115 瓜胺酸

››› Citrulline · シトルリン

››› 提升活力、提升免疫、促進血液循環

瓜胺酸能在人體轉化成精胺酸，而精胺酸是合成一氧化氮的前驅物，且能輔助促進一氧化氮產生。一氧化氮在體內具能放鬆及擴張體內血管的重要作用，因此用以輔助改善心血管功能，幫助血流循環進而輔助男性性福。

116 東革阿里

››› Tongkat Ari・トンカットアリ
››› 提升活力、改善疲勞、抗菌

東革阿里素有「馬來人蔘」之稱，研究發現東革阿里的根部具有輔助睪固酮濃度的功效。男性在 20 歲過後體內睪固酮逐漸下降，50 歲之後甚至會低於水平，因此會對體力及性功能產生影響，因此，便有健康輔助食品利用東革阿里開發出適合男性提升活力的產品。此外，東革阿里的萃取物也被發現有減輕疲勞、提升活力、抗菌及解熱等輔助效果。

117 冬蟲夏草

››› Ophiocordyceps Sinensis・冬虫夏草
››› 提升活力、提升免疫、促進代謝

早在數千年之前，人們就已經將冬蟲夏草作為醫療成分。根據古籍紀載，冬蟲夏草具有益肺腎、補精髓、止血化痰等功能。現代醫學更發現其菌絲體能夠對抗疲勞、提升細胞免疫機制、加強胰島素的敏感性，同時也具有護肝功效，提升肝臟的解毒能力，並且避免肝炎患者的肝纖維化。

118 Testofen®（葫蘆巴萃取物）

››› Testofen®・テストフェン
››› 提升活力

葫蘆巴是一種常見的香料種類，但在中醫當中則是用來治療腎虛等男性疾病，甚至還能輔助降低過高的膽固醇及血糖。在歐美國家，將葫蘆巴萃取物製成健康輔助食品已行之有年，通常都是開發成輔助運動或男性性福的產品。

119 Runpep®（機能性蛋白胜肽）

››› Runpep®・ランペップ
››› 促進血液循環

Runpep®是一種利用特殊酵素，將蛋白胜肽小分子化之後所獲得的專利成分，其最主要的功能就是促進一氧化氮產生，藉此讓人體血管擴張，並使血液循環變好。由於 Runpep®能夠增加末梢血流量，因此又作為輔助改善男性機能的成分。

小林製薬
マカ・亜鉛
PREMIUM

廠商名稱	小林製薬
建議攝取量	1日3粒
容量 / 價格	90粒 / 2,700円

主要成分 / 含量

114 瑪卡 130 mg
17 鋅 10 mg
103 高麗蔘 4 mg
98 精胺酸 100 mg
115 左旋瓜胺酸 100 mg

精選瑪卡、鋅、高麗蔘、精胺酸、瓜胺酸以及刺五加等養精補氣與提升精力的成分，適合任何年齡層的男性拿來維持精神與活力。

井藤漢方製薬
亜鉛マカ
＋シトルリン

廠商名稱	井藤漢方製薬
建議攝取量	1日3粒
容量 / 價格	60粒 / 1,400円

主要成分 / 含量

114 瑪卡 150 mg
17 鋅 15 mg
115 左旋瓜胺酸 200 mg

集結瑪卡、鋅以及瓜胺酸等三大提升男性精力的成分，而且在同質性產品當中，含量屬於相當高水準。

DHC
トンカットアリエキス

廠商名稱	DHC
建議攝取量	1日1粒
容量 / 價格	20粒 / 1,715円、30粒 / 2,477円

主要成分 / 含量

116 東革阿里 65 mg
05 泛酸 9.2 mg
17 鋅 5 mg
22 硒 20 μg

採集生長於馬來西亞熱帶雨林的東格阿里，並從其根部萃取後濃縮100倍的草本精華。適合最近感到心有餘而力不足，同時想提升職場活力及性福表現的男性。

MEN'S HEALTH
スタンドアップ

採用兩種能夠提升男性機能表現的專利成分，再搭配傳統中藥材中用來提升男性精力的蝮蛇粉、馬心粉、蠍粉、鱉粉以及蟻粉等12種輔助成分。對於想要同時提升心理及生理表現的男性來說，這種組合的產品值得參考。

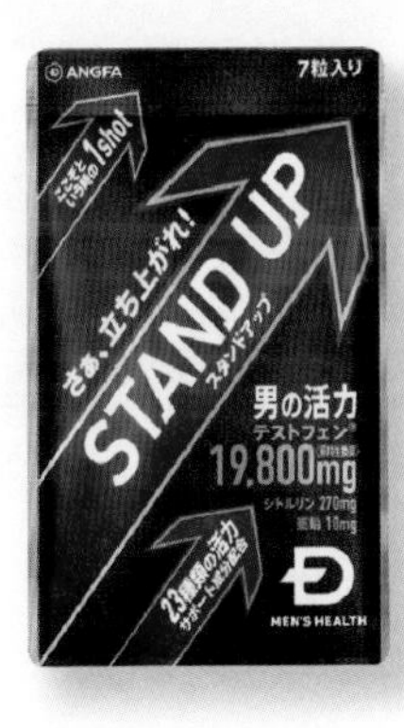

廠商名稱	アンファー
建議攝取量	1日1包
容量 / 價格	7粒 / 600円

主要成分 / 含量

118 Testofen®（葫蘆巴萃取物）600 mg
119 Runpep®（機能性蛋白胜肽）400 mg
115 左旋瓜胺酸 270 mg
38 生育三烯酚 20 mg

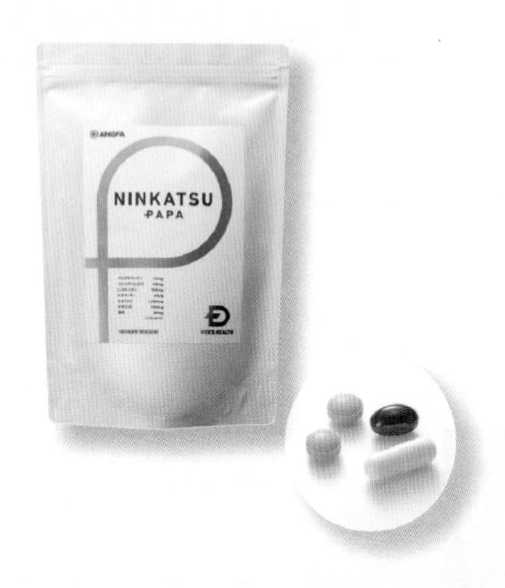

MEN'S HEALTH
ニンカツパパ

商品名稱很有趣，就叫做「孕活爸爸」。從商品名稱就不難看出，這是一款市面上相當少見的男性孕活保健品。主要使用抗氧化成分碧蘿芷及 AglyMax ®搭配多重調節生理機能的輔助成分，還特別添加萃取自大豆，在人體合成蛋白質與細胞分裂上都相當重要的專利成分「SOYPOLYA™（大豆多元胺）」。

廠商名稱　アンファー

建議攝取量　1日3包

容量 / 價格　4粒×90包 / 12,000円

主要成分 / 含量

10 維生素 C 1,000 mg
17 鋅 30 mg
09 維生素 B12 60 µg
36 蝦青素 16 mg
12 維生素 E 150 mg
39 輔酶 Q10 90 mg
48 左旋肉鹼 750 mg

MEN'S HEALTH
AS10

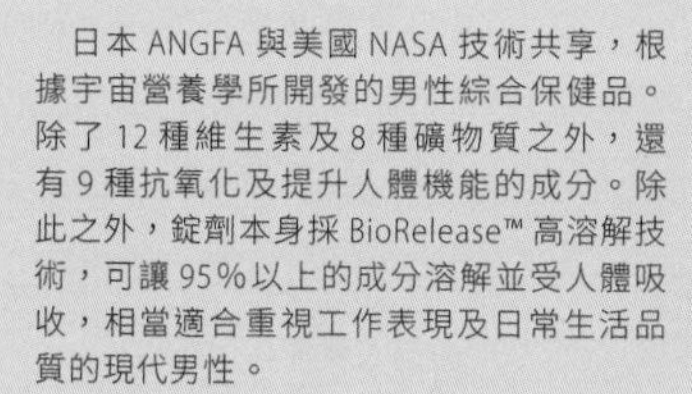

日本 ANGFA 與美國 NASA 技術共享，根據宇宙營養學所開發的男性綜合保健品。除了 12 種維生素及 8 種礦物質之外，還有 9 種抗氧化及提升人體機能的成分。除此之外，錠劑本身採 BioRelease™ 高溶解技術，可讓 95%以上的成分溶解並受人體吸收，相當適合重視工作表現及日常生活品質的現代男性。

廠商名稱　アンファー

建議攝取量　1日4粒

容量 / 價格　120粒 / 10,000円

主要成分 / 含量

12 種維生素、8 種礦物質及 9 種抗氧化等各種機能成分

SCALP-D
スカルプ D
サプリメント ゴールド
ハイブリッド プロテイン
（リッチヨーグルト味）

SCALP-D 乳清蛋白粉系列當中的頂級版本。除了最基本的高品質乳清蛋白之外，還搭配 18 種胺基酸與三大機能成分。最為特殊的機能成分，就屬能夠顧及毛髮所需的糖苷配基型大豆異黃酮。

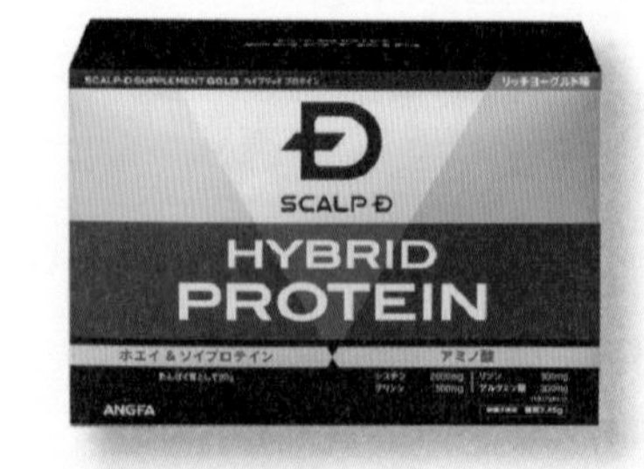

廠商名稱　アンファー

建議攝取量
1日1包，溶於 200cc 的水或牛乳後飲用。

容量 / 價格　810克 / 6,574円

主要成分 / 含量

31 L- 半胱胺酸 2,000 mg
99 甘胺酸 500 mg
67 乳酸桿菌 100 億個
47 硫辛酸 45 mg
109 大豆異黃酮（糖苷配基型）4.5 mg

高齡者健康 For Seniors' Health

現代人越來越長壽，但長壽不只是活的久更要活得健康。在追求健康長壽的背景之下，市面上出現了許多專為高齡者健康所開發的健康輔助商品。其中，最常見的類型是透過抗氧化或促進血液循環等作用，來改善增齡所引起的生理機能變化。除此之外，還有不少產品是針對強化腦力，或是針對增齡男性可能會遇到的攝護腺健康問題所開發。

120 類黃酮苷

››› Flavonoid Glycoside．フラボノイド配糖体

››› 抗氧化

類黃酮苷是一種強抗氧化物，在銀杏葉中含量高，會被提煉做為保護血液循環的營養品。老化過程會使血管漸漸缺乏彈性，特別是需要穩定血循的大腦與身體末梢容易受影響，而類黃酮苷能對抗氧化的傷害，幫助維持心血管的良好狀態。

121 烯帖內酯

››› Terpene Lactone．テルペンラクトン

››› 促進血液循環

銀杏葉中含有高量的烯帖內酯，常常被當作銀髮族的保健營養品，因為它具有擴張血管的作用，對於末梢循環較差的長者有一定的幫助，因為人體末梢部位常常是血液循環較差的地方，若末梢組織常常缺乏血液滋養，就可能會逐漸地退化甚至壞死。

122 縮醛磷脂

››› Plasmalogen・プラズマローゲン
››› 提升腦力

縮醛磷脂由肝臟製造，在大腦組織中含量高，但是隨著老化以及現代文明病的發生，組織中的含量會漸漸減少。有研究指出，縮醛磷脂的減少和阿茲海默症等神經退行性疾病有關。對於高齡者來說，有可能因進食量減少而加重縮醛磷脂的缺乏。

123 猴頭菇

››› Hericium Erinaceus・山伏茸（ヤマブシタケ）
››› 提升腦力、提升免疫

近年來越來越多食療研究探討延緩老化，猴頭菇就是其中一項。老化與氧化息息相關，而猴頭菇中的成分（如多酚化合物）具有對抗身體氧化壓力的作用。另外，猴頭菇富含多醣體，能夠提升人體免疫力，而且多種維生素與礦物質亦能提供身體所需，因此猴頭菇總是被視為延年益壽的食材。

124 南瓜籽油

››› Pumpkin Seed Oil・カボチャ種子油
››› 抗氧化、攝護腺健康

南瓜籽油含有優質的單元及多元不飽和脂肪酸，以及強抗氧化物維生素 E。有研究發現，多酚化合物在體內腸道細菌代謝後的產物能夠作為調節性荷爾蒙的輔助成分，因此經常運用在高齡者因老化所引發的賀爾蒙不平衡問題。南瓜籽油富含鋅，可輔助攝護腺保健。

125 鋸棕櫚

››› Saw Palmetto・ノコギリヤシ
››› 抗發炎、泌尿系統健康

鋸棕櫚為美國東南部特有棕櫚樹，鋸棕櫚漿果最早被美國印第安人用以治療前列腺疾病及尿道感染或作為一種溫和的利尿劑使用。鋸棕櫚萃取物中含有脂肪酸、植物固醇、黃酮等，而其漿果萃取物含有多醣，可以減少炎症或輔助免疫系統。另外也有研究顯示其萃取物可輔助改善男性雄激素性脫髮。

DHC
イチョウ葉
脳内 α

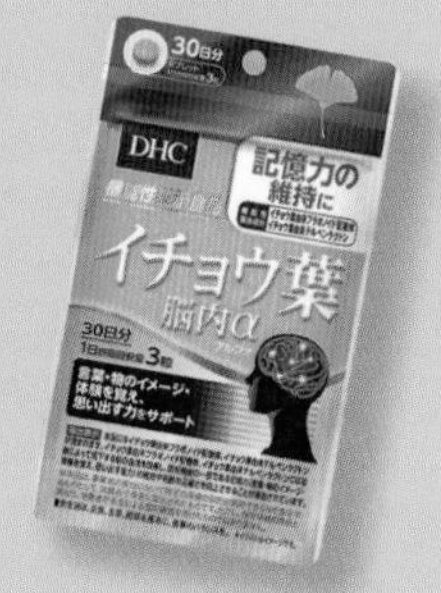

廠商名稱 DHC 建議攝取量 1 日 3 粒

容量 / 價格
45 粒 / 460 円、60 粒 / 590 円、90 粒 / 810 円

主要成分 / 含量
120 類黃酮苷 43.2 mg
121 烯帖內酯 10.8 mg
04 菸鹼酸 8.8 mg
05 泛酸 3 mg
06 維生素 B6 0.9 mg
03 維生素 B2 0.7 mg
02 維生素 B1 0.7 mg

從銀杏葉萃取出兩種機能性成分，透過改善腦部血流狀態來輔助維持記憶力的機能性表示食品。除了高齡者之外，經常忙到思緒紊亂的上班族其實也很需要。攝取此類保健品時，應避免和抗凝血藥物一起服用。

Health Aid®
イチョウ葉

廠商名稱 森下仁丹

建議攝取量 1 日 1 包

容量 / 價格 1.58 克 ×30 包 / 3,600 円

主要成分 / 含量
120 類黃酮苷 29 mg
121 烯帖內酯 8 mg

採用銀杏葉兩種機能性成分，可幫助中高齡者維持記憶力的機能性表示食品。晶球膠囊本身體積小，對於吞嚥能力差的長輩來說，吞服起來較一般錠劑安全且簡單。

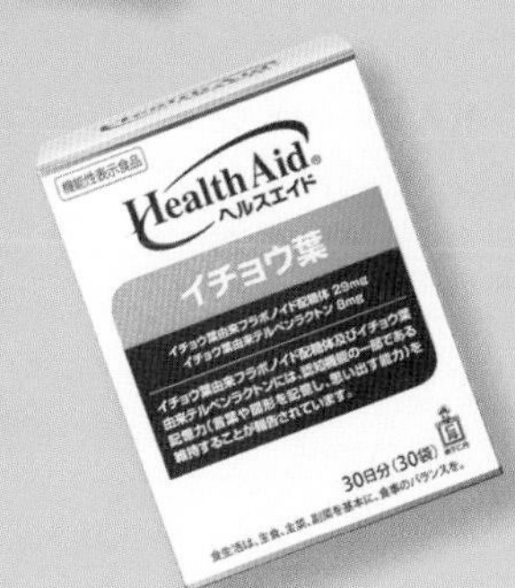

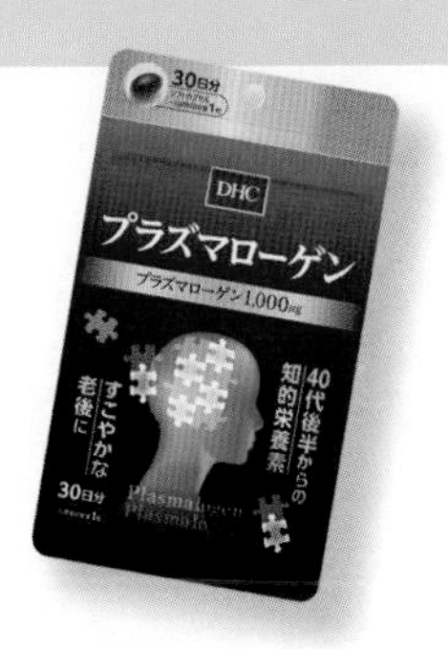

小林製薬
DHA イチョウ葉
アスタキサンチン

廠商名稱 小林製薬

建議攝取量 1 日 3 粒

容量 / 價格 90 粒 / 2,800 円

主要成分 / 含量
120 類黃酮苷 28.8 mg
121 烯帖內酯 7.2 mg
12 維生素 E 1.8 mg
80 DHA（二十二碳六烯酸）250 mg
79 EPA（二十碳五烯酸）32 mg
36 蝦青素 2 mg

除了銀杏葉兩大萃取成分之外，還搭配 DHA、EPA 這些有助於腦部健康的血流順暢成分，另外還強化兩種抗氧化成分，是銀杏產品較少見的組合。

DHC
プラズマローゲン

廠商名稱 DHC 建議攝取量 1 日 1 粒

容量 / 價格 30 粒 / 3,200 円

主要成分 / 含量
122 縮醛磷脂 1,000 μg
123 猴頭菇子實體萃取粉末 50 mg

專為腦力逐年衰退的 40 世代所開發，採用縮醛磷脂及猴頭菇子實體的腦部健康保健品。除此之外，還搭配能夠抗壓及提升專注力的專利成分松葉菊「Zembrin®」。若希望自己老了之後還能維持清晰思緒，及早預約腦力似乎也是不錯的方式。

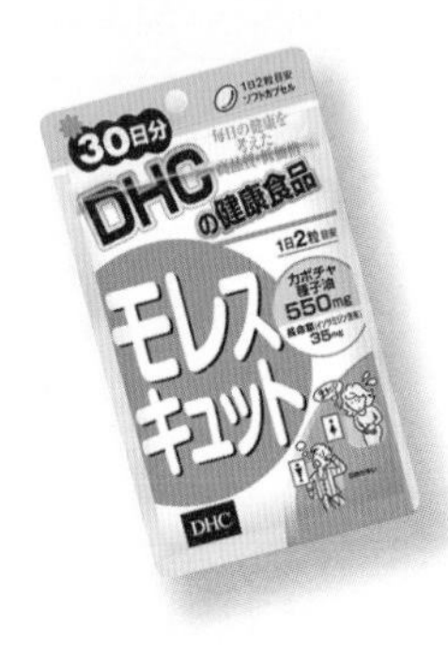

DHC
モレスキュット

健康輔助食品

廠商名稱 DHC	建議攝取量 1日2粒
容量 / 價格 60粒 / 1,850円	

主要成分 / 含量

124 南瓜籽油 550 mg	37 番茄紅素 0.5 mg
36 蝦青素 0.5 mg	12 維生素 E 5 mg

專為上廁所次數多或夜尿頻繁者所開發的健康輔助食品。除了主成分南瓜籽油之外，還搭配多種抗氧化素材，幫助維持身體不生鏽。另外還有一個特別的成分，那就是具備改善膀胱過動作用的長命草萃取物。除了高齡者之外，有相關問題的女性也很適合。

DHC
ノコギリヤシ EX 和漢プラス

健康輔助食品

廠商名稱 DHC	建議攝取量 1日3粒
容量 / 價格 60粒 / 1,640円、90粒 / 2,300円	

主要成分 / 含量

125 鋸棕櫚 340 mg	37 番茄紅素 2 mg
124 南瓜籽油 100 mg	11 維生素 D 2.5 µg
85 植物固醇 70 mg	22 硒 30µg

原本是美國原住民族用來提升中高齡男性健康的鋸棕櫚，近年來成為日本相當火紅的男性泌尿道健康成份。除了鋸棕櫚萃取物之外，DHC推出的這包產品，還添加多種抗氧化及中藥材成分，很適合如廁次數變多，以及總是有殘尿感的男性補充。

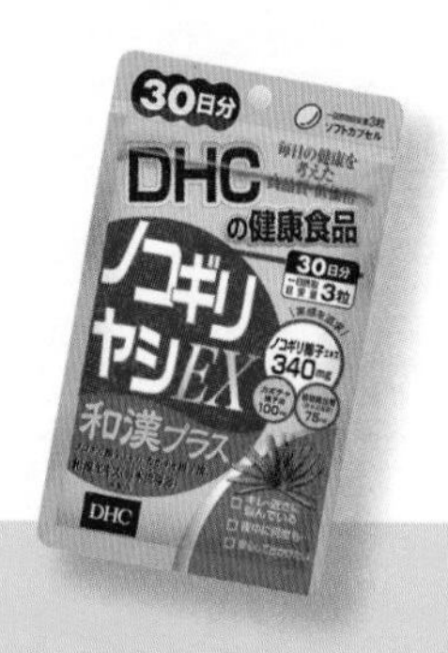

DHC
コツプレミアム CBP

健康輔助食品

廠商名稱 DHC	建議攝取量 1日1粒
容量 / 價格 30粒 / 1,429円	

主要成分 / 含量

75 CBP 濃縮乳清活性蛋白質 60 mg

成分採用日本當今最受注目，可幫助骨骼更加強健的 CBP 濃縮乳清活性蛋白質。每1粒當中含有60毫克的 CBP，相當於40公升牛奶當中的含量，非常適合家中的長輩拿來強化骨骼。

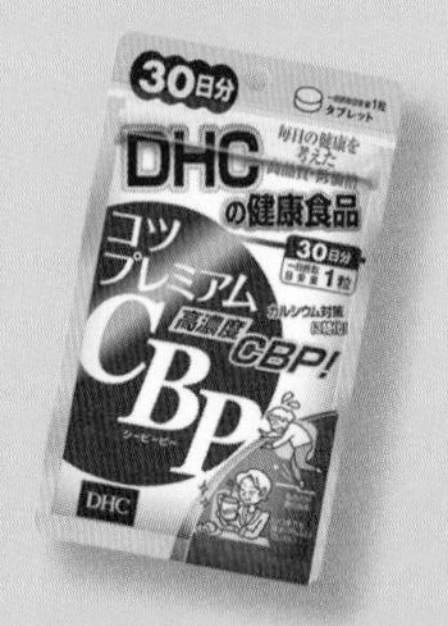

DHC
ボリュームトップ

健康輔助食品

廠商名稱 DHC	建議攝取量 1日6粒
容量 / 價格 180粒 / 3,048円	

主要成分 / 含量

14種增量強韌成分

針對中高齡者髮根無力扁塌，造成髮量看起來偏少的問題所開發，無論男性或女性都適合的產品。市面上主打養髮的健康輔助食品並不算多，可以嘗試透過這樣的產品來滋養髮活力。

孩童保養 For Children's Health

不只是成年人，就連孩童也會因為生活型態的改變，或者是飲食不均衡的問題而需要透過健康輔助食品來補充不足的營養。為了提升接受度，專為孩童所開發的產品都有個大原則，那就是吃起來要好吃，而且方便不像吞藥。

廠商名稱 DHC

建議攝取量
1日2次，每次以10克溶於150 CC的牛乳後飲用。

容量 / 價格 300g/ 1,286円

主要成分 / 含量
75 CBP濃縮乳清活性蛋白質 12 mg
80 DHA（二十二碳六烯酸）40 mg
04 菸鹼酸 8.6 mg
05 泛酸 2.8 mg
02 維生素B1 0.74 mg
03 維生素B2 0.47 mg
06 維生素B6 0.74 mg
11 維生素D 3.2 µg
15 鈣 280 mg
18 鐵 6.6 mg

DHC のびっこ CBP

強化健骨配方的兒童專用綜合保健品，加入牛奶之後感覺就像巧克力牛奶一般好喝。

廠商名稱 井藤漢方製薬

建議攝取量 1日4粒

容量 / 價格 80粒 / 1,400円

主要成分 / 含量
15 鈣 600 mg
18 鐵 2.5 mg
01 維生素A 170 µg
02 維生素B1 0.3 mg
03 維生素B2 0.4 mg
10 維生素C 20 mg
11 維生素D 3 µg

井藤漢方製薬 Kids ハグ 骨太セノビロー チュアブル

主打孩童成長中最重要的健骨機能，除鈣質之外，還有多種孩童成長時所需的維生素。葡萄口味的咀嚼錠，吃起來就像糖果一樣。

廠商名稱 井藤漢方製薬

建議攝取量 1日1包

容量 / 價格 2克 ×30包 / 1,400円

主要成分 / 含量
15 鈣 600 mg
11 維生素D 3 µg
67 乳酸桿菌 30億個

井藤漢方製薬 Kids ハグ カルシウム&乳酸菌

小小1包就含有1.5杯牛奶所含的鈣質，再搭配輔助鈣質吸收的維生素D，以及維持腸道健康的乳酸菌。草莓口味的分包顆粒，入口即化不需配開水也能服用。

廠商名稱 井藤漢方製薬

建議攝取量
1日1袋，溶於50～70 CC的水之後飲用。

容量 / 價格 2克 ×15包 / 1,400円

主要成分 / 含量
71 大麥若葉 1 g
67 乳酸桿菌 100億個
01 維生素A 167 µg
02 維生素B1 0.24 mg
03 維生素B2 0.27 mg
10 維生素C 14 mg
15 鈣 200 mg
18 鐵 1.9 mg

井藤漢方製薬 Kids ハグ フルーツ青汁

許多孩子偏食且蔬果攝取不足，而且要他們喝傳統青汁又像要他們的命一樣。不過井藤漢方所開發的這款蘋果口味青汁，可以大大改善孩童對青汁的接受度。

UHA
グミサプリ
KIDS SPORTS

廠商名稱　UHA 味覚糖

建議攝取量　1 日 5 粒

容量 / 價格　110g / 880 円

主要成分 / 含量

15 鈣 200 mg
18 鐵 2 mg
03 維生素 B6 0.8 mg
11 維生素 D 3 μg
25 膠原蛋白 150 mg

專為挑食不愛喝牛奶的孩童所設計，添加鈣質與鐵質等營養素的鳳梨芒果口味軟糖。另外還搭配可輔助腦部發育，母乳中也有的營養素 α-GPC。包裝有 2 款設計，內容物組成相同。

井藤漢方製薬
Kids ハグ 肝油

廠商名稱　井藤漢方製薬

建議攝取量　1 日 3 粒

容量 / 價格　90 粒 / 1,400 円

主要成分 / 含量

01 維生素 A 600 μg
11 維生素 D 4.5 μg
03 維生素 B6 0.6 mg
07 生物素 17.5 μg
04 菸鹼酸 6.5 mg

清爽的青蘋果口味咀嚼錠。主成分為肝油當中所富含的維生素 A，再搭配多種維生素，可幫助孩子維持眼睛健康，並補足日常所需的營養素。

井藤漢方製薬
Kids ハグ DHA

廠商名稱　井藤漢方製薬

建議攝取量　1 日 3 粒

容量 / 價格　60 粒 / 1,400 円

主要成分 / 含量

80 DHA（二十二碳六烯酸）50 mg
79 EPA（二十碳五烯酸）10 mg

讓孩子可以像吃糖一樣，簡單補充 DHA 與 EPA，強化腦部發育及學習力的香蕉口味咀嚼錠。

UHA
グミサプリ
KIDS STUDY

廠商名稱　UHA 味覚糖

建議攝取量　1 日 5 粒

容量 / 價格　110g / 880 円

主要成分 / 含量

80 DHA（二十二碳六烯酸）50 mg
61 葉黃素 2 mg
25 膠原蛋白 220 mg

專為學習期孩童所開發，搭配 DHA 及葉黃素的柑橘檸檬軟糖。另外還搭配可輔助腦部發育，母乳中也有的營養素 α-GPC。包裝有 2 款設計，內容物組成相同。

健康輔助食品 好好吃！

日本的健康輔助食品不只講求體感，現在更要求口感！雖然絕大部分的產品都長得像藥丸一般，但現在軟糖型態的產品卻悄悄成為新主流。目前日本市面上有許多軟糖型的健康輔助食品，其中但最容易入手的廠牌則是 DHC 以及 UHA 味覺糖這兩家。

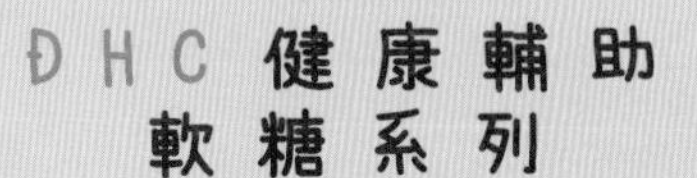

DHC 健康輔助軟糖系列

整體來說，DHC 的軟糖口感較軟，銷售通路則是以日本全家便利商店以及 DHC 的直營門市和網路商店為主。

DHC サプリ de グミ ブルーベリー ブルーベリー味

藍莓口味｜眼睛健康

健康輔助食品

建議攝取量 1 日 2 粒

容量 / 價格 14 粒 / 335 円

主要成分 / 含量

63 藍莓 140 mg

DHC サプリ de グミ 食物纖維 マスカット味

白葡萄口味｜咕嚕順暢

健康輔助食品

建議攝取量 1 日 2 粒

容量 / 價格 14 粒 / 250 円

主要成分 / 含量

69 膳食纖維 1.4 g

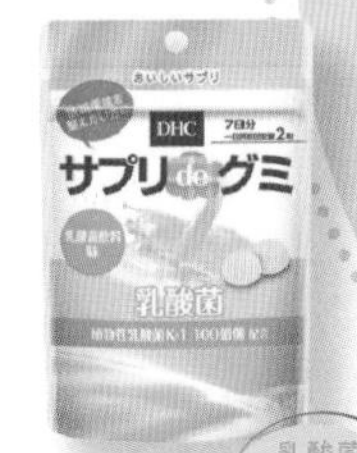

DHC サプリ de グミ 乳酸菌 乳酸菌飲料味

乳酸菌飲料口味｜腸道健康

健康輔助食品

建議攝取量 1 日 2 粒

容量 / 價格 14 粒 / 250 円

主要成分 / 含量

67 乳酸桿菌（K-1）100 億個

DHC サプリ de グミ ビタミン C レモン味

檸檬口味｜亮白健康

營養機能食品

建議攝取量 1 日 2 粒

容量 / 價格 14 粒 / 198 円

主要成分 / 含量

10 維生素 C 100 mg
03 維生素 B2 1.1 mg

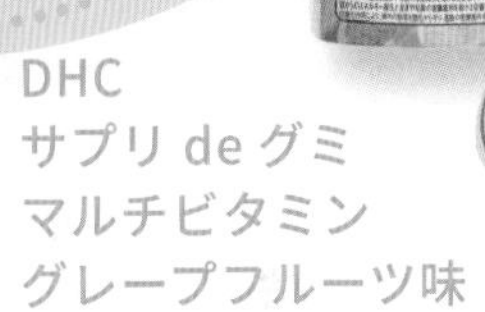

DHC サプリ de グミ マルチビタミン グレープフルーツ味

葡萄柚口味｜綜合維生素

營養機能食品

建議攝取量 1 日 2 粒

容量 / 價格 14 粒 / 230 円

主要成分 / 含量

01 維生素 A 500 μg
02 維生素 B1 0.9 mg
03 維生素 B2 1 mg
04 菸鹼酸 13 mg
05 泛酸 4 mg
06 維生素 B6 1 mg
07 生物素 50 μg
08 葉酸 200 μg
09 維生素 B12 2 μg
10 維生素 C 85 mg
11 維生素 D 2 μg
12 維生素 E 8 mg

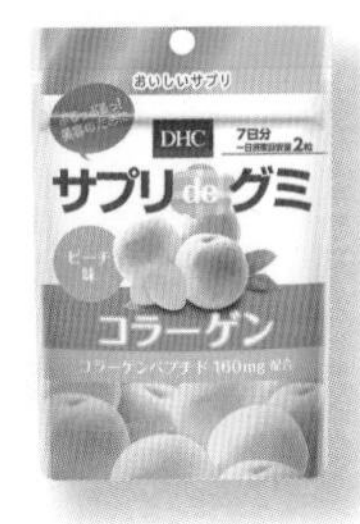

DHC サプリ de グミ コラーゲン ピーチ味

桃子口味｜美容保養

建議攝取量 1 日 2 粒

容量 / 價格 14 粒 / 230 円

主要成分 / 含量

25 膠原蛋白胜肽 160mg

DHC サプリ de グミ 鉄＋葉酸＋亜鉛 グレープ味

營養機能食品

建議攝取量 1 日 2 粒

容量 / 價格 14 粒 / 230 円

主要成分 / 含量

17 鋅 5 mg
18 鐵 10 mg
08 葉酸 100 μg

UHA グミサプリ めぐみアイ

機能性表示食品

建議攝取量　1 日 2 粒
容量 / 價格　40 粒 / 926 円
主要成分 / 含量
61 葉黃素 10 mg
63 藍莓 5 mg
25 膠原蛋白 300 mg

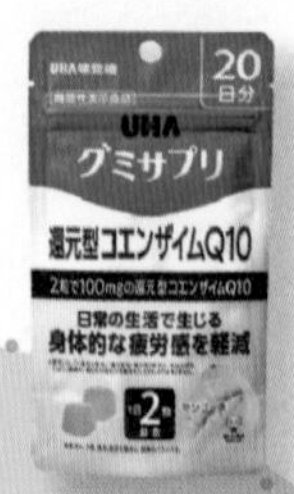

UHA グミサプリ 還元型 コエンザイム Q10

機能性表示食品

建議攝取量　1 日 2 粒
容量 / 價格　40 粒 / 1,980 円
主要成分 / 含量
100 還原型輔酶 Q10 100 mg
25 膠原蛋白 300 mg

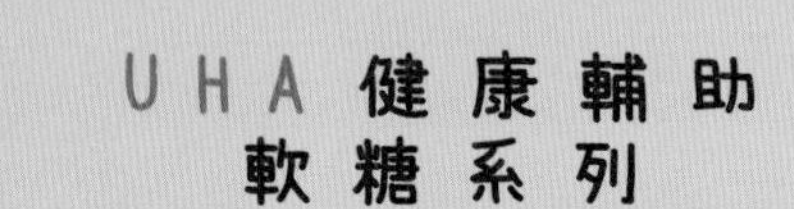

UHA 味覺糖的口感會隨著不同產品而改變，但整體來說偏硬且有嚼勁。在銷售通路方面，許多大型連鎖藥妝店都可以找得到。

桃子口味
美容保養

UHA グミサプリ ヒアルロン酸

健康輔助食品

建議攝取量　1 日 2 粒
容量 / 價格　40 粒 / 980 円
主要成分 / 含量
26 玻尿酸 60 mg
10 維生素 C 20 mg
25 膠原蛋白 300 mg

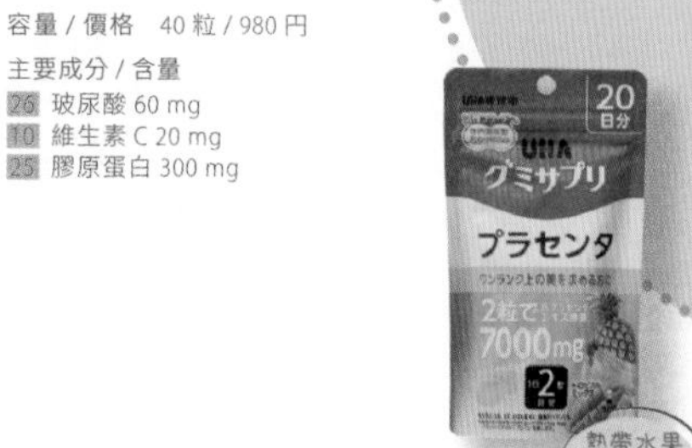

可樂口味
男性活力

UHA グミサプリ 亜鉛＆マカ

健康輔助食品

建議攝取量　1 日 2 粒
容量 / 價格　60 粒 / 880 円
主要成分 / 含量
114 瑪卡 30 mg
25 膠原蛋白 300 mg

熱帶水果口味
美容保養

UHA グミサプリ プラセンタ

健康輔助食品

建議攝取量　1 日 2 粒
容量 / 價格　40 粒 / 980 円
主要成分 / 含量
28 馬胎盤素 100 mg
25 膠原蛋白 300 mg

番石榴口味
女性健康

UHA グミサプリ 大豆 イソフラボン

健康輔助食品

建議攝取量　1 日 2 粒
容量 / 價格　40 粒 / 980 円
主要成分 / 含量
109 大豆異黃酮（糖苷配基型）25 mg
25 膠原蛋白 300 mg

綜合果汁口味
骨骼健康

UHA グミサプリ 健骨美人

健康輔助食品

建議攝取量　1 日 2 粒
容量 / 價格　40 粒 / 980 円
主要成分 / 含量
15 鈣 350 mg
13 維生素 K 69 µg
11 維生素 D 5.5 µg
25 膠原蛋白 200 mg

柑橘口味
季節敏感

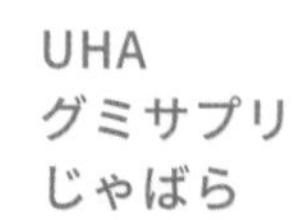

UHA グミサプリ じゃばら

健康輔助食品

建議攝取量　1 日 2 粒
容量 / 價格　28 粒 / 680 円
主要成分 / 含量
他 和歌山邪祓橘果皮粉末 360 mg
25 膠原蛋白 500 mg

日本的便利超商 也有美味的 健康小幫手

在自我健康管理概念相當普及的日本，健康輔助食品不只是種類多而已，而且還滲透到生活周遭的每一個角落。例如，一般日本人幾乎每天都會去的便利商店當中，在許多食品大廠積極參與市場之下，也能買到兼顧健康與美味的零食或飲品。下次到日本旅遊時，不妨可以嘗試看看哦！

伊右衛門 特茶／伊右衛門 綠茶

特茶 カフェインゼロ／無咖啡因麥茶

特茶 ジャスミン／茉莉花茶

伊右衛門 特茶

輔助降低體脂肪

日本三得利所推出的特茶，是特定保健用食品當中，最早推出的體脂肪管理飲料。特茶系列最大的賣點，就是利用槲黃素糖苷來活化體內的脂肪分解酵素，藉此輔助人體分解並燃燒脂肪。除了最早推出，喝起來略帶苦澀感的綠茶之外，之後還推出麥香迷人的無咖啡因麥茶，以及喝起來清爽潤喉的茉莉花茶。

廠商：サントリー　價格：500ml / 170 円

爽健美茶 健康素材の麦茶

爽健美茶在日本堪稱是健康茶的領頭羊，而在這瓶無咖啡因麥茶版本當中，添加萃取自玫瑰果的銀椴苷，在機能性表示食品當中，屬於可輔助降低體脂肪的飲品。

廠商：CocaCola　價格：600ml / 158 円

伊藤園 黃金烏龍茶

添加兒茶素的烏龍茶，以鐵觀音及黃金桂 6:4 的比例使茶色帶金黃色。喝起來同時帶有鐵觀音特有的桃香以及黃金桂的桂花高雅香氣，且口味不會太過於苦澀。

廠商：伊藤園　價格：500ml / 150 円

輔助降低內臟脂肪

抑制飯後糖脂吸收

十六茶 からだ十六茶 機能性表示食品

十六茶原本就是走東洋健康風的飲料，這回搭配葛花異黃酮以及難消化性麥芽糊精推出機能性表示食品版本，主打可同時降低體脂肪與抑制糖脂吸收。喝起來偏向清爽，而且不含咖啡因。

── 廠商：アサヒ飲料　價格：630ml / 158 円 ──

SUNTORY おいしい腸活 流々茶

三得利的烏龍茶飲料添加可輔助腸胃蠕動的菊苣纖維，清爽口感但後味帶有濃郁烏龍茶香。2019 年改版時將包裝從原本的紅色基底設計，更換成水藍色的清爽包裝。

── 廠商：サントリー　價格：500ml / 150 円 ──

輔助抑制脂肪以及糖分吸收

CocaCola からだ すこやか茶 W 特定保健用食品

日本可口可樂所推出的糖脂雙截茶，是日本超商當中很早期就出現，而且是少數通過特保標章認證的茶飲。喝起來感覺就像介於烏龍茶與麥茶之間，而且沒有任何苦澀味，反而帶有些微的自然甘甜味。

── 廠商：CocaCola　價格：350ml / 157 円 ──

SUNTORY 胡麻麦茶

含有芝麻胜肽的複合茶，使用大麥、薏仁、大豆以及黑芝麻，喝起來有濃濃的芝麻味。口感清爽，喝完後會在口中留下濃郁香氣。

──── 廠商：サントリー　價格：350ml / 160 円 ────

CALPIS カラダカルピス

搭配獨家 CP1563 乳酸菌，號稱可以輔助降低體脂肪的可爾必思乳酸菌飲料。喝起來較一般的可爾必思還清爽一些，但因為使用代糖的關係，所以本身並沒有熱量。乳酸菌成分會沉澱在瓶底，所以開瓶之前記得先搖一搖瓶身哦！

──── 廠商：アサヒ飲料　價格：500ml / 160 円 ────

CocaCola
コカ・コーラ
プラス

可口可樂白瓶版本添加難消化性麥芽糊精，主打作用是抑制脂肪吸收，適合在吃油炸食物的時候一起喝。零卡配方喝起來和黑瓶零卡版本的口感差不多。

廠商：CocaCola　價格：470ml / 158 円

PEPSI
ペプシスペシャル
ゼロ

日本三得利旗下的百事可樂，除了一般版本和零卡版本之外，也有這種添加難消化性麥芽糊精，可幫助人體抑制脂肪吸收的特保版本。在口味方面，喝起來和零卡版本並沒有太大的差異。

廠商：サントリー　價格：490ml / 150 円

KIRIN
Mets COLA

抑制飯後
脂肪吸收

2012 年上市，日本第一瓶添加難消化性麥芽糊精的特保可樂。相對於其他同樣訴求的特保可樂而言，Mets 的碳酸屬較強烈一些，口味方面也比較沒有那麼甜。

廠商：KIRIN　價格：480ml / 150 円

DyDo
スマートブレンド微糖
世界一の
バリスタ監修

抑制飯後
脂肪吸收

超商當中添加難消化性麥芽糊精的飲品大多是可樂等碳酸飲料，但其實也有應用在咖啡上的產品。若是喝膩了碳酸飲料，也可以試試這樣的咖啡商品。除了微糖版本之外，還有黑咖啡版本。

廠商：DyDo　價格：430ml / 140 円

7 Premium
ゼロ
キロカロリー
サイダー

日本小 7 所推出的難消化性麥芽糊精配方飲品，主打特色為抑制飯後糖脂吸收。零卡微甜，喝起來有一種很令人感到懷念的冰淇淋汽水味。因為是小 7 的自有品牌，所以價格也相對便宜許多。另外還有檸檬汽水口味。

廠商：セブンイレブン　價格：500ml / 100 円

LIBERA
リベラ

機能性表示食品制度上路之後的首款零食，也是日本史上第一包宣稱能夠抑制糖脂吸收的巧克力。包裝右下角寫有「ビター」的茶色包裝版本是甜度剛好的微苦型，寫有「ミルク」的藍色圈圈版本則是帶有奶香的牛奶巧克力。

廠商：Glico　價格：51g / 140 円

SWEETS DAYS
乳酸菌ショコラ

添加能夠調節腸道環境的 T001 乳酸菌，只要每天吃 7 小片巧克力，就可以補充 100 億個乳酸菌，讓腸道變得更健康。咖啡色字體包裝的微苦版本吃起來略苦帶點微酸，藍色字體版本則是嚐起來略甜的牛奶巧克力。

廠商：LOTTE　價格：55g / 298 円

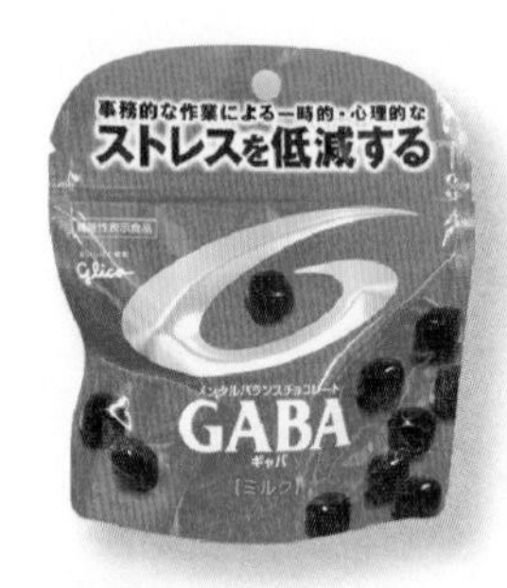

GABA
スタンドパウチ

添加近年來日本相當火紅的舒壓成分「GABA」，號稱辦公室必備的「紓壓巧克力」。超適合老是被工作追著跑，或是工作上被豬隊友搞到連翻白眼的力量也沒有的時候吃上幾顆。紅色包裝為牛奶巧克力，金色包裝則是苦味巧克力。

廠商：Glico　價格：51g / 140 円

Regain Triple Force

醫藥部外品

廠　商　第一三共ヘルスケア
價　格　60 錠 / 4,200 円
攝取量　1 日 2 錠

日本藥粧研究室的新奇健康輔助食品筆記本

“日本的健康輔助食品不只種類多，就連製作技術和成分開發也日新月異。在這裡日本藥妝研究室將為讀者們精選幾項成分或技術上有突破或具特色話題的產品，讓大家在挑選健康輔助食品時，能有更多的選擇。”

從能量代謝的研究中尋找對抗糖化及老化的關鍵

不只是肌膚，其實人體全身都需要抗糖化。日本第一三共 Healthcare 注意到人體因增齡所伴隨著各種身體變化及不適。於是利用「Liverall」、「Biotamin 」以及「Pantethine」三種獨家成分，開發出以抗糖化作為主打特色的抗齡型医薬部外品。對於想對抗身體糖化，讓自己更有活力且健康的中高齡者而言，是相當不錯的抗齡型医薬部外品。

Ⅲ型サプリメント
美・肝・動

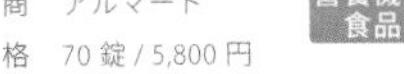

營養機能食品

廠　商　アルマード
價　格　70 錠 / 5,800 円
攝取量　1 日 2 ～ 3 錠

聚焦卵殼膜的美肌潛力兼顧美容與全身健康的新概念

經研究發現，卵殼膜萃取物能有助於第三型膠原蛋白生成。這種膠原蛋白大量存在於嬰兒的皮膚當中，並且會隨著年齡增長而變少。

除了卵殼膜萃取物之外，「美・肝・動」當中還加入鳥胺酸、BCAA、硫酸軟骨素以及咪唑二肽等 24 種護肝成分及活力成分，可說是一款兼具美容與全身健康的營養機能食品。

美巣
エキス
パウダースティック

健康輔助食品

廠　商　エムスタイルジャパン
價　格　1 克 ×30 包 / 11,000 円
攝取量　1 日 1 包

自古流傳至今的燕窩，融合腸道健康成分的新組合

燕窩當中除了蛋白質與黏多醣之外，還富含唾液酸、EGF 以及 FGF 等健康、美容界中備受注目的成分。除此之外，燕窩所含的糖鏈營養素在近期也格外受到關注。從健康的觀點來看，糖鏈營養素具備提升免疫及抗齡機能。因此，燕窩可說是男女都適合的頂級保養食材。

美巣是市面上極為少見的日本燕窩品牌，其原料來自馬來西亞政府所管理的山區洞穴。有別於一般食用或飲用型燕窩，美巣將燕窩製作成輕便好攜帶的細粉狀，同時搭配寡醣與乳鐵蛋白等調節腸道機能與免疫機能的成分，很適合中高齡者用來做日常保健。

日本抗糖保養的第一把交椅，總是搶到缺貨的抗糖丸

這兩年抗糖化儼然成為抗齡保養的代名詞，在這股抗糖化保養風潮之下，POLA 旗下的 B.A 抗糖丸一躍成為關注焦點。無論是在日本的百貨公司、POLA 直營店或免稅店，B.A 抗糖丸經常被搶到缺貨。

在 2019 年 2 月的改版當中，B.A 抗糖丸將抗齡保養焦點鎖定在一種名為 Chemerin 的脂肪素。這種物質會對人體全身的潤澤度與緊緻度造成負面影響。在這次的改版當中，POLA 開發出全新的獨家複合成分「Ch-A 精華」，該成分正是專為對付 Chemerin 所開發而成，因此 B.A 抗糖丸在改版後的抗齡保養層面可說是更加全面性。

B.A
タブレット

健康輔助食品

廠　商　POLA
價　格　60 錠 / 7,000 円
180 錠 / 18,000 円
攝取量　1 日 2 錠

多樣獨家專利成分，華語圈認知度爆表的美白丸

POLA 的健康輔助食品當中，除了認知度極高的抗糖丸之外，最為搶手的發燒貨還包括這項華語圈暱稱美白丸的產品。

POLA 美白丸的特色，就是採用甜瓜抗氧化物歧化酶、Micro Brannol EX、Bayberry Bark S 以及 YAC 萃取物等多項獨家開發的專利成分，同時從抑制、分解作用及抗糖化作用等層面，從內向外提升肌膚清透度。由於成分幾乎都是 POLA 運用多年研發經驗所開發，所以在市面上堪稱是取代性極低的特殊產品。

White Shot
インナーロック
タブレッド IXS

健康輔助食品

廠　商　POLA
價　格　60 錠 / 6,200 円
180 錠 / 16,500 円
攝取量　1 日 2 錠

醫師與營養師把關推薦
日本保健食品專業品牌
SPIC Medical Supplement 系列

“ 日本市面上的健康輔助食品種類繁多，除了可在藥妝店或品牌直營店入手的產品之外，有不少日本人都會選擇由專業醫師介紹的專業品牌，例如 SPIC Medical Supplement 系列就是支持度相當高的品牌之一。除了招牌商品高濃度維生素補充品「Lypo-C」之外，目前最受關注的品項還有幹細胞照護保健品「Stem-C」以及現代人需求相當高的護眼保健品「清明」。 ”

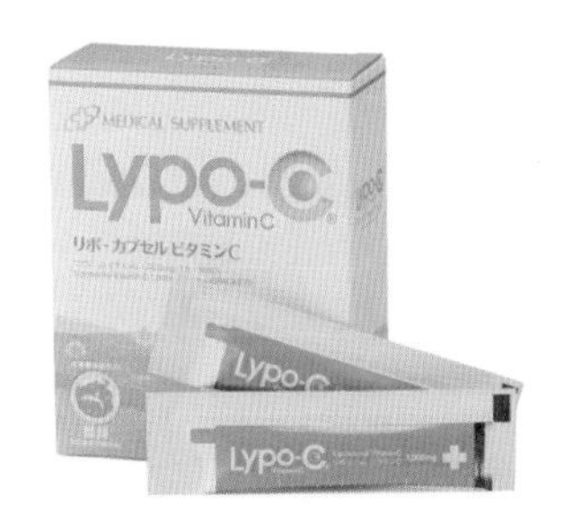

Lypo-C
リポ - カプセル ビタミン C

健康輔助食品

價格　6.2 克 ×30 包 / 7,200 円

攝取建議　1 日 1 ～ 3 包
日常保健為每日 1 包，若想強化保健機能，則是建議每日 3 包，並且同時攝取，這樣子就能讓體內的維生素 C 長時間維持在高濃度狀態。

採用奈米微脂粒技術所製成的高濃度維生素 C。Lypo-C 在日本並非是一般藥妝店品牌，而是在診所等醫療機構當中，透過醫師推薦的方式才能入手。其實 Lypo-C 深受日本醫師信賴，並且成為**日本點滴療法研究會的推薦**保健食品。對於重視健康、活力與肌膚健康狀態的人，或是想改善免疫力問題的人來說，都是相當值得參考的新技術產品。

高濃度維生素 C 製劑 Lypo-C 本身喝起來帶有一股淡淡的藥味與鹹味，直接喝的話可能有些人會有點抗拒，因此也可以加在番茄汁或碳酸飲料中，喝起來會較為順口。

維生素 C 的革命新技術・吸收滲透率表現優異的微脂體

你知道嗎？曾有研究指出我們吃進體內的維生素 C 製劑，有一大部分無法真正發揮機能。以市面上一般的維生素 C 製劑為例，若攝取 1000 毫克的維生素 C，通過消化道而順利進入血液的量會直接腰斬只剩 430 毫克左右。重點是，進入血液當中，最後能夠突破細胞膜，在人體細胞真正發揮作用的維生素 C，竟然只剩下 54 毫克，也就是人體吸收滲透率僅有 5.4%上下而已。

為提升人體吸收維生素 C 的效率，Lypo-C 採用奈米微脂體技術，將維生素 C 包覆在其中。這樣不只能夠保護維生素 C 受消化液或氧化的影響，僅有 100 奈米的微脂體也能順利進入細胞當中，讓維生素 C 以最佳效率發揮機能。採用奈米微脂粒技術包覆的維生素 C，據說較容易吸收進入體內，並且號稱將人體吸收滲透力大幅拉高到 98%左右！放眼當下日本所有的健康輔助食品，Lypo-C 可說是技術性相當高的高濃度維生素 C 製劑。

維生素 C 對於人體來說是相當重要的營養素，不僅能夠預防壞血病，還能促進膠原蛋白合成，也具備相當強大的抗氧化能力。除此之外，維生素 C 也能幫助人體增強免疫力，所以許多醫師都會建議感冒患者充分攝取足量的維生素 C。雖然大自然中許多生物都能透過體內代謝的方式，自體產生維生素 C，但因為人體當中缺乏特定酵素，無法自行產生維生素 C，所以只能透過食物加以攝取。

概念來自先進的再生醫療・聚焦幹細胞的抗齡新選擇

幹細胞能幫助受損組織與器官修復，對於人體健康與活力狀態來說，是相當具關鍵性的人體細胞。骨髓所產生的幹細胞數量，會在 20 世代時開始減少，並在 40 世代後半減少到只剩新生兒的一半。

這瓶名為 Stem-C Nutrition 的健康輔助食品，是美國 RIORDAN 公司開發，由 SPIC 引進日本，並將膠囊改良成亞洲人適合吞服的大小。其主成分包括乳酸菌、維生素 D 以及綠茶、石榴、枸杞等萃取物。利用補充營養成分的方式，來幫助人體產生幹細胞。不僅如此，也透過抗氧化作用保護幹細胞。

除了增齡所帶來的各種健康困擾之外，在意心血管健康狀態，或是平時運動量較大的人，都蠻適合透過這種新概念的健康輔助食品，來讓自己維持良好的狀態。

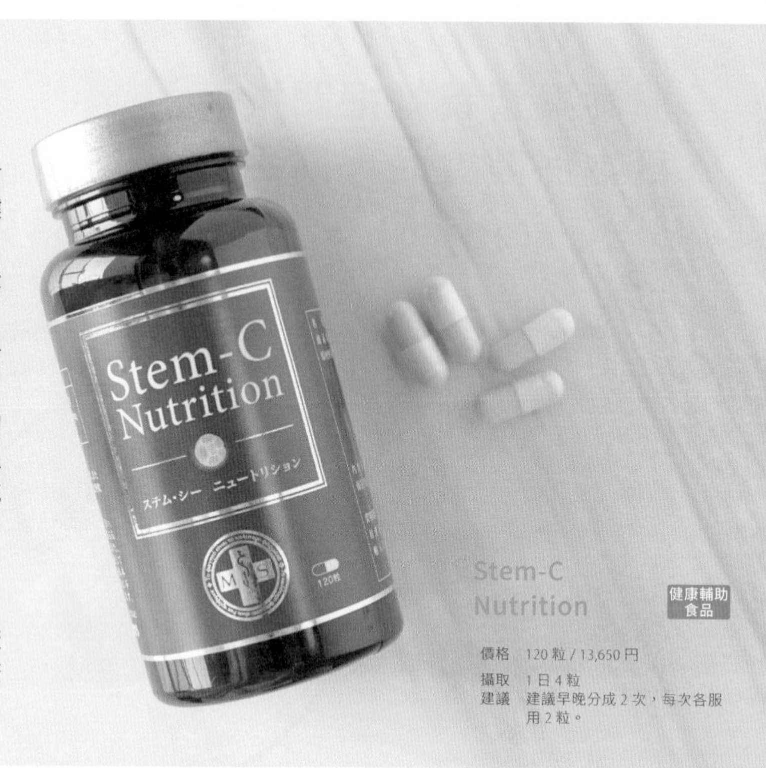

Stem-C Nutrition 健康輔助食品

價格　120 粒 / 13,650 円

攝取建議　1 日 4 粒
建議早晚分成 2 次，每次各服用 2 粒。

何謂幹細胞？

近年來在許多醫療相關報導當中，尤其是談論再生醫療的文章，都可見「幹細胞」這個看似相當複雜的醫學名詞。簡單地說，幹細胞就是一種能夠變成任何人體細胞，幫助受損器官或人體組織修復再生的萬能細胞。

人體中的骨髓會不斷地將幹細胞釋放到血液當中，使人體能夠持續修復全身組織與器官。隨著年齡不斷增長，血液中的幹細胞數量會逐漸減少，這就是為什麼人們在上了年紀之後，身體損傷復原速度會變慢的主因。

葉黃素及玉米黃素的黃金比例・醫師推薦的護眼新配方

清明的主成分之一，是能夠輔助視力健康的高抗氧化物質山桑子萃取物，而且濃度還高達 36 %。除此之外，還搭配護眼保健品當中常見的葉黃素、玉米黃素、β 胡蘿蔔素以及 8 種不同的維生素 E，堪稱是成分組合最為豪華的護眼保健品之一。

清明的另一個特色，就是以 5：1 的黃金比例，調配出最接近人體血漿中原有的葉黃素及玉米黃素比重。對於老化所引起的各種眼部健康問題，都有著值得期待的輔助作用。

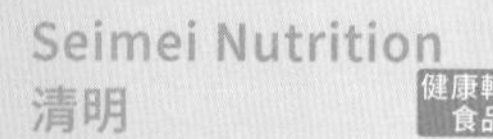

Seimei Nutrition 清明 健康輔助食品

價格　120 粒 / 13,650 円

攝取建議　1 日 4 粒
建議早晚分成 2 次，每次各服用 2 粒。

SPiC Clinic

〒 248-0006
神奈川県鎌倉市小町 2-12-30 BM ビル 3F
URL:http://www.spicclinic.com/

日本高濃度維生素 C 保健概念推手・點滴療法專門診所 —— SPiC Clinic

目前日本備受注目的先端醫療當中，透過靜脈注射所施行的點滴療法可說是潛力十足的新觀念。包括歐美多國及日本，都把點滴療法當中的高濃度維生素 C 作為癌症治療的輔助療法之一。

除此之外，日本的高濃度維生素 C 點滴療法也能應用在美容、抗齡以及抗氧化等需求，甚至能根據患者的各種健康困擾，例如偏頭痛、慢性蕁麻疹、慢性疲勞等問題，搭配各種所需營養素，進行客製化的點滴療法。

為讓一般民眾在家也能體驗高濃度維生素 C 的保健效果，日本「SPiC Clinic」採用奈米微脂粒技術將高濃度維生素 C 商品化。之後更是以醫師角度，陸續推出市面上少見的幹細胞保健品 Stem-C Nutrition 以及眼部健康保健品清明 Nutrition。

位於鎌倉鶴岡八幡宮參道上的「SPiC Clinic」是一間採用和風氣氛所打造的全預約制診所，其名譽院長是日本點滴療法研究會的會長，堪稱是日本點滴療法的保健概念推手。不只是日本全國各地的診所醫師，也有許多來自台灣等海外的醫師前來取經。例如，位在台北忠孝東路四段上的元氣診所，就是採用 SPiC Clinic 高濃度維生素 C 點滴療法的代表性醫療院所。

戰勝體脂肪，提升燃燒力，
機能性表示食品新成分—— 葛花萃取物

市面上眾多體重管理型健康輔助食品當中，燃燒系產品一直是眾人注目的焦點。從早期的辣椒素、左旋肉鹼到硫辛酸，還有近年來在日本引起不小話題的毛喉鞘蕊花萃取物，都是相當具有代表性的燃燒系成分。不過目前日本討論度最高的燃燒系成分，其實是針對體脂肪及內臟脂肪問題所開發的「葛花萃取物」。

「葛」是一種生長於日本、中國及東南亞一帶的植物，其根部可製成中藥材「葛根」，也能做成和菓子當中常用的葛粉。另一方面，近年來日本廠商發現葛花當中含有一種名為「葛花異黃酮」的特殊成分。

在日本廠商的研究中，發現葛花異黃酮不只可以抑制肝臟合成脂肪，也能輔助分解白脂肪細胞與促進褐色脂肪細胞燃燒，在經過一段時日的研發之後，葛花萃取物在日本成為相當熱門的燃燒系機能性表示食品成分。

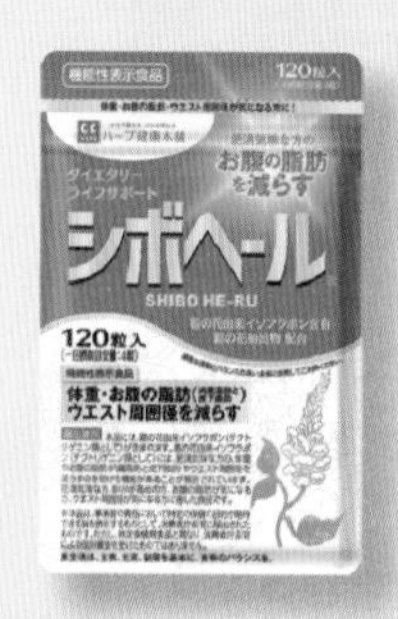

HERB 健康本舖
シボヘール

廠　商　ハーブ健康本舗
價　格　120 粒 / 2,980 円
攝取量　1 日 4 粒
主成分
46　葛花異黃酮 35mg

來自福岡的 HERB 健康本舖，是推出無數體重管理型健康輔助食品的保健食品大廠。利用古人透過熱水萃取植物成分的概念，以長時間高溫浸泡的方式萃取出富含葛花異黃酮的葛花萃取物。對於 BMI 值 25 ～ 30 左右，特別在意腰間肥油問題的人來說，是相當值得一試的新燃燒系機能性表示食品。雖然 HERB 健康本舖的產品絕大部分是透過網購才能入手，不過這項新品目前在大阪心齋橋與道頓堀的唐吉軻德藥妝區也能找得到。

CC HERB

カラダ変わる ココロ晴れる
ハーブ健康本舗

ハーブ健康本舗（HERB 健康本舖）創立於 1998 年，是一家來自日本九州福岡的保健食品廠商。從創業初期至今，最為熱銷的代表性商品皆是體重管理型保健食品，而且銷售表現都非常亮眼，堪稱是網購業界中的體重管理產品專家。

HERB 健康本舖是日本健康輔助食品業界中，最早投入開發葛花萃取物相關產品的廠商。根據日本 TPC MARKETING RESEARCH Corp. 的市調結果顯示，眾多葛花萃取物型的機能性表示食品當中，HERB 健康本舖所推出減腹寶是 2018 年全年銷售 No.1，其銷售累積數量於 2019 年 4 月正式突破 100 萬包！！

Livita
LIFE VITALITY SUPPORT

大正製藥創立於 1912 年，是日本相當具有規模的百年製藥大廠。國人前往日本旅遊時必買的百保能感冒藥散以及新表飛鳴，都是大正製藥旗下極具人氣的家庭常備藥。大正製藥的「Livita」，是一個針對常見的生活習慣病，開發出各種能夠幫助現代人簡單維持健康生活的全方位健康輔助食品品牌。目前主要產品類型，包括體脂肪、膽固醇、三酸甘油脂、血壓及血糖值等生活習慣對策產品。

Livita ファットケアタブレット（粒タイプ）

機能性表示食品

廠　商　大正製藥
價　格　42 粒 / 1,500 円
攝取量　1 日 3 粒
主成分
46 葛花異黃酮（鳶尾異黃酮）35mg

女性特有的皮下脂肪問題，以及男性常見的內臟脂肪問題，都會造成腰圍變粗。針對這些體重及中廣問題，大正製藥採用時下最具話題性的葛花萃取物來開發此商品。這項機能性表示食品最大的特色，就是運用葛花異黃酮（鳶尾異黃酮）輔助抑制脂肪形成與分解・燃燒脂肪的機能，適合體型屬於略為肥胖者（BMI 值 25 ～ 30）用來對付腰間泳圈。除了葛花萃取物之外，還搭配黑胡椒萃取物。

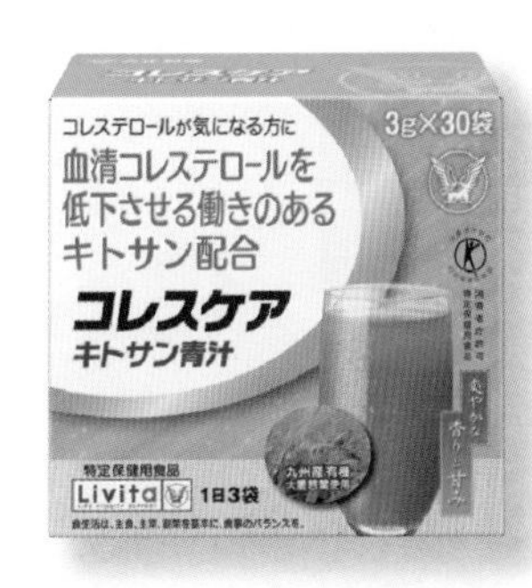

Livita コレスケア キトサン青汁

特定保健用食品

廠　商　大正製藥
價　格　3 克 ×30 包 / 2,800 円
攝取量　1 日 3 包
主成分　甲殼素 294mg

可用來輔助降低血清中膽固醇值的甲殼素青汁。採用日本九州的國產有機大麥若葉，搭配萃取自蟹殼的甲殼素，透過吸附及排出膽汁酸的方式，輔助人體消耗血中膽固醇，如此一來就可輔助改善血清中膽固醇值偏高的問題。搭配抹茶粉調味，喝起來相當順口，沒有太重的草味。

甲殼素（Chitosan）

日文標示為「キトサン」的甲殼素，是一種取自於螃蟹等甲殼生物外殼的聚合多醣，具有類似膳食纖維的生理性質，經研究發現甲殼素會與形成膽固醇的膽汁酸產生結合反應，並在阻礙人體再次吸收膽汁酸的同時，讓結合後的產物隨糞便排出體外，藉此降低進入體內的膽固醇總量，因此也可有助於預防心血管疾病。

ビタミンC
胃薬
きき湯

Chapter 6
碳酸美容特集

不只是美容，在日本亦運用於醫療現場——神奇的碳酸魔力

❙伊東 祥雄醫師（Dr. Ito Yoshio）

伏見皮膚科診所院長、Ladies Beauty Clinic YAMATE總院長。自10年前開始，關注到碳酸對於人體的益處之後，便積極地將碳酸應用於醫療現場。除了異位性皮膚炎或皮膚感染疾病之外，在燒燙傷等診療上也備受患者肯定。

從數年前開始，日本的美容保養業界就吹起一股碳酸美容保養風潮，當時市面上出現為數不少主打碳酸美容效果的保養品。雖然這股碳酸美容的熱潮曾經一度沉寂，但2019年起似乎有捲土重來的跡象，並在眾多大廠陸續搶入市場之下，碳酸美容保養風潮2.0似乎即將到來。

所謂碳酸美容，最基本的概念就是利用碳酸泡柔化肌膚，藉此發揮優秀的毛孔潔淨效果。不過，碳酸美容最為厲害的地方，在於細微的碳酸泡能夠滲透肌膚，並且發揮促進血液循環的作用。如此一來，不只可以改善肌膚的健康度，也能讓保養成分更有效地受肌膚所吸收。

碳酸泡與日本的醫療現場

許多人都是在這股碳酸美容風潮下，才意外發現正式名稱為二氧化碳的碳酸，竟然對人體也有益處。其實，在日本的醫療現場當中，將碳酸融入醫療的行為已行之有年。

對於長期臥床的患者而言，褥瘡可說是最常見且棘手的皮膚健康問題。據說，日本許多長照現場都會將碳酸泡入浴劑溶於溫水之中，再透過沾濕的毛巾為褥瘡患者擦澡。這些含於水中的碳酸成分，其實在日本被視為具備輔助促進血液循環與肌膚的新陳代謝、修復作用，因此在改善褥瘡上有相當不錯的實績。

為深入了解碳酸泡在日本醫療現場的應用現況，日本藥粧研究室這次前往名古屋，採訪研究碳酸多年，而且實際臨床經驗亦相當豐富的碳酸醫師——Ladies Beauty Clinic YAMATE總院長・伊東祥雄先生。

碳酸對於人體的益處

在實際分享病例之前，日本藥粧研究室向伊東祥雄醫師提出一個很單純的疑問。那就是，許多人都說「碳酸不只具備美容效果，而且還能幫助我們抗衰老」。為何碳酸會擁有如此神奇的功能，其原理又是如何呢？

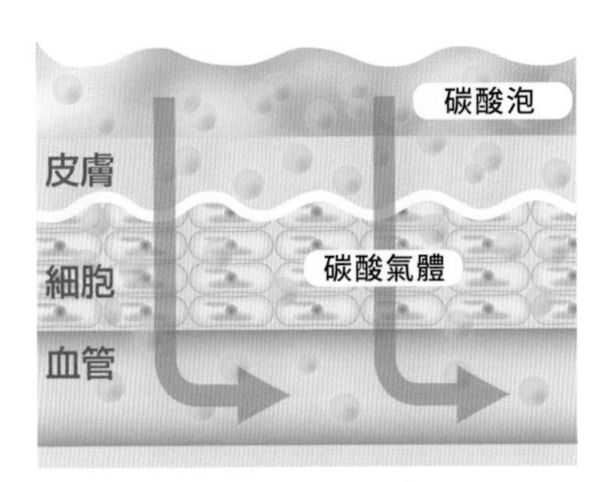

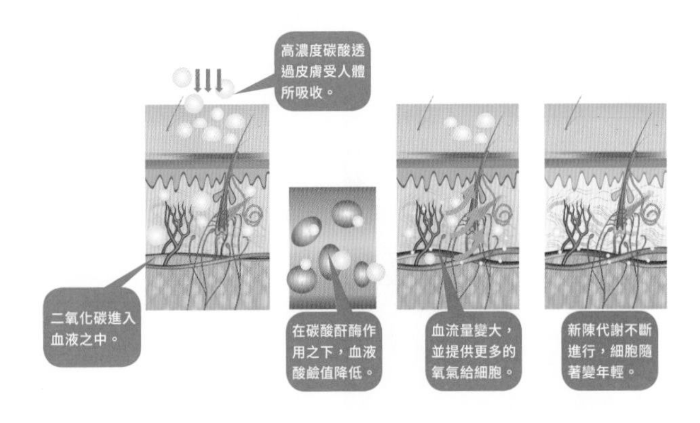

伊東祥雄醫師表示，碳酸對於人體有三大基本作用，分別是擴張血管、促進血液循環以及增加氧氣含量。

簡單地說，當存在於碳酸泡當中的碳酸氣體透過皮膚進入血管壁之後，就會在碳酸酐酶（Carbonic Anhydrase）的作用下分解成重碳酸離子（Bicarbonate Ion）與氫離子（Hydrogen Ion）。

當人體內產生氫離子時，組織酸鹼值就會偏酸。如此一來，身體就會誤以為自己處於缺氧狀態，因此血管內的內皮細胞便會釋放出能讓血管放鬆的物質，藉此促使血管擴張。在這樣的情況之下，血管內的血流量就會增加。這其實是人體調節血壓及血流的生理現象之一。

在血管擴張之後，該部位的血流量就會變多，這就是所謂促進血液循環的效果。只要血液流動變多，存在於體內的老廢物質就會加速被帶離，而氧氣及人體所需養分也會被帶入體內。

在一連串的作用之下，人體的新陳代謝就會變好。因此我們才會說，碳酸不只在美容保養及抗衰老，對於整個人體健康都有不錯的正面作用。

碳酸醫師與碳酸的臨床經驗

在簡單了解碳酸對人體產生益處的原理之後，日本藥粧研究室接著向伊東祥雄醫師請教，關於碳酸於日本醫學界上的應用狀況。

伊東祥雄醫師表示，碳酸在美容保養上的效果已有不少實證。然而在醫學上，關於碳酸治療的效果，其實還沒有太多的科學可以佐證。不過在臨床經驗上，碳酸對於長期臥床患者的褥瘡問題，以及糖尿病患者的足部潰瘍問題，其實都有不少實際獲得輔助改善的病例。因此，碳酸在未來成為新療法的潛力相當大。

在採訪過程中，伊東祥雄醫師也和我們分享一個燒燙傷患者的臨床實例。這位患者當時是因為被熱水燙到，造成手臂大範圍二度燙傷。

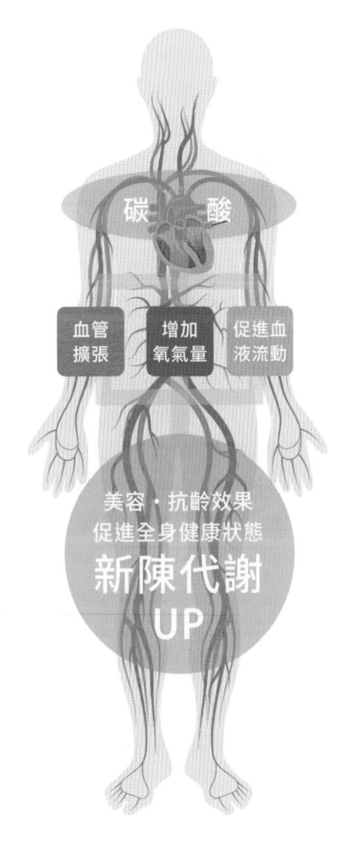

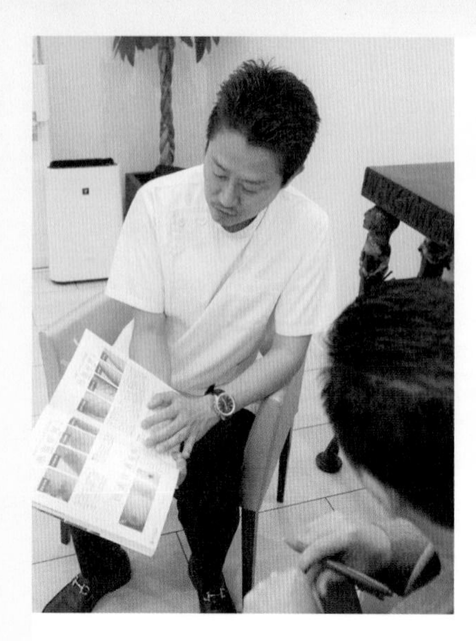

伊東祥雄醫師在經過診療後，決定為這位患者施行碳酸療法。這項療法非常簡單，就是將含有高濃度碳酸的碳酸泡厚敷在患部約5分鐘。這項療程雖然需要每天進行，但每次所需時間不長，對於傷患來說也不會有太大的負擔。這位患者最後只花一個月的時間就痊癒，而且過程中以及療程後，患部幾乎沒有色素沉澱的問題。

一般來說，燒燙傷治療之後，患部多少都會疤痕或有色素沉澱所引起的膚色反黑問題。不過伊東醫師表示，在碳酸泡厚敷療法過程中，患部的血液循環變好，連帶地讓該部位的皮膚順利再生，所以才能在不太留下疤痕的情況下痊癒。

身為碳酸醫師，伊東祥雄先生除了竭盡所能地尋找碳酸在醫療上的可能性之外，他本身也投入相關產品的研發之中。

從物理特性來看，碳酸應用在沐浴乳或是乳霜狀產品上的難度偏高。伊東祥雄醫師希望未來的科技能夠克服這些技術上的限制，也希望未來我們身邊能夠有越來越多碳酸保養品問世，讓大家都能實際體會碳酸對人體的好處。

在和伊東祥雄醫師聊完碳酸於醫療上的應用實例之後，日本藥粧研究室也特別採訪Ladies Beauty Clinic YAMATE的美女醫師群。透過這三位醫師的臨床經驗，讓我們更深入了解碳酸於婦產科、醫學美容以及皮膚科上有哪些實際效用。

Ladies Beauty Clinic YAMATE 院長
婦產科 專科醫師
伊東 雅子醫師（Dr. Ito Masako）

許多懷孕中或哺乳中婦女總是擔心，太多化學合成的保養品，對嬰兒健康會有負面影響。伊東雅子醫師認為，純碳酸保養品的成分單純，而且對肌膚刺激性也較低，因此可說是很適合懷孕中以及哺乳中女性的保養品。

其實不只是哺乳女性，許多女性在年齡增長之下，乳頭周圍都會有色素沉澱的問題。這時候，一週大約只要1～2次，利用高濃度碳酸泡厚敷於哺乳部位，就可透過促進血液循環及肌膚新陳代謝的效果，來輔助改善這些惱人的色素沉澱問題。

除此之外，針對懷孕過程中所出現的妊娠紋、更年期私密處乾燥與搔癢問題，以及產後因賀爾蒙變化所造成的產後掉髮等困擾，碳酸泡厚敷保養都有不錯的效果。

對於須賀美華醫師而言，她最關注的碳酸美容效果是促進肌膚再生力的新陳代謝作用。例如，接受過雷射治療之後的肌膚狀態較不穩定，在厚敷過碳酸泡之後，就能因為肌膚新陳代謝變好而更快恢復至正常狀態。

須賀美華醫師也表示，她從小就因為異位性皮膚炎，造成頸部有相當嚴重的色素沉澱問題。不過就在她開始進行碳酸泡厚敷療法之後，因為肌膚代謝力提升的關係，所以頸部肌膚的色素沉澱問題便獲得改善。

對於須賀美華醫師來說，眼周的黑眼圈及細紋等問題，都是能夠透過碳酸改善的美容困擾，因此她也相當期待結合碳酸及眼部保養的產品問世。

Ladies Beauty Clinic YAMATE
美容皮膚科 醫師
須賀 美華醫師（Dr. Suga Mika）

Ladies Beauty Clinic YAMATE
皮膚科 專科醫師
須原 紫醫師（Dr. Suhara Yukari）

身為皮膚科醫師，經常為患者診療皮膚疾患的須原紫醫師表示，若想擁有健康肌膚，第一步就是確實潔淨毛孔。只要毛孔清潔乾淨，沒有多餘皮脂阻塞毛孔的話，痘痘肌問題就能迎刃而解。由於碳酸本身能夠與蛋白質以及皮脂結合，因此能夠有效率的潔淨毛孔髒污。當然，除了臉部之外，對於長在背部的痘痘，也很適合厚敷碳酸泡的方式來加以改善。

對於須原紫醫師來說，碳酸能夠幫助患者改善一些光靠藥物無法解決的肌膚困擾，而且又不像部分治療藥物會有所謂的副作用。因此，在未來的皮膚科治療現場中，她也非常樂見碳酸的力量可以幫助更多的患者。

Ladies Beauty Clinic YAMATE

〒 466-0815
愛知県名古屋市昭和区山手通 3-9-1
日興山手通ビル 1A
URL:https://lbc-yamate.com/

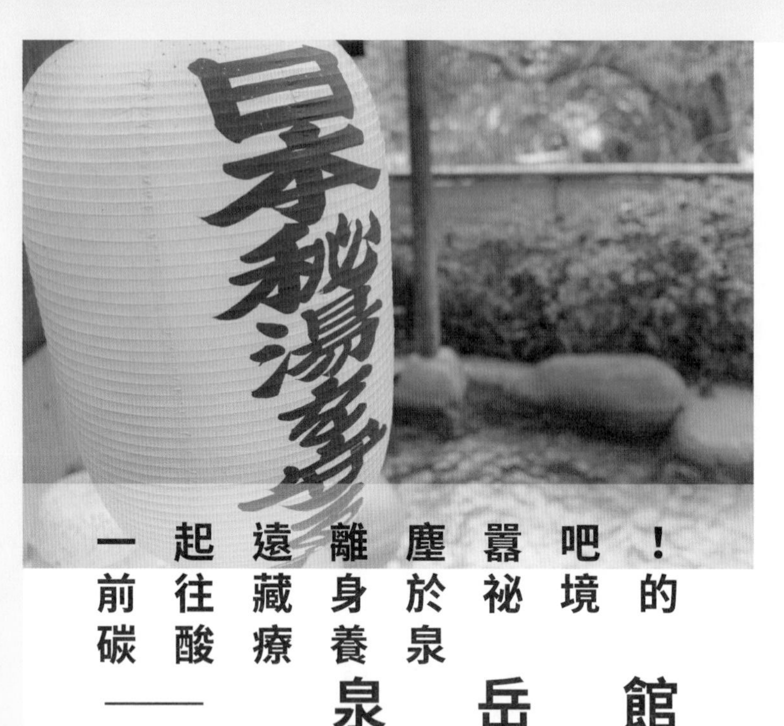

一起遠離塵囂吧！前往藏身於祕境的碳酸療養泉——泉岳館

為深入了解碳酸泉對於人體的益處，日本藥粧研究室這次在熟知碳酸泉的友人推薦下，前往位在岐阜縣下呂市小坂的祕境之湯——泉岳館。

從日本知名的下呂溫泉鄉，再往山區直行約半小時，就能抵達以碳酸泉聞名的泉岳館。這裡少了觀光溫泉區的喧鬧感，非常適合來這邊沉澱心靈。

除了應用在現代醫療之外，其實在日本自古流傳至今的溫泉療法當中，也存在著所謂碳酸泉療法。日本全國各地都有溫泉，但真正符合日本溫泉法規，可稱得上是碳酸泉的溫泉，卻僅有整體的 0.5%左右，堪稱是相當稀有的溫泉類型。

在日本溫泉法規當中，泉水中碳酸含量必須高於 1,000ppm 才能稱為碳酸療養泉。若以地區來說，泉質最好的碳酸泉主要分布在岐阜縣下呂市的小坂以及九州的大分縣。其中，岐阜縣下呂市小坂的碳酸泉，因為泉質較佳且含鐵量低，更為適合飲用，因此在碳酸泉愛好者之中，可說是道道地地的稀有祕湯。

泉岳館的露天溫泉採預約包場制，四周圍是景觀超遼闊的山林景致。泉岳館的碳酸泉有個特色，就是沒有太濃的硫磺味，對於不太喜歡硫磺味的人來說，可說是相當不錯的泉質。

不過碳酸泉有個特性，就是泉源的溫度本來就偏低，而且最佳狀態是 36°C左右，比人體體溫略低一些。露天溫泉的泉溫有加熱過，碳酸氣體會因為加熱而揮發，但泉水中仍然存在著許多肉眼看不見的碳酸氣體。

若想體驗碳酸泉真正的魅力，建議要到泉岳館的室內大浴場。這邊的大浴場有溫度分為 42°C及 36°C的兩個浴池，若是泡在 36°C那一側，全身就會立刻受到大量的碳酸泡所包圍。

炭酸泉の宿

泉岳舘

碳酸泉溫泉旅館　泉岳館

〒 509-3113
岐阜県下呂市小坂町湯屋 427-1
URL：http://www.sengakukan.co.jp/

神奇的是，儘管水溫偏涼，但泡完溫泉之後，身體卻會持續處於溫熱的舒服狀態。最主要的原因，是大量的碳酸氣體進入血管之後，會促使血管擴張與血液循環變好，如此一來身體就會變得暖和。正是這個原因，碳酸泉也是少數心血管疾病患者也能泡的溫泉。

一般能被稱為療養泉的碳酸泉，其碳酸濃度必須高於 1,000ppm，但泉岳館的碳酸濃度竟然高達 1,500～2,200ppm，是極為難得的碳酸祕湯。

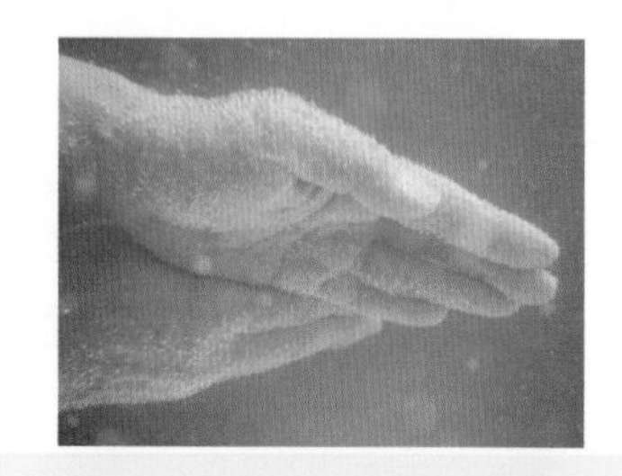

▶ 這位總是西裝筆挺，並且總是掛著微笑的人，就是投入碳酸研究超過十年，人稱碳酸男的石川峰生先生。

耗費近十年研發碳酸商品

愛碳酸勝過於一切的碳酸男──石川峰生

「碳酸對人體真的很好！」

這是石川先生老是掛在嘴上的口頭禪。日本藥粧研究室第一次和石川先生見面，已是 3 年前的事情。每一次跟他聊起碳酸美容的話題，他總是能像湧泉一般源源不絕地訴說碳酸的迷人之處。

石川先生之所以會投入碳酸相關研究與產品開發，全是因為當年他在因緣際會之下，在醫療機構中親眼見證碳酸在醫療現場上具有相當驚人的表現。

當時他參觀的是人工透析院所，也就是我們台灣所說的洗腎中心。有不少洗腎患者都會因為糖尿病等疾病，而有末梢肢體出現皮膚潰瘍的困擾。石川先生所參訪的人工透析院所，就是利用碳酸足浴的方式，為那些末梢肢體皮膚潰瘍的患者施行碳酸療法。沒想到，在過一段時間之後，施行足浴的部位因為血管狀態變佳、血液循環變好，連帶地皮膚的健康狀況也大幅獲得改善。

為此，石川先生大為感動。他心裡想著，既然碳酸對人體有如此好處，那為什麼沒有人去開發一些能讓肌膚變好甚至變健康的碳酸商品呢？於是乎，他就一頭栽入碳酸研究與商品開發之中。

大約 10 年前，市面上常見的碳酸面膜，大多是兩劑混合後，再敷個 20 分鐘左右的商品。不過這種碳酸面膜使用起來並不方便，保養所需時間也相當長，最重要的是價格又相當昂貴。對於一心只希望更多人能體會碳酸神奇魔力的石川先生而言，這是最需要優先克服的問題。

就在無數次的試作與調整配方之下，石川先生終於完成他心目中理想的碳酸泡面膜「SODA SPA FOAM」。

跟其他碳酸泡面膜相比之下，「SODA SPA FOAM」有以下幾個特色。

1. 使用方法簡單且不費時

「SODA SPA FOAM」不需要混合攪拌，只要壓下壓頭擠出的濃密泡沫就可直接敷在臉上使用。最重要的是，只要敷約 5 分鐘就可以達到不錯的保養效果。

2. 碳酸濃度高

一般混合式的碳酸面膜，其碳酸濃度大約落在數百 ppm。不過，「SODA SPA FOAM」的碳酸濃度竟然高達 8,000ppm 之多！

3. 碳酸泡持續時間長

「SODA SPA FOAM」的碳酸泡具有硬度及彈力，可以確實包覆碳酸氣體，不讓碳酸快速飛散至空氣中。一般來說，就算是敷個 30 分鐘，「SODA SPA FOAM」還是能夠維持不錯的狀態，濃密泡沫甚至是敷著碳酸泡面膜時，還能同時做家事！

4. 添加真正的碳酸泉成分

為尋找高濃度且品質好的碳酸泉作為產品的主原料，石川先生可說是走訪日本各地的碳酸泉。最後，他認為泉岳館的碳酸泉品質最符合他的期待，因此每一項產品當中都會添加泉岳館的碳酸溫泉水。

講求高濃度及真實體感

日本的碳酸保養專業品牌——東洋炭酸研究所

在石川先生近十年的努力之下，他所創立的東洋炭酸研究所從一瓶碳酸泡面膜，壯大到成為旗下有十多個品項的碳酸保養專業品牌。由於石川先生的堅持就只有一個，那就是要給消費者高濃度且真正有體感的碳酸保養品，所以在產品開發上總是特別講究。不過石川先生的堅持，其實可從愛用者的反應看得出來。因為聽說一旦使用過東洋炭酸研究所的產品，絕大部分都會成為忠實粉絲。

TANSAN MAGIC SODA SPA FOAM

150g / 2,800 円
碳酸濃度 8,000ppm

TANSAN MAGIC SODA SPA FOAM 9,000

150g / 3,300 円
碳酸濃度 9,000ppm

TANSAN MAGIC SODA SPA FOAM PREMIUM 10,000

130g / 3,500 円
碳酸濃度 10,000ppm

SODA SPA FOAM 碳酸泡面膜系列

東洋炭酸研究所的鎮店之寶，目前系列累積銷售數量早已突破 100 萬瓶。在第一號商品——碳酸濃度 8,000ppm 的 SODA SPA FOAM 上市之後，因應不同通路及愛用者需求，陸續開發出濃度為 9,000ppm 以及 10,000ppm 等三種類型。其中，濃度高達 10,000ppm 的 SODA SPA FOAM PREMIUM 更是許多皮膚科醫師應用於碳酸療法的指定商品。

高濃度碳酸泡可輔助清潔毛孔內的髒汙、皮脂以及老廢角質。除此之外，經由皮膚進入血管的碳酸可發揮改善血液循環的效果，在肌膚美容及健康上都有值得期待的作用。不只是臉部，只要是全身上下需要保養的部位，也都可以使用。

TANSAN MAGIC スパークリング モイスチャージ DR

80g / 3,200 円

碳酸泡體感較強烈，適合喜歡刺激感的男性使用。

TANSAN MAGIC アマンダ スパークリング モイスチャライザー

100g / 3,800 円

碳酸泡體感較為溫和，適合膚質比較敏弱的女性使用。

碳酸泡全效美容液系列

濃度高達 8,000ppm 的碳酸泡，搭配 17 種保濕、鎮靜、毛孔調理以及抗齡成分的全方位保養品。一瓶可抵化妝水、精華液以及乳液等保養步驟，也能在日曬或除毛後拿來鎮靜肌膚。

高濃度碳酸噴霧化妝水

濃度高達 18,000ppm 的碳酸噴霧化妝水當中，添加 8 種保濕潤澤以及讓肌膚更顯細緻的美肌成分，而且還帶有優雅的玫瑰花香。噴霧的粒子相當細微，輕輕一噴就像是剛泡過碳酸泉般舒服。無論是在肌膚缺水、補妝，甚至是想放鬆心情的時候都可以使用。

TANSAN MAGIC シャンパンミスト

80g / 2,800 円

碳酸頭皮淨化洗髮精

融合 15 種滋潤頭皮與強健髮絲的植萃成分，以及 18,000ppm 高濃度碳酸所打造的頭皮淨化洗髮精。碳酸濃度如此高的頭皮清潔產品相當少見，除了能夠徹底清潔頭皮上的髒污與皮脂之外，碳酸還能滲透頭皮，發揮促進血液循環的作用，讓頭皮能夠更加健康。如此一來，頭髮也能更加健康與強健。

護髮碳酸泡

針對乾燥、靜電及紫外線對髮絲所造成的傷害，採用 7 種能給予潤澤強健髮絲的植萃油，再搭配 7 種具備保濕作用的水果萃取物，以及 4 種潤澤修復成分所打造而成的護髮碳酸泡。在 17,000ppm 的高濃度碳酸泡協助下，任何髮質使用後，都能讓髮絲的觸感變得滑順水潤。使用後不需沖洗，不會殘留討厭的黏膩感。

頭皮養護碳酸泡

按壓壓頭將碳酸泡直接噴灑於頭皮上，添加 12 種東方草本精華的清涼碳酸泡就能對頭皮產生刺激，藉此達到按摩頭皮的作用。適合在覺得頭皮乾燥，或是頭皮屑、頭皮癢與掉髮變多等問題出現的時候加強保養。

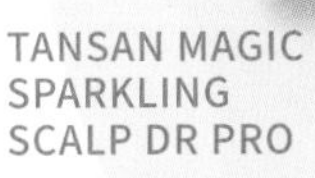

TANSAN MAGIC SPARKLING SCALP DR PRO

200g / 3,000 円

TANSAN MAGIC SPARKLING BEAUTY HAIR

150g / 2,800 円

TANSAN MAGIC SPARKLING SPA SHOWER

115g / 4,000 円

TANSAN MAGIC 超炭酸主義

60g×10 錠 / 2,50 円

濃碳酸泡入浴錠

只要將入浴錠放入溫水中，就能在家簡單重現碳酸溫泉。建議可以搭配 38 ～ 40°C左右的溫水，浸泡全身約 10 ～ 15 分鐘，就能獲得不錯的碳酸溫浴效果。（醫薬部外品）

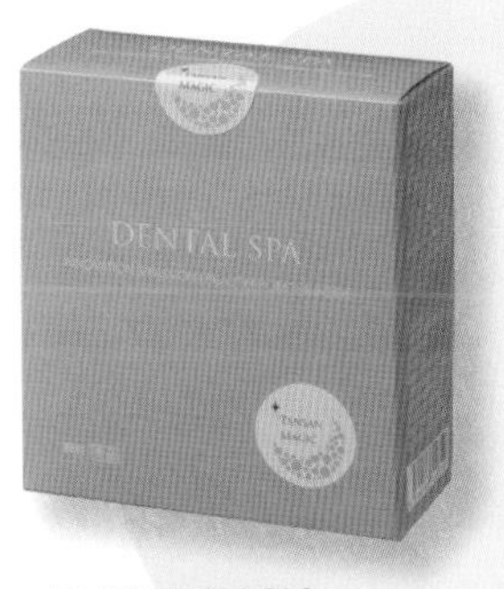

TANSAN MAGIC DENTAL SPA

1.2g×30 包 / 2,400 円

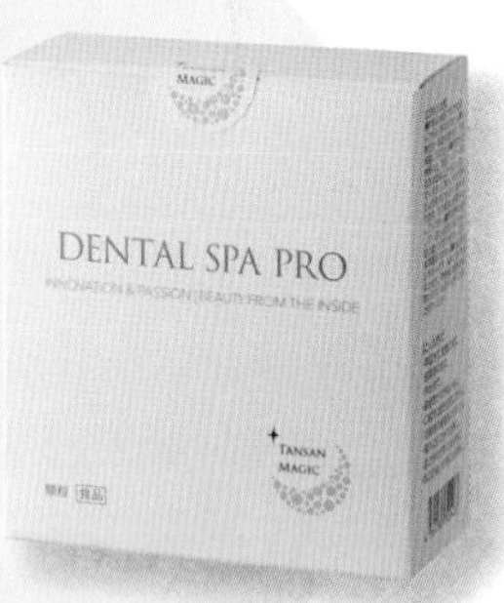

TANSAN MAGIC DENTAL SPA PRO

1.2g×30 包 / 2,400 円

碳酸口腔潔淨粉

添加乳香黃連木、森永 OralBarrier 以及刀豆等口腔護理成分的新概念商品。只要將顆粒狀的口腔潔淨粉倒入口中，在與唾液產生反應後，口腔內就會不斷形成碳酸泡。這些碳酸泡可清潔牙齒以及舌頭上的細菌，也能促進牙齦血液循環，是個沒有水也能做好口腔衛生的劃時代商品。

日本藥粧研究室
精選碳酸美容保養

DHC
ブライトニング ホイップウォッシュ

廠商　DHC
價格　120g / 1,560 円

添加發酵玫瑰花蜜、玫瑰萃取物，以及時下最具話題性的保濕成分蛋白聚醣。洗起來帶有優雅自然的白花香。

RAFRA
マシュマロオレンジ

廠商　レノア・ジャパン
價格　150g / 2,000 円

不只是洗臉，因為還添加柔化角質成分 AHA，所以也能透過按摩方式發揮去角質功能。另外還添加維生素 C、膠原蛋白與玻尿酸等美容成分，也可以拿來當碳酸泡面膜使用。

透明白肌
薬用ホワイト ウォッシュ N

廠商　石澤研究所
價格　150g / 1,500 円

採用豆乳發酵液、植物性胎盤素、膠原蛋白以及玻尿酸等多種保濕成分，強調能夠一掃老廢角質引起的暗沉，提升肌膚整體的清透度。

Dr.Ci:Labo
VC100
ホットウォッシング フォーム

廠商　Dr.Ci:Labo
價格　120g / 1,900 円

2019 年春季新推出，同時融合碳酸泡與溫感兩大熱門關鍵字的潔顏泡。主打成分為 APPS 維生素 C，對於粗大毛孔具有不錯的調理作用。

Prédia
プティメール ファンゴ バブル ウォッシュ

廠商　KOSÉ
價格　150g / 1,800 円

碳酸泡搭配具髒污吸附作用的天然海泥，可發揮不錯的毛孔潔淨效果，適合想徹底潔淨毛孔的人。宛如海風拂來般的清新香味，具有不錯的身心療癒作用。

est
アクティベート サーキュレーター

廠商　花王
價格　170g / 4,500 円

碳酸泡持久性表現優秀，保濕成分也相當講究的按摩潔顏泡。在按摩全臉之後，可以先敷個 1 分鐘左右，再用溫水沖淨。建議可以在每天早上使用同時喚醒肌膚。

在日本藥粧店及美妝店當中，也存在著不少以碳酸為主題的保養品。由於碳酸泡潔淨毛孔的機能性備受關注，因此市面上常見的碳酸美容保養品又以潔顏型居多。在這邊，日本藥粧研究室就為大家整理常見的人氣碳酸美容保養品。

SOFINA iP
ベースケア
エッセンス
〈土台美容液〉

廠商　花王
價格　90g / 5,000 円

上市三年多已熱賣超過400 萬瓶，在保養第一道程序使用，可為肌膚打好保養基礎的土台美容液。在 2018 年秋季的改版中，大幅提升碳酸泡的持久度與搭配的保濕成分。

Dr.Ci:Labo
エンリッチリフト
うるおい浸透マスク

廠商　Dr.Ci:Labo
價格　90g / 6,200 円

除了碳酸泡本身的實力之外，還另外添加兩種促進血液循環及血管擴張的草本成分。質地濃密到可當面膜敷的精華液當中，搭配多種保濕及抗齡成分，適合在意肌膚緊緻度的人使用。

ELIXIR
ブースター
エッセンス

廠商　資生堂
價格　90g / 2,900 円

質地特別，可提升後續保養滲透力的導入精華液。擠出瓶身之後，沁涼的彈跳碳酸泡能夠溫和不刺激的快速滲透肌膚並滋潤角質層。建議在早晚洗臉後的第一個保養步驟使用。

RAFRA
スパークリング
VC ミスト

廠商　レノア・ジャパン
價格　150g / 1,800 円

添加多種保濕及穩定肌膚的成分，使用起來帶有天然柑橘香的噴霧化妝水。除了臉部之外，粗糙冒痘痘的背部及乾燥的頭髮，甚至是臉上帶妝時也都可以使用！

HAKU
メラノディフェンス
パワーライザー

廠商　資生堂
價格　120g / 6,000 円

質地極為細密，滲透力表現也相當突出的驅黑淨白碳酸亮膚慕斯。除了獨家美白成分 4MSK 之外，還搭配由維他命 A 醋酸酯、尿囊素以及濃甘油所組成的防禦賦活成分。在活化肌膚，加速排除黑色素的同時也能確實潤澤肌膚。

do organic
ブライト
サーキュレーター
ミルク

廠商　do organic
價格　100g / 6,000 円

採用日本國產有機素材，加強保濕與肌膚緊緻度保養的碳酸乳液。不只可確實發揮滋潤作用，更能讓肌膚散發出健康的光澤感。清新的植萃精油香氛聞起來相當舒服。

講究原味重現的調香堅持

日本碳酸入浴錠的新指標 溫泡 ONPO

日本人不只愛泡溫泉，在家也一定要泡澡。近年來，日本入浴劑市場上有個明顯的變化，那就是製作成錠劑的碳酸入浴錠的產品種類明顯增加。主要的原因之一，就是使用方法簡單。只要拆開包裝丟入水中即可，不需要用盒蓋測量用量。另一個重點原因，就是現代人重視碳酸浴促進血液循環的代謝作用。對於每天因為工作而持續感到疲勞的上班族來說，碳酸浴也是放鬆身心的絕佳選擇。

在碳酸入浴錠百家爭鳴的戰國時代中，日本居家衛生大廠 EARTH 製藥所推出的「溫泡」系列是近來人氣度直線上升的人氣品牌。品牌誕生於 2015 年的溫泡，在碳酸入浴錠市場中算是新生。不過，因為溫泡有著獨特的堅持，而這樣的堅持又深得消費者的認同，所以才會在眾多碳酸入浴錠品牌當中快速竄紅。在分析溫泡的品牌精神與堅持之後，日本藥粧研究室發現溫泡具備三個相當有趣的堅持。在這些堅持之下，溫泡才能夠與其他同質商品有所區隔。

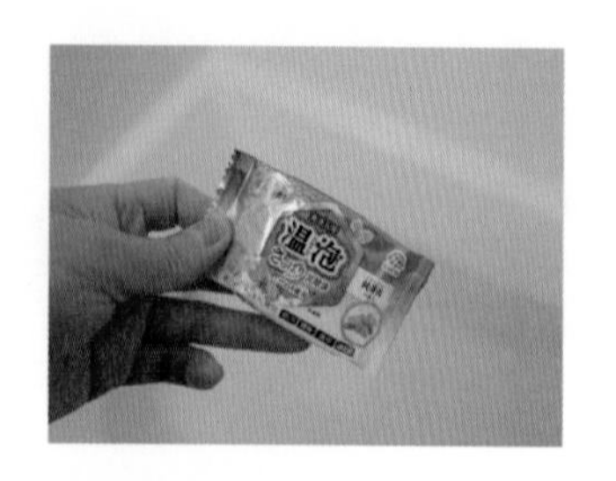

堅持一：原味重現

對於主打能讓人放鬆身心的入浴劑來說，香氛可說是舉足輕重的靈魂角色。因此在調香這一塊，溫泡的研發團隊的堅持點，就是採用來自日本各地香氛素材的精油進行調香。另外，也會透過科學分析的方式，利用獨家調香技術來重現各種素材的香氣。

堅持二：考量入浴環境

既然都如此用心在香氛表現上，溫泡研發團隊的另一個重點課題，就是如何讓香味發揮的淋漓盡致。為了能讓碳酸入浴錠的香味擴散到浴室的每個角落，溫泡從研發初期就將發泡力設定為研究重點。在反覆實驗之後，溫泡研發團隊終於找到能夠提升發泡力的方式，讓溫泡可透過強發泡力，促使香氣有效率地佈滿浴室。

堅持三：展現素材多樣面貌

市面上的盒裝碳酸泡入浴錠，不是香味相同，就是混合不同素材的香味。不過，溫泡在研究香氛素材的過程中，發現同樣都是柚子精油，但隨著品種不同或是成長階段的不同，素材所呈現的香味也有所差異。於是溫泡的研發團隊便以柚子特有的幾種樣貌，開發出帶有清新甜蜜以及淡淡苦澀等 4 種不同的香味印象。為了讓消費者像品酒師一般，能在入浴時體驗分辨同素材但不同品種的香氛差異樂趣。因此在選定香氛主題之後，溫泡的研發團隊便會賦予素材不同的生命，調配出四種各具特色的香味。

追求入浴後的溫熱體感
極緻碳酸浴

極緻碳酸浴是溫泡最早推出的系列。在研發上格外重視體感，也就是碳酸浴促進血液循環、輔助改善腰痛、肩頸僵硬以及手腳冰冷等問題的溫浴效果。因此，除了添加碳酸鈉及硫酸鈉等溫泉成分之外，還搭配生薑、葛根等中藥裡常見的溫體成分。在泡完澡之後，身體會持續暖和一段時間，特別適合在天冷或想流點汗的時候用來泡澡。

甘熟ゆず
の香り
熟甜柚子香
湯色：透明鮮黃

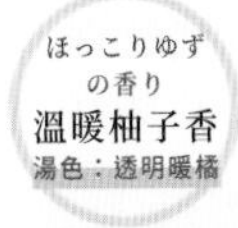

もぎたてゆず
の香り
鮮摘柚子香
湯色：透明草綠

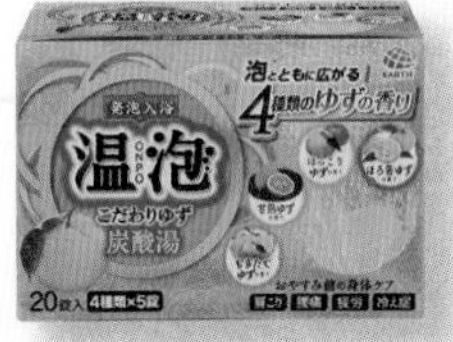

極緻
柚香浴

温泡 ONPO
こだわりゆず
炭酸湯

20 錠 / 598 円

香氛精油萃取自德島縣「木頭柚」之嫩芽、花瓣及果皮。

針葉樹の森
の香り
針葉森林香
湯色：透明淺綠

大樹の森
の香り
大樹森林香
湯色：透明橘黃

濃緑の森
の香り
濃綠森林香
湯色：透明深綠

若葉の森
の香り
嫩葉森林香
湯色：透明草綠

極緻
森林浴

温泡 ONPO
こだわり森
炭酸湯

20 錠 / 598 円

香氛精油萃取自青森縣產羅漢柏。

とうがらし
生姜の香り
辣椒生薑香
湯色：透明暖橘

ゆず生姜
の香り
柚子生薑香
湯色：透明淺黃

はちみつ生姜
の香り
蜂蜜生薑香
湯色：透明橘黃

極緻
生薑浴

温泡 ONPO
こだわり生姜
炭酸湯

20 錠 / 598 円

香氛精油萃取自日本國產生薑。

早摘み桃
の香り
初摘嫩桃香
湯色：透明淺綠

とろける蜜桃
の香り
甜嫩蜜桃香
湯色：透明粉紅

甘熟黄桃
の香り
甘熟黃桃香
湯色：透明鮮黃

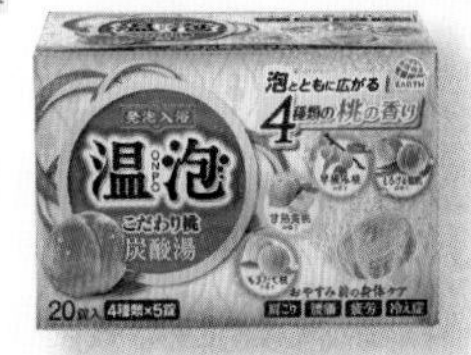

極緻
桃香浴

温泡 ONPO
こだわり桃
炭酸湯

20 錠 / 598 円

分析岡山縣產「清水白桃」的香氣之後所重現之香氛。

濃香ダマスク
ローズの香り
濃郁大馬士
革玫瑰香
湯色：透明淺紅

可憐な
ミニチュア
ローズの香り
嬌柔迷你
玫瑰香
湯色：透明淡粉

爽やかティー
ローズの香り
清爽
茶玫瑰香
湯色：透明鮮綠

華やかブレンド
ローズの香り
華麗
混香玫瑰
湯色：透明粉紅

極緻
玫瑰浴

温泡 ONPO
こだわりローズ
炭酸湯

20 錠 / 598 円

香氛精油萃取自鮮摘保加利亞玫瑰。

すだち柚子
の香り
醋橘柚子香
湯色：乳綠色

みかん柚子
の香り
蜜柑柚子香
湯色：乳黃色

きんかん柚子
の香り
金桔柚子香
湯色：乳白色

いよかん柚子
の香り
伊予柑柚香
湯色：乳白色

奢華
柑橘
柚子浴

温泡 ONPO
とろり炭酸湯
ぜいたく柑橘柚子

12 錠 / 448 円

香氛精油萃取自德島縣「木頭柚」之嫩芽、花瓣及果皮。

ばら蜜
の香り
玫瑰花蜜香
湯色：濁紅色

れんげ蜜
の香り
蓮花花蜜香
湯色：濁粉色

あかしあ蜜
の香り
金合歡
花蜜香
湯色：濁黃色

ふじ蜜
の香り
紫藤花蜜香
湯色：濁紫色

奢華
花蜜浴

温泡 ONPO
とろり炭酸湯
ぜいたく華蜜

12 錠 / 448 円

分析秋田產花蜜之後所重現的香氛。

ゼラニウム
ラベンダーの香り
天竺葵
薰衣草香
湯色：透明藍綠

オレンジフラワー
ラベンダーの香り
橙花薰衣草香
湯色：透明暖橘

ジャスミン
ラベンダーの香り
茉莉
薰衣草香
湯色：透明草綠

カモミール
ラベンダーの香り
洋甘菊
薰衣草香
湯色：透明淺紫

奢華薰
衣草浴

温泡 ONPO
とろり炭酸湯
ぜいたくハーブ
ラベンダー

12 錠 / 448 円

分析北海道富良野的薰衣草之後所重現的香氛。

ゆず紅茶
の香り
柚子紅茶香
湯色：透明鮮綠

もも紅茶
の香り
桃子紅茶香
湯色：透明橘黃

りんご紅茶
の香り
蘋果紅茶香
湯色：透明橘黃

かりん紅茶
の香り
花梨紅茶香
湯色：透明暖黃

奢華
紅茶浴

温泡 ONPO
とろり炭酸湯
ぜいたく果実紅茶

12 錠 / 448 円

分析印度阿薩姆紅茶香味之後所重現的香氛。

追求入浴前後的滑順體感
極緻滑順浴

完整重現弱鹼性溫泉帶有滑順感的觸覺，令人在泡澡時會不禁地觸摸自己的肌膚。在出浴之後，溶於水中的負離子薄膜會溫和地包覆全身，即便是離開浴室一段時間，全身還是會覺得暖呼呼。

追求清新舒爽體感
清爽碳酸浴

專為夏季入浴需求所開發，利用碳酸氫鈉來消除汗水與皮脂在肌膚上所造成的黏膩感。另一方面，搭配具有清涼感的薄荷，以及能夠制汗爽身的明礬，使人出浴後感到清爽舒暢。在保濕成分方面，則是採用薄荷油及綠茶萃取物。

艶めくイエローウィンの香り
艷麗甜美百合香
湯色：透明鮮黃

すがすがしいリーガルリリーの香り
清幽百合香
湯色：透明藍綠

優美なピンクパレスの香り
華麗百合香
湯色：透明淺紅

上品なカサブランカの香り
優雅百合女王香
湯色：透明草綠

清新百合浴

温泡 ONPO
さっぱり炭酸湯
こだわりリリー

12 錠 / 448 円

分析小笠原群島原生種麝香百合的香味之後所重現的香氛。

皮ごとレモンの香り
帶皮檸檬香
湯色：透明淺綠

炭酸レモンの香り
檸檬蘇打香
湯色：透明天藍

甘実レモンの香り
甘甜檸檬香
湯色：透明橘黃

摘みたてレモンの香り
鮮摘檸檬香
湯色：透明鮮黃

清爽檸檬浴

温泡 ONPO
さっぱり炭酸湯
こだわりレモン

12 錠 / 448 円

使用廣島縣及愛媛縣等地所產的瀨戶內檸檬精油。

柚子を浮かべたひのき浴の香り
柚子檜木香
湯色：乳黃色

菖蒲を浮かべたひのき浴の香り
菖蒲檜木香
湯色：乳黃色

ひのき玉を浮かべたひのき浴の香り
木球檜木香
湯色：乳白色

松を浮かべたひのき浴の香り
松葉檜木香
湯色：乳綠色

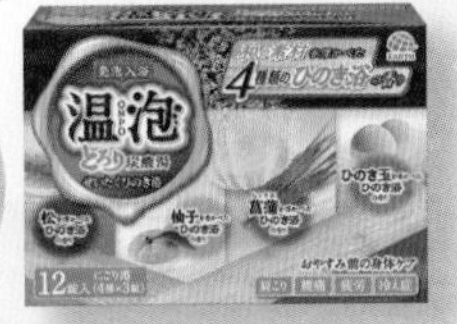

奢華檜木浴

温泡 ONPO
とろり炭酸湯
ぜいたくひのき浴

12 錠 / 448 円

香氛精油萃取自長野縣的木曾檜木。

白桃薄荷の香り
白桃薄荷香
湯色：透明桃粉

ゆず薄荷の香り
柚子薄荷香
湯色：透明淺綠

レモン薄荷の香り
檸檬薄荷香
湯色：透明草綠

純薄荷の香り
純粹薄荷香
湯色：透明水藍

清爽薄荷浴

温泡 ONPO
さっぱり炭酸湯
こだわり薄荷

12 錠 / 448 円

萃取自岡山縣日本特有種「秀美薄荷」的倉敷薄荷精油。改版強化薄荷含量之後，入浴時的清涼感顯得更加舒暢！

其他常見碳酸入浴劑

花王バブ

花王在 1983 年推出的バブ（Bub），可說是日本碳酸入浴錠的領頭羊。在市場普遍以泡澡粉為主流的年代，花王就以歐洲的碳酸泉為概念，開發出丟入水中就會產生碳酸泡的錠狀產品。目前品牌底下主要的系列有以下三種。

基本系列

鼓勵現代人再忙也要泡個澡放鬆一下，除了碳酸泡之外還搭配暖體薄膜配方，就算泡澡時間只有短短的幾分鐘，也能擁有碳酸浴溫暖身體的效果。

高濃度系列

針對現代人工作疲勞的問題，特別強化碳酸泡消除疲勞等效果的高濃度碳酸版本。相較於基本系列而言，這系列的碳酸泡濃度高出 10 倍，而且發泡力也比較強勁。

發汗巡活系列

碳酸泡體積只有基本系列的 1/20，可有效提升碳酸浴促進血液循環的作用，適合想提升代謝力或流汗的人。由於主打客層為女性，所以在調香方面也格外講究，全系列都採用天然草本精油進行複合調香。

巴斯克林きき湯

巴斯克林研究溫泉多年，最拿手的獨門絕活，就是重現日本各地的溫泉特色，開發出許多溫泉粉。きき湯系列則是巴斯克林以溫泉科學的角度，針對現代人的各種疲勞困擾所開發的碳酸入浴劑系列。

基本系列

品牌精神是不把今天的問題留到明天，因此依照身體痠痛部位或皮膚困擾，把產品細分為六個類型。碳酸發泡粒的體積大概跟紅豆差不多，可以在短時間迅速溶解。

暖身系列

碳酸濃度是基本系列的四倍，碳酸發泡顆粒本身也變大許多，可強化碳酸浴的暖身效果。除了加強碳酸濃度之外，還另外搭配生薑粉以及硫酸鈉，來加強碳酸浴的暖身感。

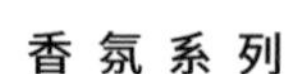

香氛系列

碳酸發泡粒的大小與濃度，跟基本系列相同，但在調香方面更加講究。每一種類型都是採用 10 種以上的天然精油，且精油比例佔整體香料的 50%左右，因此香氛表現上相當具有層次感。

Chap 7 ter

2018-19 日本藥妝年鑑

2018 年秋季系列大革新
打造光澤彈潤肌的第一步

POLA MAKER
卸 120g / 4,800 円
洗 120g / 4,800 円

Red B.A
（卸）トリートメント
クレンジング
（洗）トリートメント
ウォッシュ

Red B.A 的系列核心概念，就是打造充滿生命力的光澤彈潤肌。質地略硬的卸妝膏，在接觸肌膚之後會快速化為滑順的卸妝油，並且服貼肌膚，帶走毛孔內的髒汙。搭配泡沫極為綿細的洗面乳，可讓疲累的肌膚顯得柔嫩有活力。

添加多種東洋美容素材
把洗卸當成保養的第一步

江原道 MAKER
卸 120g / 3,400 円
洗 100g / 2,800 円

Koh Gen Do
オリエンタルプランツ
（卸）五能クレンジング
クリーム
（洗）五能フェイシャル
ウォッシュ

來自日本江原道，主打五能美容的洗卸系列。所謂的五能美容，是指包含柔軟、滑嫩、光澤、緊緻以及彈力等美肌要素。即便是洗卸系列，也採用保養品的標準，添加三十六種東方草本成分，在徹底潔淨臉部肌膚的同時，也為接下來的保養步驟做好準備。

輕鬆洗淨無負擔
散發純淨的
春洋蘭基調白花香

資生堂 MAKER
卸 175ml / 3,200 円
洗 130g / 2,500 円

BENEFIQUE DOUCE
（卸）メイク
クレンジング
オイル
（洗）クレンジング
フォーム

BENEFIQUE DOUCE 洗卸當中添加木醣醇，可透過滋潤作用提升疲憊肌的防禦屏障機能。手濕也能使用的卸妝油不只能卸除彩粧，還能淨化粉刺。另一方面，搭配 MA 洗淨成分的洗面乳，則是能透過綿密的泡泡確實包覆並潔淨毛孔與老化角質，藉此提升後續保養的效果。

臉部清潔 組合

強化滋潤潔淨力
專屬敏感肌的洗卸品

ドクターシーラボ MAKER
卸 120g / 2,850 円
洗 100g / 2,650 円

Dr.Ci:Labo
（卸）クレンジングゲル
スーパーセンシティブ EX
（洗）ウォッシングフォーム
スーパーセンシティブ EX

重點鎖定在保濕成分與溫和低刺激配方，專為敏感肌所開發的洗卸系列。在溫和無負擔進行洗卸的同時，還能針對自來水當中的氯，發揮阻斷傷害肌膚的機能。

只用 100% 天然有機素材
著重肌膚常駐菌的
機能與平衡

えそらフォレスト MAKER
卸 150g / 3,334 円
洗 150g / 3,334 円

HANA ORGANIC
（卸）ピュアリ
クレンジング
（洗）ピュアリクレイ

日本國產有機保養品牌—HANA 所推出的洗卸系列。除了添加多種有機保養素材與洗卸成分之外，還相當重視肌膚表面常駐菌的平衡。讓肌膚不只是潔淨，還能維持健康的自然狀態。

聚焦免疫力與常駐菌的平衡
精華液等級的卸妝乳

FTC MAKER
200g / 3,300 円

FTC
**ホワイト
モイスチャー
クレンジング**

可在潔淨肌膚的同時，調控肌膚表面常駐菌生態，讓肌膚自然提升抵抗力，進而顯得強韌與水嫩。搭配可抑制發炎反應的甘草酸鉀，對於成人痘與肌膚乾荒也有不錯的輔助作用。

清透水感無負擔
簡單就能拭去老廢角質

コーセー MAKER
300ml / 1,600 円

Prédia
**プティメール
ミネラル ウォーター
クレンズ**

添加海洋深層水、溫泉水以及海藻成分，使用起來清爽卻具備優秀保濕力的卸妝水。搭配化妝棉就能輕鬆擦拭臉部髒汙，使用後可不需用水沖淨，也能在早上用來代替洗臉步驟。

同時搭配兩種洗淨成分
無論油性或水性髒汙
都能卸乾淨

DHC MAKER
195ml / 1,620 円

DHC
**薬用 パーフェクト
マイルドタッチ
クレンジング オイル**

擁有超強卸妝力，無論是髒汙、皮脂或是防水彩妝，都能在不過度傷害肌膚的狀態下簡單卸除。搭配藥用成分甘草酸酯，可穩定乾荒狀態下的肌膚。採用天然精油，調配出舒服的柑橘薰衣草香氛。
（医薬部外品）

單品 臉部清潔

鎖定毛孔難纏的髒汙！
精華液成分高達99%
的溫感卸妝凝膠

DHC MAKER
200g / 1,500 円

DHC
**ホットクレンジング
ジェル EX**

質地偏軟好推展的溫感卸妝凝膠，可在深入清潔毛孔的同時，搭配緊緻毛孔成分，讓粗大毛孔顯得緊緻。由於潔淨力表現不錯，且沖淨後無黏膩感，後續不需雙重洗臉。

溫感作用較為溫和
特別適合用於眼部與唇部

コーセー
コスメポート MAKER
200g / 1,000 円

softymo LACHESCA
**ホットジェル
マイルドクレンジング**

添加90%精華液成分的溫感卸妝凝膠。溫熱感較為溫和，適合用來清潔毛孔髒汙與自然感淡妝。搭配卡姆果萃取物，可針對粗大毛孔發揮調理作用。

泡沫綿密的洗卸合一
就算防水彩妝
也能一次輕鬆卸除

花王 MAKER
210g / 570 円

Bioré
**メイクも落とせる洗顔料
つるすべ美肌**

不需搭配起泡網，就可用雙手搓出濃密的泡泡。帶有卸妝機能的泡泡，不只能清潔毛孔髒汙，就連防水的底妝與彩妝，也都能一起卸除。即使臉上沒帶妝，也能當成一般洗面乳使用。

洗去肌膚上的老廢角質
讓膚色更顯水潤明亮

DHC MAKER

100g / 1,080 円

DHC
ハトムギ クリア ウォッシュ F1

除了泡泡細微，對肌膚低負擔的洗淨成分之外，還添加薏仁等四種漢方草本萃取物，輔助讓肌膚的狀態更加穩定健康，且視覺上更顯清透。對於痘痘肌來說，是不錯的新選擇。

礦物質搭配蠶絲的雙重效用
打造水潤且清透的好膚質

DHC MAKER

100g / 1,400 円

DHC
ミネラルシルクモイスト フォーミングウォッシュ

採用白泥作為基底的洗面乳，可發揮不錯的毛孔潔淨效果。在話題礦物質成分「矽」與蠶絲兩大成分加持下，可讓肌膚更顯水潤與清透滑嫩。

包裝可愛超吸睛
酵素洗顏粉的新成員

コーセー コスメポート MAKER

0.4g×15 個 / 1,000 円

Softymo LACHESCA
パウダーウォッシュ

Softymo LACHESCA 在一連推出許多強化毛孔潔淨機能的卸妝及洗顏商品之後，2019 年春季同樣以清潔毛孔的需求，推出以甜筒冰淇淋為主題的酵素洗顏粉。採用胺基酸潔淨成分，可溫和洗淨並保留肌膚原有的水潤感。

臉部清潔 單品

潔顏泡長壽品牌代表
使用感改革再進化

花王 MAKER

150ml / 570 円

Bioré
マシュマロホイップ

採用花王獨家 SPT 洗淨技術，可溫和洗淨弱酸性肌膚的潔顏泡。在 2019 年春季的改版中，強化重點為增加泡泡的濃密度，同時也變得更加容易沖淨。

モイスチャー / 溫和保濕型

リッチモイスチャー / 強化滋潤型

オイルコントロール / 清爽控油型

薬用アクネケア / 痘痘護理型

將傳統和風食材做為主題
強化保濕概念的洗面乳

pdc MAKER

170g / 1,000 円

WafoodMade
酒粕洗顔

採用酒粕、米發酵液及酵母等保濕效果高的日本食材，再搭配小黃瓜、米糠及柚子萃取物，相當適合 30 世代前後，肌膚偏乾燥的人使用。

來自極地的獨家成分
助你對抗疲勞壓力肌

POLA
MAKER

Red B.A

疲勞及壓力等極度緊繃的身心狀態，會造成肌膚細胞活力降低，連帶使肌膚顯得乾燥、鬆弛以及毛孔粗大。為喚醒沉睡的肌膚細胞，Red B.A 採用來自極地的菌種開發出獨家喚膚成分。在帶有稠度的化妝水以及質地濃密的乳霜呵護下，肌膚會宛如睡飽一般呈現緊緻透亮。

ボリュームモイスチャーローション / 化妝水
120ml / 9,000 円

マルチコンセントレート / 乳霜
50g / 11,000 円

狙擊斑點根源
從肌膚深處實現深白肌

コーセー
MAKER

INFINITY
アドバンスト ホワイト XX

肌膚上的斑點，會隨年齡增長而逐漸根深蒂固，最後變成棘手的保養問題。針對這個問題，高絲無限肌緻採用美白成分麴酸，推出能夠從根源對付黑色素的極光深白系列。再搭配多種保濕潤澤成分，以及濃密好推展的質地，相當適合輕熟齡後的族群用來打造明亮有光澤的肌膚。（醫藥部外品）

ローション XX / 化妝水
160ml / 7,000 円

セラム XX / 乳液
120ml / 7,000 円

クリーム XX / 乳霜
40g / 12,000 円

組合　臉部基礎保養

阻斷壓力對敏感肌的刺激
潤澤活力肌的培育好幫手

アユーラ
MAKER

AYURA
センシティブシリーズ

針對壓力帶來的角質防禦機能衰退等問題，AYURA 利用百里香萃取物，來阻斷刺激傳導物質 PAF 與玻尿酸分解酵素的活性。基礎保養採用兩步驟，首先是調理肌膚健康狀態的角質調理露。接下來，則是利用化妝液來滋潤肌膚，同時維持水分通道的暢通，並且將水分留在肌膚中。化妝液分為質地清爽的 I ，以及相對滋潤的 II 。（醫藥部外品）

クリアリファイナーセンシティブ / 敏感肌角質調理露
200ml / 4,200 円

バランシングプライマーセンシティブ I・II / 敏感肌保濕化妝液 清爽・滋潤
100ml / 4,200 円

融合多年玻尿酸研究結晶
打造水潤的緊緻透亮肌

カネボウ化粧品

MAKER

DEW
ブライトニング美白ライン

夏季室外炎熱且紫外線強烈，室內則是因為空調而乾燥不已，這些環境條件都會對肌膚產生負面影響。為實現緊緻透亮的肌膚，DEW 這回將多年的玻尿酸研究融合維生素 C 以及洋甘菊 ET 等美白成分，再搭配獨家開發的 Balance Clear C，推出這套能夠兼具保濕、美白以及提升肌膚透亮度訴求的基礎保養系列。（医薬部外品）

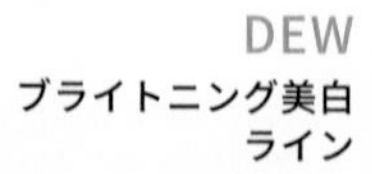

ブライトニング ローション しっとり / 化妝水 150ml / 4,000 円

ブライトニング エマルジョン しっとり / 乳液 100ml / 4,300 円

ブライトニング クリーム / 乳霜 30g / 5,500 円

臉部基礎保養 組合

即使粗硬的疲憊肌
也能迅速滲透！
療癒肌膚的保養時光

資生堂

MAKER

BENEFIQUE DOUCE

澄淨自然系列是專為乾燥、黯沉、看起來毫無活力的「疲憊肌」所研發，可體驗前所未有極致滲透感的基礎保養系列。系列共通成分為木醣醇及溫桲萃取物，能提升肌膚的防禦機能。另一方面，再搭配碧麗妃品牌主打的 CE 成熟保濕成分及潤環美容成分，可讓疲弱的肌膚由內而外充滿潤澤。另外還有 II 滋潤型。

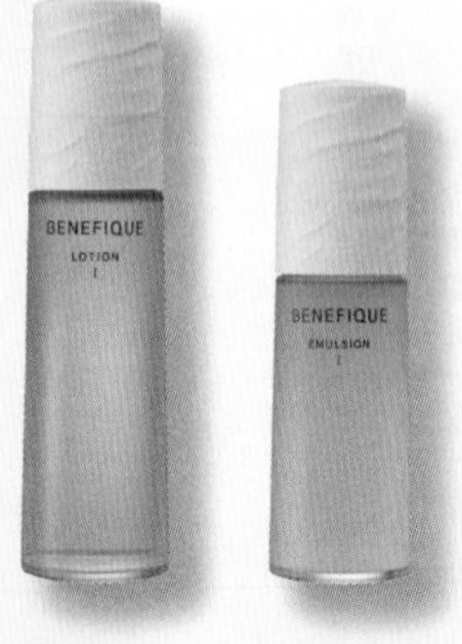

ローション I / 化妝水清爽型 200ml / 4,000 円

エマルジョン I / 保濕凝露清爽型 150ml / 4,200 円

讓肌膚宛如獨立筒床墊
細緻柔嫩且張力均勻有彈性

資生堂

MAKER

ELIXIR SUPERIEUR
リフトモイスト

訴求能為肌膚注入水潤感，讓雙頰顯得飽滿緊緻，散發出健康水玉光的怡麗絲爾改版了！除了系列共通的膠原蛋白 GL、肌醇 CP 複合成分與美白成分 m- 傳明酸之外，這次新增能夠促進活化第 III 型膠原蛋白的 WTCS 水芹萃取物，提升肌膚透亮純淨度的效果可期。

ローション / 化妝水 170ml / 3,000 円

エマルジョン / 乳液 130ml / 3,500 円

北歐森林中的美肌小護士
傳用千年的白樺樹液美容法

YOSEIDO JAPAN
MAKER

YST

白樺樹液滲透肌膚的速度佳，而且含有多種維生素、18種胺基酸、18種微量元素以及11種脂肪酸，對於肌膚而言是相當不錯的營養來源。養生堂的YST保養系列，是目前在日本少數以高濃度白樺樹液作為原料的保養系列。清爽型保濕液100%為白樺樹液，滋潤型保濕液則是添加β-葡聚醣，以增加保濕度。另一方面，保濕乳霜則是搭配維生素E，提升潤澤與抗老化保養效果。

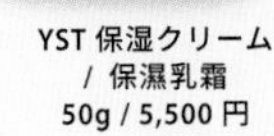

YST保湿液（さっぱり）/ 清爽型保濕液 150ml / 3,200円

YST保湿液（しっとりI）/ 滋潤型保濕液 150ml / 3,200円

YST保湿クリーム / 保濕乳霜 50g / 5,500円

來自大海的滋潤成分
搭配可愛活潑
的馬卡龍配色設計

コーセー
MAKER

Prédia
プティメール

專為2000年後出生的千禧世代所開發，在包裝設計上顯得相當活潑。針對千禧世代最早遇到的保養問題——乾燥與毛孔粗大，Prédia PETITE MER採用富含礦物質的海洋深層水，以及來自大海的保濕成分，打造出水潤緊緻的滑嫩肌。

ミネラルコンク ローションI・II / 化妝水 清爽型・滋潤型 170ml / 2,200円

タラソコンク ミルクI・II / 乳液 清爽型・滋潤型 100ml / 2,500円

組合

採用四大漢方草本成分
注重肌膚的循環力與代謝力

DHC
MAKER

DHC
F1 ハトムギ

添加日本國產薏仁、芍藥、牡丹及桃仁等四種漢方萃取精華，能夠同時發揮保濕、抗氧化以及抗發炎等作用。化妝水採用保濕型微脂囊包覆技術，可發揮優異的滲透力與持續保濕的效果。另一方面，乳液則是質地輕透，卻能發揮不錯的潤澤作用。

ローション / 化妝水 200ml / 1,540円

ウォータリミルク / 水感乳液 120ml / 1,480円

利用發酵力與美白力
打造毛孔緊緻的潤白肌

コーセー
コスメポート
MAKER

黒糖精 Premium
ホワイトニング

增添肌膚滋潤清透感的高濃度黑糖發酵萃取物，搭配高純度維生素C衍生物的黑糖精Premium美白系列，是2019年極具代表性的開架美白保養系列。除了可對黑斑及肌膚乾荒等問題發揮保養作用外，也能讓毛孔看起來更膨潤細緻。如此一來，肌膚整體也會顯得水潤清透。
（医薬部外品）

ローション / 化粧水 180ml / 1,500円

エマルジョン / 乳液 130ml / 1,500円

搭配極具療癒感的草本香氛
隨時隨地都能
為肌膚補充水分

江原道 MAKER
100ml / 2,600 円

Koh Gen Do
ハーバル ミスト

以溫泉水作為基底，搭配多種具備保水、潤澤以及收斂成分的噴霧化妝水。不管是補妝也好，或是空調環境太乾燥也好，隨時隨地都能在天然草本香氛的陪伴下，為肌膚的水潤感重開機。

搭配瑪乳拉果油
使肌膚顯現光澤

ヴァーチェ MAKER
50ml / 3,200 円

VIRCHE
モイストバリアミスト

主打機能為幫助肌膚提升防禦機能的噴霧化妝水，使用之後不只能夠防止空氣中的致敏因子覆著於肌膚，更能在 NMF 天然保濕因子與 5 種人型神經醯胺的輔助下，讓肌膚維持水潤感。

毛孔・斑點・紋路・彈力
多機能的
高濃度美肌成分化妝水

ドクターシーラボ MAKER
150ml / 7,300 円

Dr.Ci:Labo
VC100 エッセンス ローション EX スペシャル

採用 100 倍滲透維生素 C（APPS）、滲透發酵膠原蛋白，以及富勒烯等三種奢華的保濕與抗老成分。可同時應對多種保養需求，是市面上不多見的多機能化妝水。

保濕成分融合穩定成分
夏日的草本急救化妝水

ジャパン・オーガニック MAKER
120ml / 3,800 円

do organic
エクストラクト ローション リペア

採用多種穀物萃取保濕成分，搭配可穩定肌膚狀態的甘草根萃取物，適合拿來為乾燥或日曬後的受損肌膚緊急補水。

單 品

概念簡單的進化型化妝水
幫你打造水潤肌

レノア・ジャパン MAKER
150ml / 3,200 円

RAFRA
トリートメントローション

針對極為乾燥的肌膚困擾，不只是補充保濕與抗齡潤澤成分，還能輔助疏通水循通道，讓保濕成分能在肌膚當中循環，輔助打造水潤肌。

捨棄多餘的成分
簡單卻有效率的去角質

レノア・ジャパン MAKER
120ml / 1,500 円

TUNEMAKERS
原液ピーリング液

利用獨家配方比例 5：3：2，調配 AHA、發酵 AHA 以及神經醯胺。搭配化妝棉擦拭，可簡單柔軟肌膚同時拭去老廢角質。用於擦拭黑頭粉刺與黯沉處，輔助代謝至原有的清透滑嫩膚觸！

改善黯沉無光
打造清透潤澤的活力肌

コーセー プロビジョン MAKER
120ml / 5,500 円

米肌
肌潤美白化粧水

主要美白成分採用傳明酸，再融合品牌的核心保濕成分 Rice Power No.7，可同時兼顧美白與保濕兩大夏日保養需求。質地略帶稠度，卻能舒服地快速滲透為肌膚補水。（医薬部外品）

大容量美白化妝水
每天濕敷也不心疼

明色化粧品 MAKER
500ml / 900 円

雪澄
薬用美白水

同時添加薏仁萃取物以及胎盤素萃取物，保濕、安撫兼美白用的化妝水。質地相當清爽，非常適合每天搭配化妝棉濕敷臉部或全身需要保養的部位。（医薬部外品）

不只是紫外線的傷害
還能應對炎熱氣候
帶來的傷害

POLA MAKER
50g / 12,000 円

White Shot
ホワイトショット RXS

為應對炎熱氣候造成肌膚內部出錯，進而持續產生黑色素，White Shot 在 2019 年初夏推出這罐使用感沁涼舒服的精萃凝乳。搭配多種獨家美白與保濕成分，透過快速滲透配方加強吸收，使用起來相當清爽。

自己的臉部線條
就靠自己來管理

イプサ MAKER
30g / 13,000 円

IPSA
ターゲットエフェクト アドバンスト S

保養主題鎖定在自我管理臉部線條的抗齡乳霜。保濕成分融合可提升肌膚緊緻度與彈力的成分，再配合簡單的 10 秒按摩法，任何人都能讓臉部線條變得更有精神。

單品 臉部基礎保養

溫暖終結疲憊
召喚光潤彈力美肌

資生堂 MAKER
40g / 10,500 円

BENEFIQUE
バウンスジーニアス

專為深受乾燥、黯沉以及疲勞的「慢性疲憊肌」所研發，搭配潤環美容成分、皮米滲透技術以及特殊封鎖膜技術，讓肌膚就像睡了一場美容覺，顯得透亮、光潤與緊實。

打造潤澤防禦層
保護肌膚不受外在因子刺激

エトヴォス MAKER
30g / 3,500 円

ETVOS
モイストバリア クリーム

搭配 4 種不同的人型神經醯胺，可在肌膚表面形成膜層，保護肌膚不受空汙微粒刺激而顯乾荒的保護乳霜。同時搭配抗炎穩定成分，也能安撫受刺激的不穩肌。

對抗壓力型老化
著重膠原蛋白的再生
與排列研究

アユーラ MAKER
30g / 8,000 円

AYURA
アユーラ モイストリフト クリーム

壓力會造成膠原蛋白異變，甚至使肌膚狀態看起來顯老。針對這個問題，AYURA 推出這罐乳霜，將保養重點鎖定在膠原蛋白的再生與結合狀態，藉此提升肌膚的保水力與彈力。同時搭配可放鬆心情的草本精油香，舒緩日常所承受的壓力。

100%天然配方
溫和的有機美白乳霜

えそらフォレスト MAKER
15g / 5,000 円

HANA ORGANIC
オーガニック ホワイトクリーム

美白成分是萃取自馬鈴薯的天然維生素 C 衍生物，專為黑斑等問題所開發的有機局部美白霜。搭配多種具備抗氧化與穩定作用的草本植萃成分，是相當少見的有機美白商品。（医薬部外品）

深層鎖定頑固黑斑
讓年齡肌也能透亮有神

コーセー MAKER

40ml / 10,000 円

INFINITY
アドバンスト ホワイト XX

鎖定增齡之下出現的頑固黑斑，利用美白成分麴酸，深層發揮根絕亮白力。搭配尿囊素及甘草萃取物，對於日曬所引起的肌膚乾荒問題，也具有不錯的安撫效果。（医薬部外品）

美白潤澤成分伴隨光的魔力
揮別黯沉無光的肌膚

カネボウインターナショナル Div. MAKER

50ml / 20,000 円
30ml / 13,500 円

KANEBO
イルミネイティング セラム

採用洋甘菊 ET 作為美白成分，再針對乾燥引起的黯沉問題，添加能夠調理肌膚紋路及滋潤狀態的複合成分。質地柔順的精華液塗抹在肌膚時，可在自然光的協助下顯得柔亮有光澤。（医薬部外品）

臉部特殊保養 美白精華

鎖定形成原因及根源目標
深層瓦解黑色素的骨架

富士フイルム MAKER

30ml / 7,000 円

ASTALIFT
ホワイト エッセンス インフィルト

富士軟片在黑斑的研究過程中，發現 BACE2 酵素是形成黑斑骨架的原料，因此開發獨家成分「Nano Rice Clear」來阻斷該酵素發揮作用。同時搭配獨家美白成分奈米 AMA 與維生素 C 衍生物，深層美白的效果令人期待。

兼顧點和面
同步應對陰影與黑斑

ドクターシーラボ MAKER

28g / 9,000 円

Dr.Ci:Labo
メガホワイト377VC EGF

高濃度添加美白成分「WHITE377」與「100 倍浸透維生素 C（APPS）」結合而成的「Nano W377」，再搭配抗齡成分 EGF 的豪華配方。不只是黑斑黯沉，對於細紋形成的陰影也有不錯的表現。

快速滲透肌膚深層
加強肌膚潤澤度的美白精華

コーセー
プロビジョン MAKER

30ml / 8,000 円

米肌
肌潤美白エッセンス

採用傳明酸作為美白成分，主張能在黑色素形成初期發揮作用。除美白作用外，更講究保濕滋潤效果，添加萃取自白米的 Rice Power No.7，使用後給予肌膚潤澤感。
（医薬部外品）

搭配植萃滲透保濕成分
敏感肌也能使用的美白精華

エトヴォス MAKER

50ml / 5,000 円

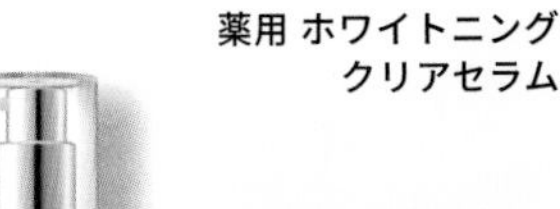

ETVOS
薬用 ホワイトニング クリアセラム

美白成分為傳明酸，不只是黑斑這些「點」，連黯沉的「面」也能兼顧。質地相當清爽，即便是敏弱的膚質，使用起來也不會有太大負擔。
（医薬部外品）

美白精華

活化肌膚的循環作用
讓暴走的黯沉細胞正常化

えそらフォレスト MAKER

30ml / 5,500 円

HANA ORGANIC
ホワイトジェリー

從穩定暴走肌膚的觀點，採用 8 種抑制發炎反應的漢方草本精華，再搭配具有美肌作用的有機玫瑰萃取物。另一方面，還添加獨特的花萃調合精油，強化肌膚的亮白循環作用。

C 字部位的局部美白保養
讓抗齡戰線更加天衣無縫

DHC MAKER

20g / 3,000 円

DHC
ザ スノー ショット

採用維生素 C 衍生物等成分，從抑制、分解、阻斷及排出等四個方向，對顴骨到眼尾這段 C 字部位，發揮集中亮白保養。隨著美白戰線不斷擴張，向來容易被忽略的美白保養部位也都照顧到了。

採用傳明酸與胎盤素
雙重美白成分雙管齊下

pdc MAKER

50ml / 1,500 円

DIRECT WHITEdeW
美白美容液

質地像水一般清透，而且滲透力表現不錯。適合在洗臉後第一個保養步驟使用，產品定位上屬於導入型精華液。在全臉使用之後，也能針對黑斑等部位再塗上一層做加強保養。

輔助提升後續保養效率
成分組合超豪華
的保濕導入精華

ドクターシーラボ MAKER
100ml / 12,000 円

Dr.Ci:Labo
アクアインダーム
導入エッセンス EX
スペシャル

質地相當濃密，卻能快速滲透，並提升後續保養效率的導入精華。搭配 2 種富勒烯以及鮭魚胎盤素，能幫助沒有活力的壓力肌打起精神。

一滴水也沒加
98.3%為白米發酵液
的導入精華

FTC MAKER
30ml / 8,500 円

FTC
ステムイン
ダイレクトブースター
プラチナム

使用感極為濃密，幾乎一整瓶都是米發酵液，可提升肌膚緊緻度與清透感的導入精華。採用獨家滲透技術，即使質地濃密，因為新型微脂囊技術，所以使用起來感覺滲透力不錯。

充滿活力的碳酸泡
彷彿是喚醒肌膚的鬧鐘

POLA MAKER
70g / 6,800 円

Red B.A
ビギニングエンハンサー

適合在洗完臉後的第一個保養步驟使用，透過獨特的碳酸泡觸覺，以及增添肌膚活力的成分，喚醒肌膚原本應有的活力。通常建議兩天使用一次即可。

保濕精華

東洋草本搭配鎖水成分
幫肌膚保養做好暖身操

江原道 MAKER
30ml / 6,000 円

Koh Gen Do
オリエンタルプランツ
五能エッセンス

聚焦於肌膚表面的好菌，採用多種東方草本植萃成分，搭配 5 種具備高鎖水能力的神經醯胺的導入精華。搭配簡單的按摩手法，可讓肌膚更顯光澤水潤與柔嫩。

質地濃密有彈力
可溫和去除老廢角質

コーセー
プロビジョン MAKER
120ml / 4,000 円

米肌
澄肌クリアエッセンス

建議搭配化妝棉，以擦拭的方式溫和去除臉部粗糙的老廢角質。在白米萃取物及發酵精華的幫助下，也能發揮滋潤效果，讓肌膚顯得更加柔嫩。

同時保養乾燥與毛孔困擾
能夠改變肌膚質感
的超濃厚精華

コーセー
コスメポート MAKER
45ml / 1,800 円

黒糖精 Premium
パーフェクト
エッセンス

除了主打的黑糖發酵萃取物之外，還搭配 3 種保濕成分，以及 5 種植萃潤澤油成分。質地相當濃密，卻能快速滲透不留黏膩感。

彈潤有活力的肌膚印象
讓美麗更加分

SK-Ⅱ MAKER
30ml / 12,500 円
50ml / 18,500 円

SK-Ⅱ
R.N.A.パワー ラディカル ニュー エイジ ユース エッセンス

可針對肌膚細緻度、緊緻度、光澤度以及毛孔狀態等視覺年齡要素進行抗齡保養。質地相當清爽，可快速滲透至肌膚之中。推薦給想要提升肌膚彈潤感與活力的人。

鎖定黑斑・細紋・鬆弛等問題
醫美等級的高機能抗老精華

スピック MAKER
105g / 25,000 円

SPIC
エッセンス ロマンティスト

運用先進的微脂囊包覆技術，將抗老成分 hEGF 以及高抗氧化與輔助美白作用的甘草萃取物完整包覆。不僅如此，還將維生素 A、B、C、E 奈米化處理，用來提升整體成分的效果性。無論是成分或技術，都堪稱是醫美等級的高水準。

抗齡精華　臉部特殊保養

搭配高濃度類肉毒成分
體感明顯的人氣抗齡精華

ドクターシーラボ MAKER
18g / 9,000 円

Dr.Ci:Labo
4Dボトリウム エンリッチリフトセラム

主打撫紋體感明顯，市售抗老保養品當中，極少數採用類肉毒成分的抗齡精華。最新版本的濃度高達 55%，搭配新補水膠囊技術，可用於對付臉部細紋困擾。

聚焦於分解與再生
以皇后為名的
新概念抗老精華

DHC MAKER
90g / 8,000 円

DHC
クイーン オブ セラム

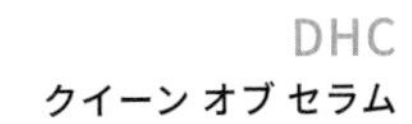

從分解與再生的觀點，針對肌膚當中的老廢物質與構成美肌的機制發揮作用。濃密的精華液，可深入肌膚活化約 600 個美肌因子，對抗彈力不足、蠟黃以及細紋等老化警訊。

天然由來成分高達 99.9%
培育健康美肌的精華油

SENSORY MAKER
30ml / 3,200 円

SENSORY
グローアップセラム

添加 4 種抗老植物幹細胞，搭配精華油基底，可讓肌膚充滿彈力與光澤。滲透力佳且不黏膩，並融合大馬士革玫瑰、天竺葵與薰衣草，調出優雅且安定心神的香氛。

臉部特殊保養

抗齡精華

毛孔精華

添加優於橄欖油抗氧化能力
來自非洲的珍稀保養油

ヴァーチェ MAKER

18ml / 3,680 円

VIRCHE
マルラオイル

基底為來自南非的珍稀抗齡保養成分——馬魯拉果油。抗氧化能力是橄欖油的 10 倍、摩洛哥堅果油的 3.6 倍。擁有出色的保濕與潤澤力，敏感肌也能使用的植萃精華油。

膠原蛋白與彈力蛋白的結合
一掃眾多眼周的老化訊號

ロート製薬 MAKER

20g / 6,000 円

Obagi
オバジダーマパワー X ステムシャープアイ

針對眼周細紋與肌膚黯沉感等問題，將膠原蛋白與彈力蛋白包覆在濃密的眼霜當中。透過簡單的按摩，可使眼霜快速滲透，讓眼周肌膚由內向外湧現滋潤與緊緻感。

底妝之後輕輕一抹
眼周立即展現緊緻明亮

資生堂 MAKER

15g / 3,500 円

BENEFIQUE
リンクルリセッター

特殊彈力凝膠配方，即使是表情牽動所產生的動態細紋，也能透過具延展性的柔軟薄膜來撫平。同時間，也能透過玫瑰光擴散粉末反射光線的方式，讓肌膚看起來平滑明亮。

15 年歲月的心血結晶
挑戰維生素 C 濃度的極限

ロート製薬 MAKER

12ml / 10,000 円

Obagi
オバジ C25 セラムネオ

樂敦製藥 Obagi C 系列的最新力作！挑戰技術極限，耗費 15 年才順利完成，維生素 C 濃度高達 25％的極限精華液。無論是乾燥引起的細紋，或是黯沉、鬆弛、膚紋紊亂、毛孔粗大等問題，通通交給這一罐就好。

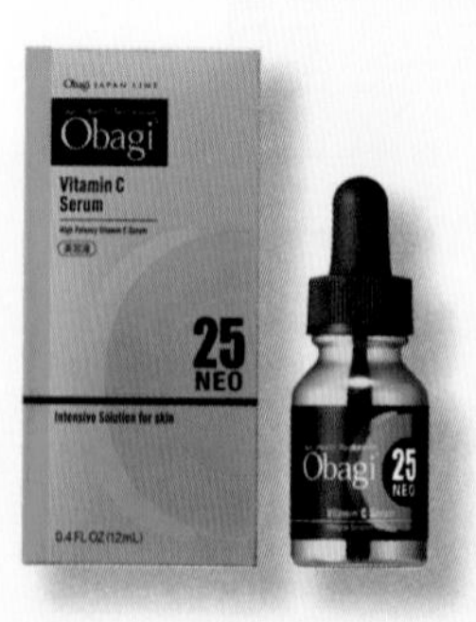

速乾且透明的質地
上妝時也能使用的
痘痘肌對策

エトヴォス MAKER

25g / 2,500 円

ETVOS
バランジング VC クリアスポッツ

專為下巴與額頭反覆發生的痘痘肌問題所開發的無油配方精華凝露。主成分中的杜鵑花酸，可促使皮脂分泌正常化，對痘痘肌與毛孔粗大問題都有不錯的作用。

飾底乳　底妝

搭配系列核心成分白樺樹液
不只潤色還滋潤肌膚

コーセー MAKER
20g / 5,000 円

DECORTÉ AQ
コントロールカラー

黛珂 AQ 所推出的控色飾底乳，分別是能夠修飾黯沉感的粉紅色，以及能夠調控膚色泛紅的粉綠色。不只能潤色，也能讓臉部線條顯得立體。帶有優雅的木調花香，具備舒緩身心的效果。
（SPF25・PA++）

01 增添好氣色
02 提升輕透度

（左→右）
01 清透型　02 優雅型
（左→右）03 純潔型　04 健康型　05 性感型

巧妙搭配顏色與光線
打造專屬自己的肌膚印象

カネボウ化粧品 MAKER
25g / 2,800 円

COFFRET D'OR
カラースキン プライマーＵＶ

同時推出 5 種不同顏色，可隨場合及心情打造肌膚印象的飾底乳。除了能讓肌膚表面散發出自然光澤，也利用光線折射的方式，消除肌膚凹凸部位的陰影感，藉此提升好氣色。

01,03,04 ⇒ SPF20・PA+
02,05 ⇒ SPF15・PA+

宛如精華液般的質地
可深層滋潤肌膚的飾底乳

コーセー MAKER
30ml / 7,000 円

DECORTÉ AQ
エッセンス グロウ プライマー

無論是膚觸或是成分，皆可媲美保濕精華液的妝前飾底乳。深層的滋潤效果，可防止乾燥與乾荒造成妝感不易服貼的問題。不只能遮飾肌膚瑕疵，還能讓肌膚顯得立體有型。
（SPF25・PA++）

運用潤澤及補光捉影效果
打造明亮立體妝感

資生堂 MAKER
25g / 2,600 円

MAQUILLAGE
ドラマティック ライティング ベース

採用資生堂獨創的美肌立體珍珠光粉末，可在光線折射之下，讓 T 字部位顯得更透亮，而臉部輪廓也會更顯立體。搭配多種保濕潤澤成分，協助妝感長效持續 13 小時。
（SPF30・PA+++）

宛如奶油般輕柔化開
帶有清新的海洋花香

コーセー MAKER
23g / 2,400 円

Prédia
プティメール モーニング フィニッシュ

略帶有硬度的膏狀，但只要一接觸肌膚就會因體溫而化開。輕輕搽在肌膚上，可自然地修飾色差及毛孔。搭配海洋深層水等來自海洋的保濕成分，使用起來的滋潤效果佳，一小罐具備乳液、防曬、飾底乳等多項功能。（SPF25・PA++）

01 增添血色感

02 增添清透感

利用光線折射的魔力
瞬間打造輕柔透亮的白貓肌

ロート製薬 MAKER
25g / 1,200 円

SUGAO
スノーホイップ クリーム

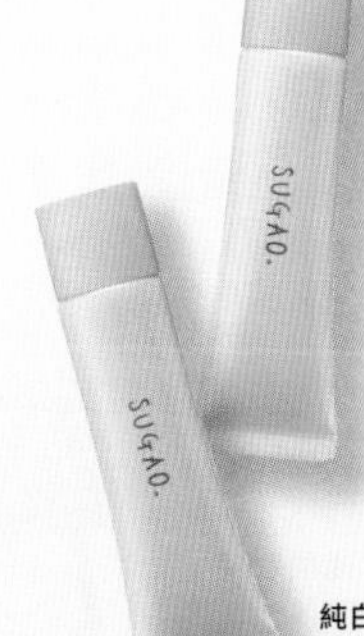

粉白貓
打造血色肌

純白貓
打造清透肌

質地就像奶泡一樣鬆軟 Q 彈。搭配雪白珍珠光成分，在光線的折射之下，可讓肌膚顯得更加透亮，而且毛孔凹凸部位也像是上了柔焦一般變得柔和。
（SPF23・PA+++）

消除泛紅視覺感
同時抑制油光煥發

pdc MAKER
30g / 1,300 円

pidite
オイルコントロール ベース N

針對眉心或鼻翼等容易泛紅部位所開發，能夠簡單進行遮飾的薄荷綠飾底乳。除了潤飾作用之外，還搭配皮脂吸附粉末，可防止臉部泛油造成滿臉油光與脫妝。
（SPF30・PA+++）

前所未有的
輕・透・亮
飾底告別蠟黃黯沉

資生堂 MAKER
30g / 900 円

INTEGRATE
エアフィールメーカー

長達 12 小時的控油力，搭配能夠修飾毛孔凹凸的細緻粉末，再融合能夠瞬間校色提亮膚色的薰衣草紫色調，幫你向蠟黃與黯沉說掰掰！搭配薰衣草香氛，讓好氣色配上好心情。
（SPF25・PA++）

搭配雙重拉提成分
打造立體緊緻的臉部線條

コーセー MAKER

30ml / 12,000 円

DECORTÉ AQ
スキン フォルミング リキッド ファンデーション

搭配多種保濕成分，質地偏向濃密的粉底液。服貼度佳的滋潤膜層不僅能讓肌膚散發出迷人的光澤感，也能自然遮飾粗大毛孔及細紋等小瑕疵。
（SPF20・PA++）

融合長銷熱賣的
美白精華液成分
上妝還能兼顧美白保養

資生堂 MAKER

30g / 4,800 円

HAKU
薬用 美白美容液 ファンデ

搭配驅黑淨白露主要成分「4MSK」，可在上妝同時滿足底妝遮飾與美白保養等兩大需求的新概念粉底。獨特的反光珍珠配方，可利用光線補足黑斑部位所不夠的紅色元素，使該部位的色差感縮小。（醫藥部外品）（SPF30・PA+++）

利用光線消除肌膚雜訊
重現充滿生命力的肌膚質感

イプサ MAKER

25ml / 4,500 円

IPSA
リテクスチャリング ファウンデイション

塗抹上肌膚時，會形成一道服貼於毛孔與肌膚凹凸部位上的薄膜，並透過光線反射的方式，巧妙地將這些小瑕疵包覆起來，增添肌膚看起來的清透度。
（SPF25・PA++）

採用復原遮飾新配方
讓人忘了脫粧為何物

カネボウ化粧品 MAKER

30ml / 3,500 円

COFFRET D'OR
リフォルムグロウ リクイドUV

針對夏季容易因為流汗或冒油而引起的脫妝問題，採用能夠形成均勻膜層，讓妝感長時間維持的「復原遮飾配方」。具有貼合感的均一膜層，可完美遮飾肌膚缺點，並讓肌膚顯現光澤感。
（SPF36・PA+++）

底　妝

粉　底

超級不泛油光且不脫妝
讓完美妝感持續 13 小時

コーセー MAKER

30g / 2,600 円

ESPRIQUE
パーフェクト キープ ベース

在超級皮脂固化成分的作用之下，被包覆起來的皮脂外層會顯得乾爽不黏膩，同時還具備撥水作用。再搭配毛孔調理與遮飾配方，讓超容易冒油的鼻子也能更長時間維持完美妝感。
（SPF25・PA++）

高畫質攝影下也不露餡
即使疊擦也能維持自然妝感

江原道 MAKER

蕊　9g / 4,600 円
盒　1,200 円

Koh Gen Do
マイファンスィー グロス フィルム ファンデーション

採用獨家開發的 Gloss Film Powder®，可同時發揮高服貼、亮澤感、調節膚色、不泛白以及強力撥水等機能。另外還利用 2 種機能性粉體，透過折射光線的方式讓肌膚顯得更為清透。
（SPF30・PA+++）

巧妙活用自然光
讓你也能自帶反光板

資生堂 MAKER

10g / 2,500 円

ELIXIR SUPERIEUR
つや玉 ファンデーション

採用半透明粉末及反光珍珠粉，不只能夠自然遮飾肌膚瑕疵，也運用光線折射原理，分散肌膚凹陷處的陰影，並將光線集中在臉頰最高處的顴骨，讓妝感顯得飽滿緊緻且帶自然光澤。
（SPF28・PA+++）

無論肌膚處於任何狀態
都能完美融為一體

コーセー MAKER

9.3g / 2,800 円

ESPRIQUE
シンクロフィット パクト UV

即便是肌膚表面凹凸不平，在特殊的持妝效果成分協助下，也能讓底妝更加服貼，並且遮飾肌膚瑕疵。完妝後的觸感滑順輕柔，吸油防脫妝的表現也很出色。
（SPF26・PA++）

BB 霜、CC 霜　底妝

美容成分高達 85%
讓你上妝
也能同時抗老的 BB 霜

ドクターシーラボ MAKER
25g / 4,000 円

Dr.Ci:Labo
BBクリーム
エンリッチリフトPF

奢華添加頂級抗老成分「富勒烯」以及保濕作用優秀的「浸透發酵膠原蛋白」等成分，堪稱是抗老保養級的 BB 霜。讓你不只是修飾，還能對付乾燥、肌膚無彈力與無光澤等問題。
（SPF50+・PA++++）

讓你在長痘痘時
再也不煩惱該不該上妝

コーセー MAKER
30g / 2,500 円

FORMULE
薬用アクネケア BB

專為成人痘問題所開發的 BB 霜。除了添加五種維生素來加強保濕及痘痘肌調理作用外，還搭配具備抑菌作用的水楊酸，讓你在冒痘痘時也能輕鬆上妝。
（医薬部外品）
（SPF25・PA+++）

採用低負擔配方
敏弱膚質也能用的 BB 霜

コーセー MAKER
35g / 1,800 円

CARTÉ CLINITY
スキンプロテクト BB

採用雙重隔離構造，一層是確實修飾肌膚色差與泛紅的遮飾層，另一層則是阻隔花粉、灰塵與細微粒子的隔離層，讓容易敏弱的肌膚也能美美地上妝。
（SPF27・PA+++）

不管怎麼動怎麼摩擦
都能保持完美妝感的 BB 霜

コーセー MAKER
30g / 1,600 円

SPORTS beauty
サンプロテクト
フェイシャル BB

採用長效服貼薄膜配方，可發揮宛如膠膜一般的韌度與彈力。因此不管表情再怎麼豐富，都能長時間維持完美妝感。搭配親膚性遮飾粉體，能自然修飾色差與毛孔。
（SPF50+・PA++++）

質地偏水好推展
可疊擦加強遮瑕與保養

pdc MAKER
30g / 1,600 円

DIRECT WHITEdeW
美白ファンデーション

洗完臉後可以直接使用，一條就能完成保養及底妝的 BB 霜。因為添加美白成分傳明酸的關係，所以針對黑斑等部位也能採層疊輕壓的方式加強保養與遮瑕。
（SPF50+・PA+++）

同時採用三種控色粉末
讓你一次打造無瑕、清透
及紅潤好氣色

コーセー
プロビジョン MAKER
30ml / 3,500 円

米肌
澄肌ホワイト
CC クリーム

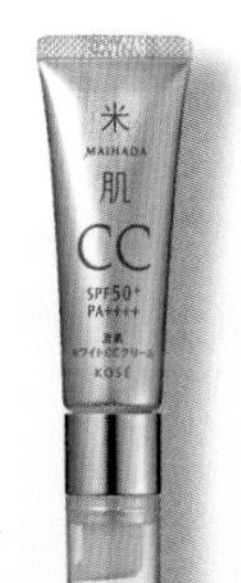

雖是 CC 霜，卻能夠確實遮飾色差及粗大毛孔。在清爽空氣感粉末的加持下，妝感不會因為出油而顯黯沉，讓肌膚直到傍晚都能呈現出迷人的清透感。
（SPF50+・PA++++）

徹底趕走黯沉感
讓肌膚看起來更清透無暇

コーセー MAKER

30g / 12,00 円

DECORTÉ AQ
フェイスパウダー

輕輕一搽，就能讓肌膚宛如由內向外發光一樣，散發出優雅的光澤與清透感。在細緻粉體輕柔的包覆下，肌膚會更顯明亮。獨特的香氛，能使人感到沉靜與放鬆。

彷彿薄霧般地包覆
宛如輕煙般地隱蹤

江原道 MAKER

12g / 2,800 円

Koh Gen Do
**マイファンスィー
フェイスパウダー**

自江原道 1989 年推出後便熱賣至今，只用 5 種原料製成的超質純蜜粉。在為臉妝步驟做完美 Ending 的同時，也能保護肌膚不受乾燥影響而破壞妝感。

底　　妝

蜜粉及
其他底妝

輕輕一塗就讓油光消失
簡直就是用塗的吸油面紙

エトヴォス MAKER

2.5g / 2,500 円

ETVOS
ミネラルポアレススティック

直接塗在鼻子或臉頰等部位，就可讓毛孔瞬間隱形，甚至可以拿來對付惱人的油光。方便攜帶的唇膏造型，對於容易出油的人來說，是用來趕走油光的好幫手。

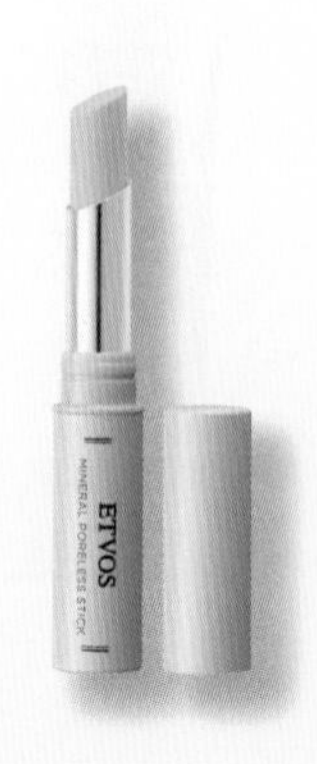

打造光澤感
讓臉妝看起來更有質感

イプサ MAKER

15ml / 2,500 円

IPSA
**クリエイティブ オイル
（シアーゴールド）**

採用乳油木果油作為基底，在完妝後滴 1、2 滴在掌心中並均勻按壓於全臉，就能完成帶有光澤的妝感。不僅如此，也能同時潤澤乾燥的肌膚。

打造啞光感
讓臉妝看起來更加清新

イプサ MAKER

15ml / 2,500 円

IPSA
**クリエイティブ オイル
（エアリーホワイト）**

添加皮脂固化粉末，可打造宛如薄紗覆蓋般的啞光感。完妝後滴 1、2 滴在掌心中並均勻按壓於全臉，就能讓容易出油的臉部肌膚看起來更顯清新。

維生素 C 是公認對人體健康有益的成分，同時也是許多保養品都會添加的主要美容成分之一。隨著科技不斷進步，維生素 C 在美容上的作用與型態也不斷地進化。在健康輔助食品單元當中，我們曾經介紹過開發概念來自於點滴療法的高濃度維生素 C「Lypo-C」（詳細內容請參照 P185）。在提升人體健康及美容上的表現，都令人刮目相看的 Lypo-C，運用這項來自醫療的技術，總共耗費 5 年的時間，才終於在 2019 年推出宣稱能夠改變肌膚命運，令人感受維生素 C 保養新境界的 LYPO-C POUR LA BEAUTÉ。

來自醫學的概念與技術

改變肌膚命運的維生素 C 保養新境界 —— LYPO-C POUR LA BEAUTÉ

三重微脂囊 VC 噴霧精華液

SPIC MAKER

80ml / 10,000 円

LYPO-C POUR LA BEAUTÉ
VC トリカプセル エッセンス

將高濃度維生素 C 應用於保養品的噴霧精華液。除了同時融合水溶性維生素 C 衍生物及脂溶性維生素 C 衍生物之外，為使這些成分確實滲透至角質層的每個角落，特別採用醫療領域的製劑技術，將美容成分包覆在三種不同大小的微脂囊體當中。在滲透肌膚之後，三種不同大小的微脂囊體會分成三個階段，在不同階段釋放出適合的維生素 C 衍生物。無論是任何膚質或年齡，這瓶兼顧質與量的精華液，都相當適合拿來解決肌膚乾荒、毛孔粗大、暗沉無清透感以及膚紋紊亂等困擾。

潤色防曬乳

SPIC MAKER

30g / 10,000 円

LYPO-C POUR LA BEAUTÉ
プロテクト ファンデーション

添加系列靈魂成分——Lypo-C 的潤色防曬乳。搭配高水準防曬係數，以及敏弱肌也能使用的溫和配方，能在抵禦紫外線傷害的同時，持續對肌膚發揮美肌效果。帶有潤色效果，可當飾底乳使用。搭配同系列的精華粉底液使用的話，能讓妝感更持久且散發出自然的光澤感。
（SPF50+・PA++++）

精華粉底液

SPIC MAKER

28g / 10,000 円

LYPO-C POUR LA BEAUTÉ
セラム ファンデーション

構造分為美肌精華液層與清爽礦物微粉層的雙層式精華粉底液，需均勻搖晃後使用。質地輕透水感好推展，遮飾效果也相當自然，用後膚觸沒有不舒服的厚重感。搭配微脂囊包覆的乳酸菌以及 7 種植萃成分，可長時間調節肌膚環境，並使肌膚維持水潤。

隨著表情伸展的防護層
連強悍的 Deep 紫外線
也沒轍

富士フイルム MAKER

30g / 3,900 円

ASTALIFT

D-UV CLEAR
ホワイトソリューション

防曬成分所形成的薄膜可隨表情活動，讓紫外線找不到縫隙作怪。再搭配獨家新開發的 D-UV 防禦配方，連 UVA 中波長最長的 Deep 紫外線也能有效防禦。另外還添加保濕、抗齡、美白及穩定等多重作用保養成分。
（SPF50+・PA++++）

雙重隔離構造強力守護
可維持肌膚健康酸鹼值
的防曬

イプサ MAKER

30ml / 4,500 円

IPSA

プロテクター
デイタイムシールド EX

除了阻隔紫外線及空汙微粒的第一道防線之外，還利用獨家 DX 複合成分多加一道防線，來防止肌膚酸鹼值偏酸而造成肌膚防禦力降低。
（SPF50・PA++++）

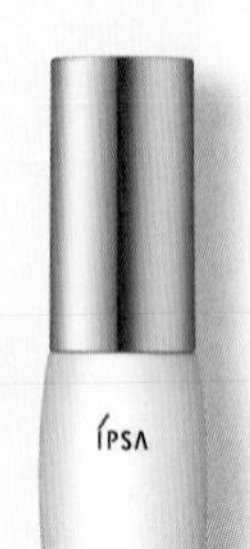

沁涼的冷卻泡新概念
擦防曬時也能冰鎮肌膚

イプサ MAKER

100g / 3,800 円

IPSA

クーリング
ボディプロテクター

沁涼清爽的身體用防曬泡泡，能在肌膚上瞬間化為防禦層，在冷卻肌膚的同時，阻隔紫外線傷害及空汙細微粒子的刺激與影響。
（SPF30・PA+++）

防 曬

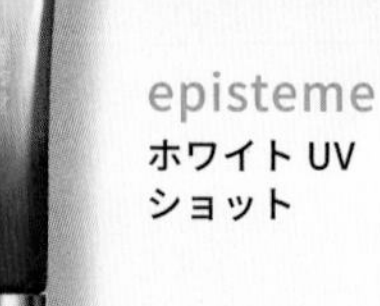

運用製藥大廠的研發技術
追求醫美等級的防禦效果

ロート製薬 MAKER

40g / 6,500 円

episteme

ホワイト UV
ショット

來自樂敦製藥的百貨醫美專櫃品牌，搭配品牌旗下人氣度最高的美白精華成分野薔薇果及菜薊萃取物。不只是抵禦紫外線，還同步為肌膚進行淨透保養。
（SPF50+・PA++++）

可愛吸睛的包裝設計
搭配清新脫俗的香氛

コーセー MAKER

60g / 2,800 円

JILLSTURAT

アクアシフォン
プロテクターP

輕透水感的質地，使用起來沒有厚重感。獨特的爽身粉末，就算流汗也能維持清爽的狀態。包裝清新可愛，清爽中帶微甜的香氛表現也非常出色。
（SPF50+・PA++++）

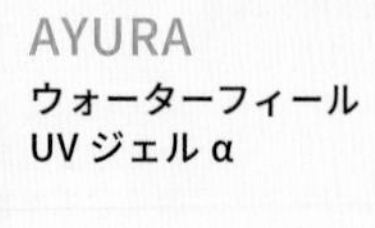

搭配東方草本香氛
阻斷肌膚壓力來源

アユーラ MAKER

75g / 2,800 円

AYURA

ウォーターフィール
UV ジェル α

水感質地好推展，除了雙重保濕成分外，還搭配兩種粉體強化使用後的滑順與乾爽觸感。獨特的東方草本香調，具有不錯的身心舒緩作用。
（SPF50+・PA++++）

高機能三效合一
趕著上班也不怕

資生堂 MAKER

35ml / 3,000 円

ELIXIR SUPERIEUR

デーケア
レボリューション T+

同時具備乳液、飾底乳以及防曬等三重日間美容保養功效。只要在化粧水之後輕輕一抹，水潤保濕膜讓肌膚到傍晚也能呈現彈潤飽滿且有活力。
（SPF50+・PA++++）

温泉水搭配天然草本精華
保養成分超講究

江原道 MAKER
40g / 3,500 円

Koh Gen Do
ウォータリー
UV ジェル

採用獨特劑型設計，塗抹在肌膚上之後，原本就偏輕透的質地會瞬間化為極透薄的水感膜層。不只不易泛白，還能修飾粗大毛孔及黯沉。不添加會傷害珊瑚礁生態的紫外線吸收劑。
（SPF50+・PA++++）

不只是防曬
還能解決多種肌膚保養需求

コーセー MAKER
40g / 3,200 円

Prédia
ホワイト
デイソリューション EX

添加傳明酸與甘草酸衍生物，可同時發揮美白與抗齡等保養需求。除防曬效果外，也很適合拿來當飾底乳使用，可讓底妝的服貼度提升。（医薬部外品）
（SPF50+・PA++++）

搭配海洋深層水與溫泉水
耐水耐汗又耐磨

コーセー MAKER
70g / 2,500 円

Prédia
ミネラル
サンプロテクター EX

添加海洋深層水及溫泉水，能發揮相當不錯的水潤作用。雖然是超防水類型，但擦起來感覺相當清透舒服，很適合外出遊玩或運動時使用。
（SPF50+・PA++++）

添加米保養潤澤成分
不只防曬還能對抗暗沉感

コーセー
プロビジョン MAKER
80g / 2,800 円

米肌
澄肌
日やけ止めジェル

搭配多種保濕作用成分，能滋潤肌膚並改善乾燥引起的黯沉問題。質地清爽的低油性配方，提升夏日防曬的輕透舒適度。
（SPF50+・PA++++）

有趣的使用方式
讓小朋友主動吵著要擦防曬

石澤研究所 MAKER
60g / 1,500 円

紫外線予報
冷たいUVスプレー

只要將瓶身倒過來貼在肌膚上，就可直接壓出超涼感的防曬噴霧。質地溫和，連 1 歲以上的小朋友也能使用。使用起來帶有一股清新的柑橘香。
（SPF50+・PA++++）

超強不易脫落卻溫和
再搭配 Q10 加強抗齡保養

DHC MAKER
50ml / 1,800 円

DHC
サンカット Q10
パーフェクト ミルク

耐水耐汗又能跟臉上的油當好朋友！塗在肌膚上的防曬乳在和皮脂產生反應後，會形成一道不易脫落的柔軟防曬層。因為是與皮脂結合而成的膜層，所以用一般洗面乳就可簡單卸除。
（SPF50+・PA++++）

防曬效果加美白成分
可抑制油光防止脫妝

石澤研究所 MAKER
40g / 2,300 円

紫外線予報
ノンケミカル
薬用美白UVクリーム

不添加紫外線吸收劑的防曬乳。搭配美白成分維生素 C 衍生物，可在防曬的同時進行美白保養。在膠原蛋白、玻尿酸以及 7 種植萃保濕成分輔助下，可發揮不錯的滋潤度。
（SPF50+・PA++++）

美白抗炎雙重保養配方
搭配稀有白草莓的
亮白新成分

DHC MAKER
30g / 2,200 円

DHC
薬用ホワイトニング
セラム UV

早上出門前，上完化妝水後只要擦這條，就可快速完成保養與防曬，就算睡過頭趕著上班也不怕。美白成分傳明酸搭配抗炎成分甘草酸酯，可在防曬的同時亮白及安撫受到日曬的肌膚。（医薬部外品）
（SPF50+・PA++++）

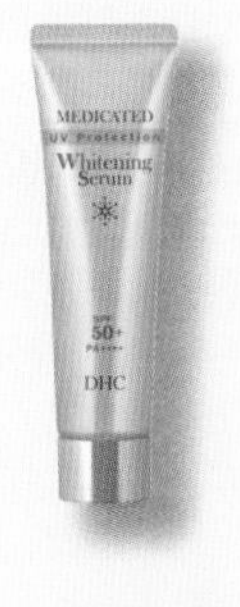

輕透水感防曬再升級
膚紋皮溝全面覆蓋

花王
MAKER

Bioré UV
アクアリッチ

日本防曬市場連續 12 年的銷售冠軍。這次改版採用全球首創 Micro Defence 技術，讓 UV 阻斷膠囊深入膚紋等皮溝當中，完整覆蓋肌膚表面。即便如此，仍然維持原有的超輕透水感。（SPF50+・PA++++）

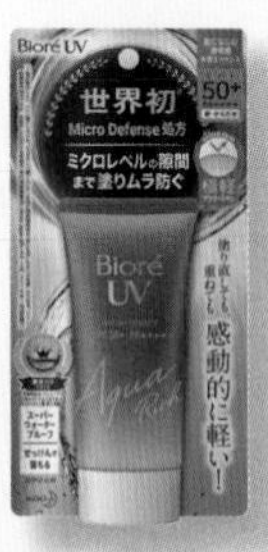

ウォータリー
エッセンス
/ 防曬精華
50g / 800 円

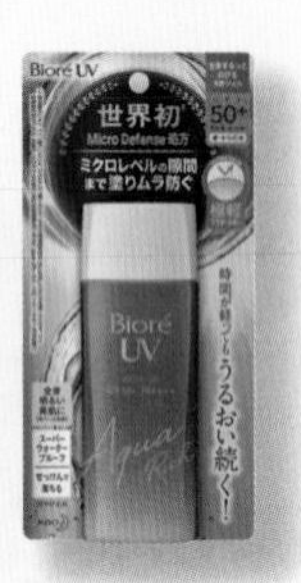

ウォータリー
ジェル
/ 防曬凝露
90ml / 800 円

高溫潮濕也不怕
環境條件再嚴苛也耐曬

花王
MAKER

Bioré UV
Athlism

不只耐水、耐汗、耐磨擦，而且還耐高溫！採用獨家開發的 Tough Boost Tech 防曬新技術，讓防曬成分能夠緊密服貼於肌膚之上，宛如形成一道看不見的防禦層。
（SPF50+・PA++++）

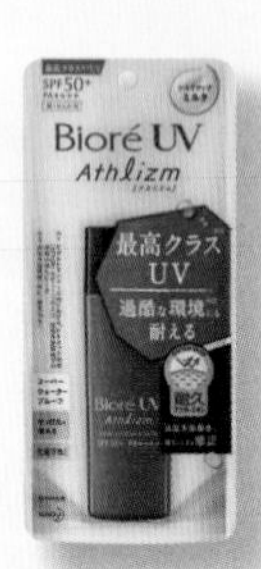

スキンプロテクト
ミルク
/ 防曬乳
65ml / 1,500 円

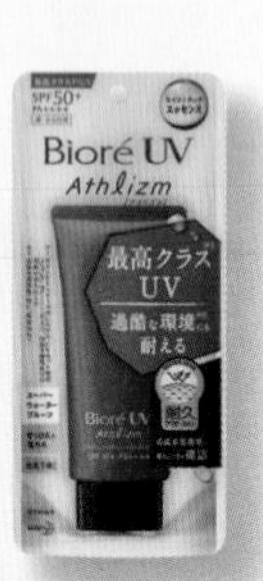

スキンプロテクト
エッセンス
/ 防曬精華
70g / 1,500 円

就算運動也要美美的
不怕你亂動的新防曬

コーセー
MAKER

SPORTS beauty

塗於肌膚之後，帶負離子的薄膜形成劑就會和帶正離子的薄膜形成劑緊緊吸在一起，並形成一道具有彈性的防曬膜層，不管怎麼動都能確實防護紫外線傷害。即便如此，質地仍相當輕透無負擔。（SPF50+・PA++++）

サンプロテクト
ジェル / 防曬凝露
90g / 2,000 円
40g / 1,000 円

サンプロテクト
ミルク / 防曬乳
60ml / 2,400 円
20ml / 1,000 円

滿滿少女心的包裝設計
獨特的防曬氣墊粉餅

Clue
MAKER
12g / 2,300 円

WHOMEE
クッション UV パクト

添加兩種神經醯胺、脂溶性維生素 C 以及維生素 E。上妝的同時兼具保養雙重效果的新形態防曬氣墊粉餅。外出補擦防曬不怕沾手，便利指數爆表！（SPF50+・PA++++）

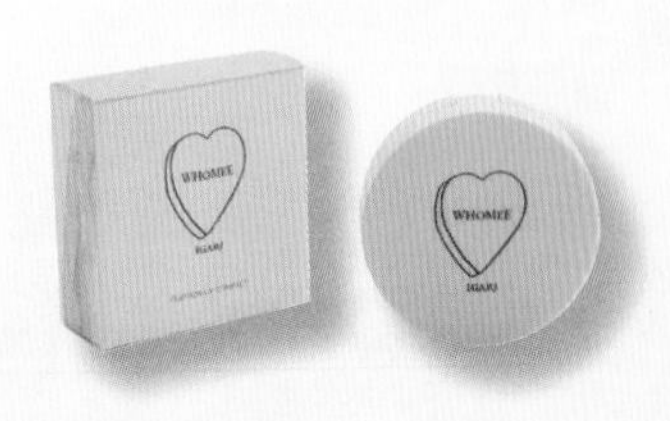

搭配高亮度珍珠粉
打造清透光澤肌

カネボウ化粧品
MAKER
60g / 2,100 円

ALLIE
エクストラＵＶ
ハイライトジェル

具備耐水、耐汗及耐磨擦的特性。塗抹在肌膚之後，內含高亮度珍珠粉，可折射光線，使肌膚顯得更加白皙平滑。
（SPF50+・PA++++）

植萃保水膜加 UV 阻斷成分
可當全效保養品的防曬

カネボウ化粧品
MAKER
50g / 1,800 円

EVITA
ボタニバイタル
モイストウォーターシールドＵＶ

添加多種植萃保濕成分，一條可當化妝水、乳液、精華液、乳霜以及防曬用。塗抹起來沒有厚重感，卻能持續滋潤肌膚並發揮防曬機能。
（SPF50+・PA+++）

搭配皮脂吸收粉末
就算流汗出油也不怕脫妝

花王 MAKER
30ml / 570 円

Bioré UV
さらさらフェイスミルク
SPF50+

添加皮脂吸附粉末以及清爽撥水配方，可讓臉妝保持完美的妝前專用型防曬。特別適合臉部容易出油脫妝的夏季使用。
（SPF50+・PA++++）

輕透到好像什麼都沒擦
速乾且不黏膩

ニベア花王 MAKER
100ml / 980 円

NIVEA sun
ゼロフィーリング
UVローション

質地極為輕透，輕輕一抹就能滑順推開。防曬凝露幾乎是在塗抹的瞬間就變乾服貼，所以急著要馬上換衣服或上妝也沒問題。
（SPF50+・PA++++）

掀蓋設計好方便
媽媽不必再手忙腳亂

ニベア花王 MAKER
120g / 665 円

NIVEA sun
プロテクト
ウォータージェル
こども用 SPF28

質地清爽溫和，使用起來好推展的兒童專用防曬。塗抹之後會產生一股舒服的清涼感，而且沒有小朋友不喜歡的特殊氣味。
（SPF28・PA++）

防曬

輕輕一抹立得潤色光
不開美肌模式也很美

コーセー
コスメポート MAKER
80g / 739 円

SUNCUT
トーンアップUV
エッセンス

帶有薰衣草紫的防曬精華。只要輕輕在肌膚上推展開來，就能立即消除無精打采的黯沉感。在擦防曬的同時還能調控膚色，而且效果還能長時間持續。
（SPF50+・PA++++）

防曬同時還能保養
膚觸水潤又滑順

コーセー
コスメポート MAKER
80g / 839 円

SUNCUT
薬用美白 UV
エッセンス

添加維生素 C 衍生物及甘草酸酯，可同時間發揮美白及抑制肌膚乾荒等保養作用。搭配多種保濕成分及乾爽粉體，一整天下來也不怕乾燥或油光作怪。
（醫藥部外品）
（SPF50+・PA++++）

小朋友也能用的溫和質地
就算是敏弱肌也能安心

コーセー
コスメポート MAKER
80g / 839 円

SUNCUT
マイルドケアUV
ミルキィジェル

採用特殊防護膜層加工技術，將紫外線吸收劑完整包覆。即使防曬係數高，使用起來完全不具刺激感。無論是小朋友或是敏弱肌族群都適用。
（SPF50+・PA++++）

瞬間密封保鮮新概念

日本面膜領導品牌再創新話題——CLEAR TURN SUPER PREMIUM FRESH MASK

日本面膜人人都愛用，不只是因為品質好、選擇多，而且年年都有新話題，讓天天都會用面膜的人也不會覺得膩。品牌累積銷售數量超過 20 億片，堪稱是日本面膜領導品牌的 CLEAR TURN，在 2019 年再次拋出面膜製法新概念，讓熱愛面膜的人們擁有新的升級版選擇。

KOSÉ COSMEPORT 旗下的人氣面膜品牌——CLEAR TURN 這次推出的新面膜，無論是從面膜紙的材質，或者是美容素材，都是整個品牌到目前為止最為奢華的等級。除了喜歡濃密滋潤度的人之外，就連肌膚較為敏弱的人也都非常適用。

SUPER PREMIUM FRESH MASK 的三大特色

特色一　獨家保鮮新技術

主要概念是「將剛出爐的美容精華密封打包」，讓肌膚隨時能夠享用新鮮的美容成分。因此 CLEAR TURN 採用獨家製法，在沒有空氣的狀態下，密封剛製成的美容成分，所以這系列又被稱為純生面膜。

特色二　奢華保濕成分

採用日本連續 5 年獲選為水質最佳清流的高知縣仁淀川河水作為基底，再搭配保濕能力號稱是玻尿酸 5 倍的水前寺藍藻多醣體，以及保濕作用同樣備受矚目的梅子萃取物與白木耳萃取物。除此之外，三種不同類型的面膜當中，也都針對不同保養需求，各自添加專屬的和風保養素材。

特色三　全新細微 3D 面膜紙

面膜紙本身偏厚，但紙質卻極為柔軟，搭配表面的凹凸壓製結構，可以大幅提升面膜紙本身吸附肌膚的作用，因此敷在臉上極為服貼無死角！

超滋潤型

CLEAR TURN
プレミアム
フレッシュマスク
（超しっとり）

3 片 / 598 円

採用玻尿酸、石榴萃取物以及櫻花萃取物，可透過滿滿的滋潤度，讓肌膚處於**喝飽水的Q彈狀態**。

清透型

CLEAR TURN
プレミアム
フレッシュマスク
（透明感）

3 片 / 598 円

搭配薏仁萃取物、玉露綠茶萃取物以及維生素 C 衍生物，適合用來打造**自然清透**與**充滿水潤感**的膚質。

緊緻光澤型

CLEAR TURN
プレミアム
フレッシュマスク
（ハリツヤ）

3 片 / 598 円

添加膠原蛋白、蠶絲萃取物以及米萃取物，使肌膚更顯**緊緻**，並且散發出健康的**光澤感**。

薏仁面膜
滋潤度 ★★☆☆☆

CLEAR TURN
美肌職人
はとむぎマスク

7 片 / 400 円
30 片 / 1,400 円

美肌成分為去皮薏仁萃取物，是全系列中質地最為清爽的一款，適合拿來打造細緻且帶有清透感的膚質。

日本酒面膜
滋潤度 ★★★☆☆

CLEAR TURN
美肌職人
日本酒マスク

7 片 / 400 円
30 片 / 1,400 円

添加富含胺基酸及醣類等保濕作用成分的日本酒面膜，可讓肌膚顯得潤澤柔嫩。使用起來沒有酒味。

黑珍珠面膜
滋潤度 ★★★☆☆

CLEAR TURN
美肌職人
黒真珠マスク

7 片 / 400 円

主要美肌成分是近年來日本人氣超旺的抗齡成分一黑珍珠萃取物。可以用來打造肌膚光澤與彈力。

酒粕面膜
滋潤度 ★★★☆☆

CLEAR TURN
美肌職人
酒粕マスク

7 片 / 400 円

近年來，富含維生素的酒粕也是相當受到關注的發酵美肌素材。為增添肌膚光亮感，不少人會拿來對付乾燥所引起的暗沉問題。

米糠面膜
滋潤度 ★★★★☆

CLEAR TURN
美肌職人
米ぬかマスク

7 片 / 400 円

主要美肌成分是富含γ-穀維素，具備抗氧化能力的米糠，能幫助肌膚顯得滑嫩。

蜂蜜面膜
滋潤度 ★★★★★

CLEAR TURN
美肌職人
はちみつマスク

7 片 / 400 円

採用保濕及潤澤效果表現皆突出的蜂蜜，是全系列中質地最為濃密的類型，可讓肌膚散發出健康的光澤感。

註：滋潤度為同系列相比，★越少代表越清爽，★越多則是代表越滋潤。

日本職人手工精神

純和風素材日常保養面膜系列——美　肌　職　人

全系列以和風自然素材為主題的「美肌職人」，是來自日本面膜領導品牌——CLEAR TURN 的每日保養面膜系列。由於素材獨特具備吸引力，加上多元的類型可以選擇，自 2017 年上市至今，已熱銷 200 萬包以上，成為這兩年表現最為亮眼的每日保養面膜系列。

兼顧保濕與毛孔調理的系列保養訴求

美肌職人依照不同保養需求，目前共推出六種類型。無論是哪個類型，都含有系列共通的美肌溫泉水及胺基酸甘油複合物，可同時強化保濕及毛孔調理等兩大肌膚保養需求。

手工和紙製法下所誕生的面膜紙

美肌職人最大的特色，就是融合手工和紙製法，開發觸感極為柔和且服貼性佳的面膜紙。為了讓面膜紙能吸飽滿滿的濃厚精華液成分，美肌職人的面膜紙採三層構造。外側兩層的纖維細緻且幾乎呈現圓柱狀，因此膚觸特別柔滑且服貼，而中間構造則是能將吸滿的美容成分，持續向外釋出並滋潤肌膚。

乾燥肌專用的急救補水車
快速提升肌膚水潤感

花王 MAKER

25ml×1 組 / 1,500 円
25ml×5 組 / 6,000 円

est
ザ ローション マスク

將約 30 次用量的頂級保濕化妝水濃縮在一片面膜當中，適合在肌膚乾燥而顯得黯沉無活力的時候，當成集中急救面膜使用。

消除肌膚累積的壓力
找回緊緻有型的臉部線條

アユーラ MAKER

23ml×1 片 / 1,200 円
23ml×6 片 / 6,000 円

AYURA
リズム コンセントレート マスク

針對壓力引起老廢物質堆積，並且造成臉部感覺浮腫的問題，強化循環作用成分，協助釋放肌膚當中的壓力。同時，也透過保濕及抗氧化成分，發揮修復及預防傷害的保養機能。

一片面膜等於一瓶精華液
奢華的集中保濕護理面膜

江原道 MAKER

24ml×6 片 / 7,200 円

Koh Gen Do
マクロヴィンテージ エッセンスマスク

適合在肌膚乾燥、肌膚摸起來感覺變粗糙時使用。質地濃密的精華液，能夠滋潤至角質層，讓肌膚顯得更加透亮且緊緻柔嫩。

添加傳說中維多莉亞女王維持美貌的祕密
來自北歐的傳統保養成分

YOSEIDO JAPAN MAKER

24ml×5 片 / 2,800 円

YOSEIDO
YST 保湿マスク

採用 100％富含 18 種胺基酸、18 種微量元素及 11 種脂肪酸的白樺樹液，一滴水也沒加的奢華保濕面膜。採用超細纖維打造的 3D 面膜紙，連嘴角及眼尾也能完全服貼。

面膜

兼具保濕力及修復力
市面上極為稀有的燕窩面膜

エムスタイルジャパン MAKER

35ml×4 片 / 6,800 円

美巣
美巣フェイスマスク Type-SP

可完整包覆臉部與頸部，搭配 35 毫升海量精華液的頂級燕窩面膜。特別適合乾燥、敏弱及不穩肌，用來強化保濕及抗齡保養。立體剪裁面膜紙那無縫服貼的體感，更是令人大感驚艷！

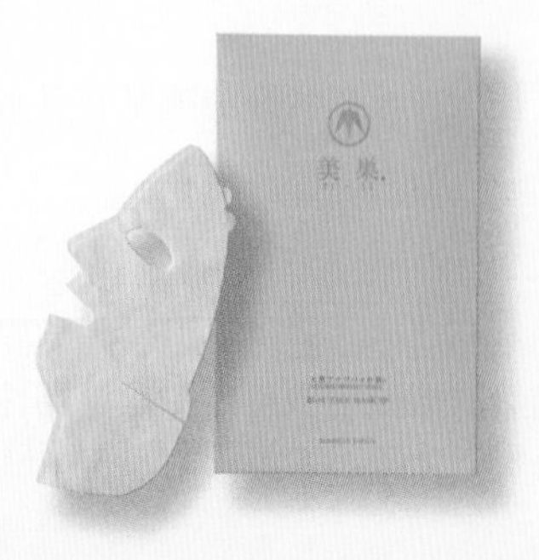

6 小時集中修護的速效保養
溫暖終結疲憊，
喚回紅潤透亮

資生堂 MAKER

1.3ml×12 包 / 6,500 円

BENEFIQUE
リペアジーニアス

質地濃密的精華液當中，含有能夠發揮保養機能的集中修護成分，以及 BENEFIQUE 喚精靈系列共通使用的潤環美容成分。在睡前使用，可在睡眠過程中，持續發揮 6 小時的高效保濕修護調理。

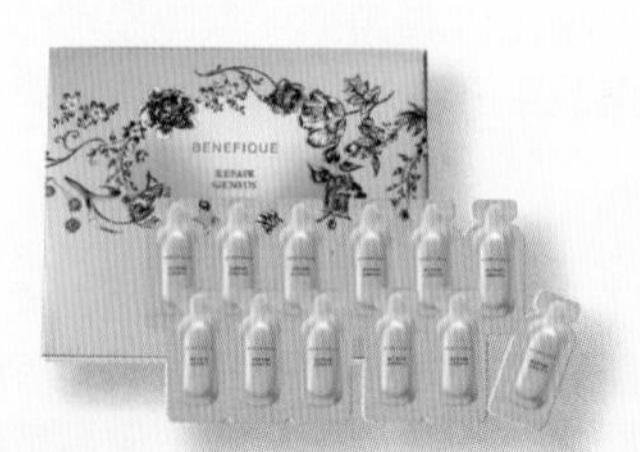

聚焦日本國產自然派成分
兼具保濕及美白機能的面膜

ビーバイ・イー MAKER

21ml×4 片 / 1,400 円

medel natural
フェイスローションマスク ワイルドローズアロマ〈薬用美白〉

包括日本國產米神經醯胺等保濕成分在內，主張 85%的成分來自天然素材。搭配美白成分傳明酸，以及穩定肌膚成分甘草酸鉀。除一週兩、三次的定期保養外，特別適合在日曬後使用。

沁涼滑溜，觸感舒服
肌研家族的面膜新成員

ロート製薬 MAKER
23ml×3 片 / 650 円

HadaLabo
白潤プレミアム
薬用浸透美白
ジュレマスク

纖維低刺激性的不織布面膜紙，搭配凝凍狀質地，可讓美肌成分巧妙地服貼在臉部的每一處。除美白成分傳明酸之外，還搭配 2 種玻尿酸以及維生素 C、E，可同時發揮優秀的保濕效果。

強化保濕潤澤
驅趕令人無精打采的暗沉感

ウテナ MAKER
33g×3 片 / 700 円

PREMIUM
PURESA
ゴールデンジュレマスク
ブライトニング

品牌累積銷售突破 4,800 萬盒的 PURESA 凝凍面膜的 2019 年新品。採用白珍珠及薏仁兩種透亮成分，再搭配薏仁油及米糠油，可讓暗沉的肌膚顯得水潤並散發光澤感。

鎖定白米的成分美容力
調節肌膚環境的防禦力

ウテナ MAKER
28ml×3 片 / 950 円

PREMIUM
PURESA
スキン
コンディショニング
マスク

ライトタイプ
/ 清爽型

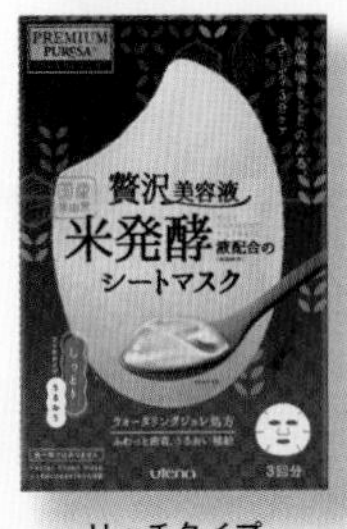

リッチタイプ
/ 滋潤型

針對肌膚因為缺乏水分而降低的防禦機能，PREMIUM PURESA 這次將拿手的凝凍質地，結合萃取自日本國產米的米發酵液。每次只要三分鐘，就能調節肌膚狀態，降低環境刺激帶來的影響。

睡前重置白天的
紫外線記憶！
強化抗齡透亮保養

DHC MAKER
32 片 / 1,800 円

DHC
ザ スノー ショット
シートマスク

添加兩種抗炎成分，可穩定因為日曬而受損的肌膚。再搭配兩種維生素衍生物，針對黑色素形成及運輸作用發揮作用。面膜紙具有彈性，可配合臉型往左右兩側拉長，提升面膜的服貼度與覆蓋範圍。

極具話題性的超級膠原蛋白
助你打造彈潤美肌

DHC MAKER
32 片 / 3,600 円

DHC
スーパーコラーゲン
スプリーム
プレミアム
シートマスク

高濃度添加 DHC 超級膠原蛋白，那令人驚豔的滲透力，可幫助肌膚由深層散發出彈潤感。除此之外，也加入多種提升保濕作用，以及輔助活化膠原蛋白與玻尿酸成分。面膜紙具有彈性，可搭配臉型拉長並服貼。

只需 5 分鐘
乳酸菌幫你打造滑嫩美肌！

pdc MAKER
170g / 1,200 円

cutura
角質
トリートメント
パック

專為乾燥且僵硬無彈力之肌膚所開發的泥膜。美肌成分包括 EF-01 乳酸菌以及 7 種植萃保濕成分，以及能增加肌膚彈潤感的乳清萃取物。

運用珪藻土的吸附力
吸附多餘皮脂與毛孔髒汙

pdc MAKER
50g / 900 円

LIFTARNA
珪藻土パック

利用珪藻土所製成的局部泥膜，使用起來帶有舒服的清涼感，大約敷個 3 ～ 4 分鐘，等到珪藻土變乾變色之後，再用溫水沖淨即可。搭配 3 種收斂緊緻成分，對於容易冒油的粗大毛孔肌來說，是夏季不可錯過的保養新選擇。

運用來自大海的滋潤配方
讓沐浴過的肌膚水潤不乾澀

コーセー MAKER
500ml / 1,800 円

Prédia
アルゲ
ボディソープ

添加海洋深層水與海藻萃取物等保濕成分的沐浴乳。泡沫濃密且洗後的肌膚水潤度高，不會覺得乾澀緊繃。洗後肌膚會留下舒緩身心的淡雅草本花香。

身體肌膚上的
老廢角質與皮脂
就交給濃密泡及海泥吧！

コーセー MAKER
500ml / 1,800 円

Prédia
ファンゴ
ボディソープ n

搭配海洋深層水與天然礦物泥的沐浴乳。在濃密的泡沫與礦物泥包覆下，可確實洗淨全身的多餘皮脂與老廢角質，相當適合在容易流汗出油的季節使用。

即便是乾燥敏感肌
也能夠洗香香

ロート製薬 MAKER
450ml / 907 円

CareCera
泡の高保湿ボディウォッシュ
ボタニカルガーデンの香り

專為反覆乾荒的乾燥敏感肌所開發，含有多種神經醯胺與植萃保濕成分，能夠保護肌膚保水力的沐浴泡，不會令人越洗皮膚越乾燥。改善乾燥敏感肌沐浴用品無香味的缺點，洗完之後帶有自然舒服的花香味。

身體清潔

留住肌膚保濕成分
洗後肌膚仍維持滋潤
的沐浴泡

ライオン MAKER
550ml / 700 円

hadakara
ボディソープ
泡で出てくるタイプ
フローラルブーケ
の香り

採用吸附保濕技術，不會在沐浴過程中，將肌膚原有的滋潤感洗去，卻又能確實清潔肌膚的沐浴泡。香味採用同系列沐浴乳的定番優雅花香。

不只清潔皮脂與髒汙
更要洗去產生異味的細菌

レキットベンキーザー・ジャパン MAKER
500ml / 1,180 円

Muse MEN
薬用ボディウォッシュ

針對男性容易出汗及皮脂分泌偏多的特質，開發出潔淨力佳，且搭配抗菌成分水楊酸的沐浴乳。泡沫容易沖淨，洗後帶有清新的柑橘香。

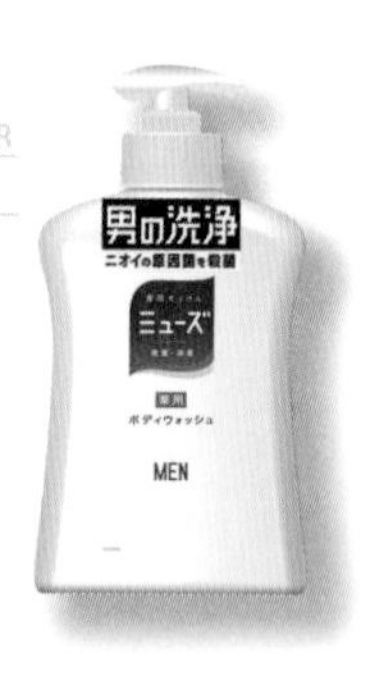

洗後清涼又舒暢
專洗男人的肥皂

レキットベンキーザー・ジャパン MAKER
135g / 398 円

Muse MEN
薬用ボディ用せっけん

專洗男人體味及多餘皮脂的沐浴皂。添加抗菌成分 IPMP，以及帶有清涼感的薄荷油。洗後帶有清爽的草本香。深藍色的肥皂本身也相當具有特色。

輕鬆簡單地洗淨
身體肌膚上特有的頑固粉刺

イプサ MAKER
200g / 3,800 円

IPSA
ルミナイジング
ボディクレイ

針對身體上特有的頑固粉刺與毛孔髒汙，採用帶負電的潔淨成分，搭配去角質成分與海泥潔淨成分，將帶有正電的粉刺吸附出來，讓身體洗後膚觸顯得滑嫩。

不夠乾淨的髒汙與異味
就用擦的來解決吧！

花王 MAKER
10 枚 / 500 円

Bioré Z
ディープクリアシート

就算是每天都有乖乖洗澡，還是有很多死角的皮脂或汙垢沒洗乾淨。只要用這張偏厚的紙巾擦過耳後、腋下、腳跟或是腳趾縫，就能擦得更乾淨。適合約會前或是外出旅遊時使用。擦完帶有舒服的清涼感。

不只是擦去不舒服的黏膩感
神奇的是香味會隨著時間變化

花王 MAKER
10 枚 / 250 円

Bioré
さらさらパウダーシート
香りマジック

搭配透明爽身粉末，擦完不會在衣服或肌膚上殘留白粉的清涼爽身紙巾。獨特的香味變化配方，讓紙巾在使用時以及使用後會散發出完全不同風味的香氣。

はじけるライム to
うっとりピーチの香り
/ 清新萊姆⇒水潤桃香

ひえひえミント to
完熟ベリーの香り
/ 涼爽薄荷⇒香甜莓果

さわやかマリン to
ふわっとフローラルの香り
/ 涼爽海洋⇒輕柔花香

身體保養

不同保養需求搭配不同香味
護手霜的進階型態

ビーバイ・イー MAKER
40g / 800 円

TSUKIBAE
ツキバエ
ハンドクリーム

就像在月光照射下一樣，讓雙手看起來更顯迷人的護手霜。搭配 6 種有機植萃成分，以及 100％天然精油調香，再以 3 個不同的美肌主題所打造的護手霜系列。

潤色型 / 玫瑰香
可遮飾手部細紋或色差，讓雙手肌膚看起來亮一個色階。

防曬型 / 柚子香
防曬係數為 SPF18，無添加紫外線吸收劑。

保濕型 / 薰衣草香
搭配摩洛哥堅果油與杏桃油，強化潤澤保濕作用。

搭配精油的香氛表現突出
質感指數超高的濕紙巾

石澤研究所 MAKER
30 枚 / 850 円

CHAKICHAKI
大江戸
てぬぐいシート

包裝設計相當日式復古摩登的全身用濕紙巾，不只是臉部，就連頭皮跟身體都能擦。分別採用高知縣柚子精油與北海道薄荷精油調香，在香氛表現上非常突出，是質感相當高的濕紙巾。

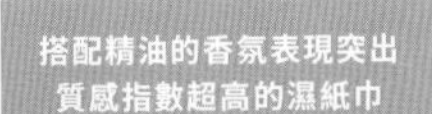

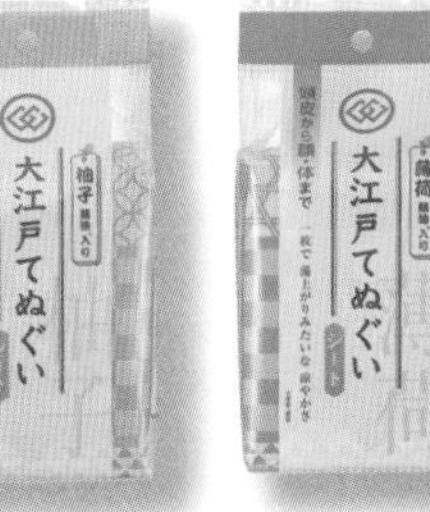

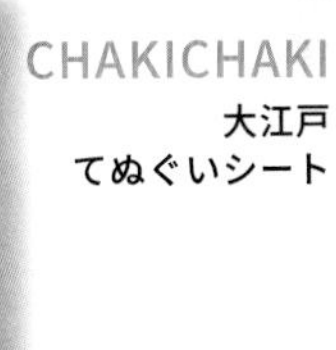

柚子精油香

薄荷精油香

當頂級美容食材融入護手霜
前所未有的體感與新鮮感

エムスタイルジャパン MAKER
40g / 4,200 円

美巣
美巣ハンドクリーム

市面上相當少見的燕窩護手霜。利用燕窩當中的唾液酸、EGF、膠原蛋白與彈力蛋白等多種美肌成分，不只是保濕而已，也能發揮許多抗齡亮白的護膚機能，甚至還具有美甲作用。

ローズ / 玫瑰香

ラベンダー / 薰衣草香

添加薄荷及爽身成分
夏季泡澡不怕滿頭大汗

アース製薬 MAKER
45g×12 錠 / 448 円

温泡 ONPO
さっぱり炭酸湯 こだわりリリー

添加碳酸氫鈉，可在泡澡過程中清潔汗水與皮脂所帶來的黏膩感。同時還搭配具有清涼感的薄荷，以及制汗爽身的明礬。香味則是以小笠原群島的麝香百合作為藍本所研發。

上品なカサブランカの香り / 優雅百合女王香 / 湯色：透明草綠
艶めくイエローウィンの香り / 艷麗甜美百合香 / 湯色：透明鮮黃
すがすがしいリーガルリリーの香り / 清幽百合香 / 湯色：透明藍綠
優美なピンクパレスの香り / 華麗百合湯 / 湯色：透明淺紅

專屬夏季的清涼浴
碳酸與明礬大增量

BATHCLIN MAKER
360g / 698 円

KiKi 湯
清涼炭酸湯

KiKi 湯碳酸入浴劑的夏季專屬清涼碳酸湯系列。在 2019 年所推出的新版本，大幅提升碳酸與明礬等溫泉礦物成分。比起過去的版本來說，出浴後的肌膚清爽感更加提升。

ミントの香り / 薄荷香
湯色：透明海藍

シトラスの香り / 柑橘香
湯色：透明天藍

徹底分析小笠原群島原生花果
忠實呈現特色香氛
的發泡入浴劑

BATHCLIN MAKER
30g×12 包 / 498 円

BATHCLIN
アロマスパークリング 小笠原コレクション

採用獨家分析與開發而成的原創香氛，搭配特殊的瞬間發泡溶解技術，是充滿南島風情的入浴劑。搭配 2 種保養潤澤油成分與胺基酸保濕成分，讓出浴後的肌膚不會感到緊繃。

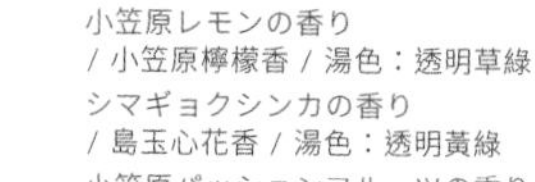

ムニンヒメツバキの香り / 無人姬椿花香 / 湯色：透明鮮黃
小笠原レモンの香り / 小笠原檸檬香 / 湯色：透明草綠
シマギョクシンカの香り / 島玉心花香 / 湯色：透明黃綠
小笠原パッションフルーツの香り / 小笠原百香果香 / 湯色：透明橘紅

入 浴 劑

有趣且特色強烈的四種香味
讓你在家也能體驗
日本的夏日風情

白元アース MAKER
45g×12 錠 / 448 円

いい湯旅立ち
納涼にごり炭酸湯 そよかぜの宿

主題為夏日溫泉之旅的碳酸濁湯入浴錠。除了泡起來帶有些微的清涼感之外，出浴之後的膚觸也非常滑順。極具夏日風情的 4 種香味，讓你在家也能彷彿置身於日本夏季的溫泉街。

清涼感のある薄荷の香り / 清涼薄荷香 / 湯色：乳青色
甘くほろ苦い八朔の香り / 甜苦八朔柑香 / 湯色：乳橘色
懐かしく優しい朝顔の香り / 懷舊牽牛花香 / 湯色：乳紫色
すっきりと爽快なラムネの香り / 彈珠汽水香 / 湯色：乳藍色

炎炎夏日也要泡澡
幫助身體重開機的清爽感

花王 MAKER
40g×12 錠 / 380 円

Bub
エクストラクール エクストラクールミントの香り

夏天是個會流汗一整天，讓人倍感疲勞的季節。這時候，更是需要透過這種具有清涼感的碳酸浴來帶走疲勞，留下舒服的清爽感。

香味：酷涼薄荷香
湯色：透明水藍

不只是碳酸泡加量
連清涼感也是品牌中最強

花王 MAKER
70g×6 錠 / 600 円

Bub
メディキュア 冷涼クール

不只是碳酸泡是基本款的 10 倍，就連清涼薄荷成分也加量，所以入浴時以及出浴後，都能感受到舒暢的清涼感及肌膚滑順的清爽感。

香味：檸檬香茅
湯色：透明沁藍

高濃度碳酸
搭配高麗人蔘萃取物
特化需求性的新類型

花王 MAKER
70g×6 錠 / 750 円

Bub メディキュア

除了10倍碳酸力之外，還搭配高麗人蔘的花王 Bub 加強版。最新推出的兩個類型，分別是添加保溫薄膜配方的紫色溫感浴，以及專為久站或運動所引發之疲勞所開發的橘色按摩浴。

温もりナイト
/ 薰衣草雪松香
湯色：乳紫色

ほぐ軽スッキリ
/ 清新草本香
湯色：透明黃

超細微碳酸與精油香氛
助你排汗與提升代謝

花王 MAKER
400g / 1,200 円

Bub épur オレンジフラワー&パチュリの香り

搭配超細微碳酸與香氛精油，透過提升出汗量與代謝力的方式，來改善手腳冰涼以及疲勞無力等問題。在調香上極為講究，在日本年輕女性間的人氣度相當高。

香味：橙花加廣藿香
湯色：透明優雅橘

彷彿置身於滿開的櫻花樹下
靜靜享受那粉紅色的
幸福時光

アース製薬 MAKER
600g / 548 円

Bathroman にごり浴さくらの香り

市面上相當少見，香味自然不刺鼻的櫻花泡澡粉。除了可溫熱身體與輔助消除疲勞之外，還能給人一種夢幻般的入浴體驗。

香味：滿開櫻花香
湯色：乳櫻色

入浴劑

クリアクール
/ 清新柑橘香
湯色：透明海洋橘

リフレッシュクール
/ 新鮮花園香
湯色：透明草綠

スーパークール
/ 沁涼薄荷香
湯色：透明水藍

夏日涼感泡澡粉再進化
清涼感提升且香味更講究

アース製薬 MAKER
600g / 548 円

Bathroman クール

Bathroman Cool 涼感泡澡粉在2019年夏季進行改版，除了添加更多的清涼感成分胡椒薄荷萃取物之外，還搭配溫和滋潤肌膚的天然洋甘菊萃取物。除了兩款象徵夏日風情的果香與花香之外，還有追求清涼刺激感的超酷涼薄荷版本。

清新舒暢的入浴感
宛如徜徉於粉蝶花海中

BATHCLIN MAKER
600g / 598 円

BATHCLIN COOL 風吹く青い花畑の香り

巴斯克林涼感泡澡粉所推出的改版新品。添加能提升入浴後清爽感的碳酸鈉，同時將香氛微粒加大，強化散發出來的香味表現。出浴後的舒爽清涼感可持續一段時間。

香味：清新花香
湯色：透明天藍

樂活入浴的新選擇
採用自然素材的泡澡粉

BATHCLIN MAKER
480g / 398 円

BATHCLIN MARCHE ミントの香り

強調所有原料皆來自於自然素材，就連香氛原料也是採用100%的天然精油。涼感版本則是選擇自然素材薄荷油。就連湯色也是出自素材的原色。

香味：鮮嫩薄荷
湯色：透明黃

美巣シャンプー / 洗髮精
300ml / 5,100 円

美巣スカルプローション / 頭皮養護露
120ml / 15,000 円

添加頂級美容食材燕窩
的洗護系列
給頭皮護膚等級的洗淨感受

エムスタイルジャパン
MAKER

美巣

添加天然燕窩萃取物的美巣洗護系列，在增加髮絲彈力、韌度與蓬鬆度方面，可發揮令人期待的美髮效果。除此之外，洗髮精還另外搭配褐藻醣膠以及蠶絲蛋白這些珍稀的成分，而頭皮養護露則是添加多種育毛成分與保濕成分，對頭皮與髮絲健康來說，可說是相當奢華的洗護產品。

頭部清潔保養 / 染髮劑

溫和洗淨頭皮
洗後髮絲變的有彈力

エトヴォス
MAKER
230ml / 2,800 円

ETVOS
リフレッシュ
シャンプー

溫和的胺基酸基底，可維持健康乾淨的頭皮環境，改善頭皮氣味、出油、頭髮扁塌、頭皮屑與頭皮癢等問題。洗起來帶有微微的清涼感，髮絲也會顯現光澤且蓬鬆柔軟。

研究超過千種草本成分
對抗頭皮老化問題的
沙龍級洗護系列

イーラル
MAKER

EraL

號稱可以改善頭皮膚質的沙龍級洗護產品。主要針對搔癢、異味以及防禦力降低等頭皮老化問題以及髮絲健康問題發揮作用。不僅如此，甚至可透過打造健康頭皮的方式，來協助應對惱人的白髮困擾。洗髮精分為油性肌與乾燥肌兩種類型。頭皮養護膜則是添加抗炎、促進血液循環成分，以及可以柔化頭皮的蜂蜜，可輔助打造健康的頭皮。

ピュアシャンプー
スカルプ・スカルプ マイルド
/ 頭皮淨化露 一般型・乾性肌
250ml / 3,000 円

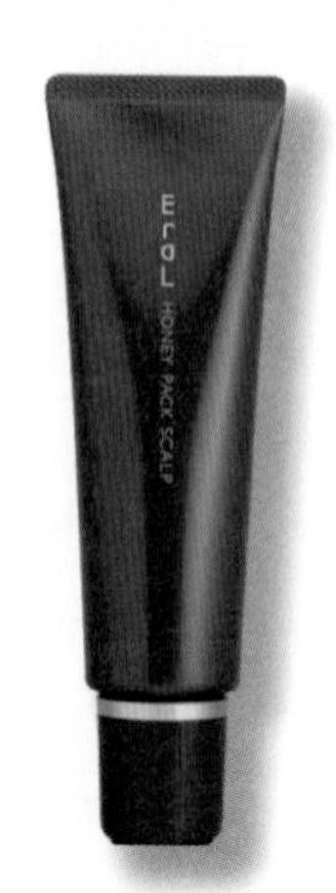

ハニーパック スカルプ
/ 頭皮養護膜
150g / 2,000 円

シャンプー / 洗髮精

トリートメント / 潤髮乳

只用天然素材
育兒媽媽也能安心使用

ビーバイ・イー MAKER

500ml / 1,400 円

MAMA BUTTER
ラベンダー＆オレンジ

整體洗淨與滋養成分都來自於天然素材的洗潤系列。乳油木果油添加比例達 3%，可發揮相當不錯的滋潤效果，讓髮絲可散發自然光澤感。在香氛方面，則是利用自然素材調合的薰衣草柑橘香。

簡單方便易上手
就算手殘也能染出好髮色

花王 MAKER

一組（1 液 34ml、2 液 66ml、修護霜 8g）/ 760 円

Liese
泡カラー

花王人氣度相當高的 Liese 染髮泡改版了！添加毛髮保護成分，染後的頭髮摸起來滑順不卡手。這次改版一口氣推出 6 個新色，分別是自然棕色系列 3 色，以及色彩變化多樣的設計師系列 3 色。

自然棕色系列

バーガンディブラウン / 勃艮第棕

スモーキーブラウン / 煙燻棕

エアリーブラウン / 空氣棕

ソフトグレージュ / 清裸灰

ダークネイビー / 深藍

ダークローズ / 深玫瑰紅

設計師系列

細微潔淨顆粒可深入清潔
深度守護牙齒健康的牙膏

花王 MAKER

120g / 350 円

ClearClean
NEXDENT
薬用ハミガキ

牙膏當中的顆粒，會隨著刷牙的動作不斷崩解變小，可深入牙縫深處發揮清潔作用。添加可預防蛀牙的氟，能提升牙齒抗酸性物質的防蛀力。
（医薬部外品）

ピュアミント / 清新薄荷

エクストラフレッシュ / 酷涼薄荷

マイルドシトラス / 溫和柑橘

消除口腔黏膩感
同時防護牙周

花王 MAKER

Pyuora
GRAN 薬用ハミガキ

在清除口中細菌產生的老廢物質的同時，還能去除口腔內部討厭的黏膩感，也能利用消炎與抗菌成分，應對大人的牙周與牙齦等問題。牙膏為低發泡類型，仔細地慢慢刷也不怕過多的泡泡干擾。
（医薬部外品）

マルチケア / 全面防護型
100g / 830 円

ホワイトニング / 亮白型
95g / 830 円

協助活化牙齦組織
讓牙齦健康不倒退

花王 MAKER

100g / 800 円

DeepClean
薬用ハミガキ

添加修復成分 ALCA、β- 甘草酸及 5 種日本薬用成分，可透過活化牙齦的方式，來加強牙周病預防，並促使牙齦更加健康不倒退的口腔護理牙膏。帶有綠茶薄荷香的牙膏，本身不會產生大量泡泡。
（医薬部外品）

來自預防牙科概念
適合大人使用的
口腔護理牙膏

ライオン MAKER

90g / 600 円

Clinica
アドバンテージ
NEXT STAGE
ハミガキ

以預防牙科概念所開發，同時針對預防蛀牙、清潔齒垢以及清除細菌等三個口腔護理需求所開發的牙膏。牙膏本身具備黏性，不僅不會產生過多的泡泡，也能停留在牙齒根部，發揮確實的清潔作用。
（医薬部外品）

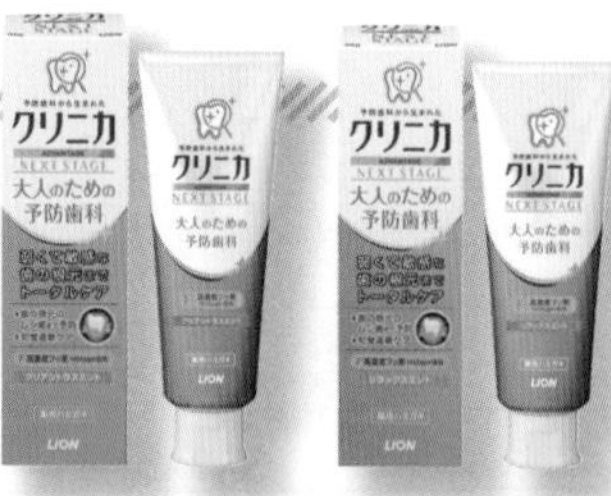

クリアシトラスミント / 柑橘薄荷

リラックスミント / 桂香薄荷

不只照顧牙齦健康
還能對付口臭問題

ライオン MAKER

85g / 1,410 円

DentHealth
薬用ハミガキ
口臭ブロック

鎖定牙齦護理需求逐日升高的中高年族群，針對口臭困擾所開發的新產品。除了添加高劑量 IPMP 及 TXA 等牙周護理成分之外，還強化清除牙齦周圍引發口臭的細菌，讓口氣能夠變得清新。
（医薬部外品）

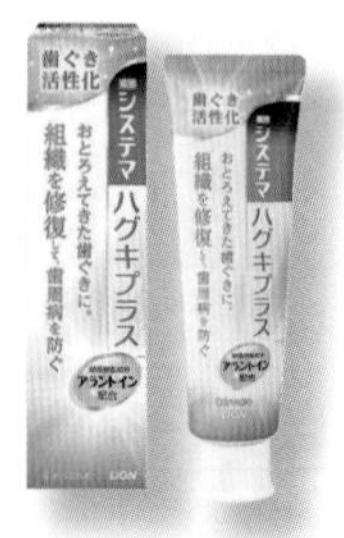

ハグキプラス / 基礎型
90g / 670 円

ハグキプラス S / 敏感型
95g / 670 円

ハグキプラス W / 美白型
95g / 670 円

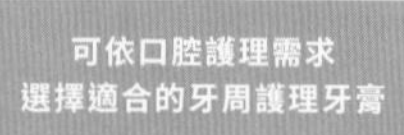

可依口腔護理需求
選擇適合的牙周護理牙膏

ライオン MAKER

Systema
ハグキプラス

專為打造健康牙齦的牙膏系列。主要添加牙齦組織活化、抗發炎以及滲透抗菌等三大成分，再搭配 1,450ppm 的高濃度氟，可用來強化口腔護理。整個系列目前有三個類型可以選擇。（医薬部外品）

提升牙齦的活力
大人的牙周病對策牙膏

ロート製薬 MAKER
130g / 2,200 円
50g / 1,200 円

Haresu
ハレス ハミガキ

同時搭配消炎、殺菌、修復以及促進血液循環等四大機能成分。可在改善牙齦狀態的同時，讓口腔環境變得更健康。牙膏本身是帶黏性的乳膏狀，可確實附著在牙齦上，方便用來按摩牙齦。
（医薬部外品）

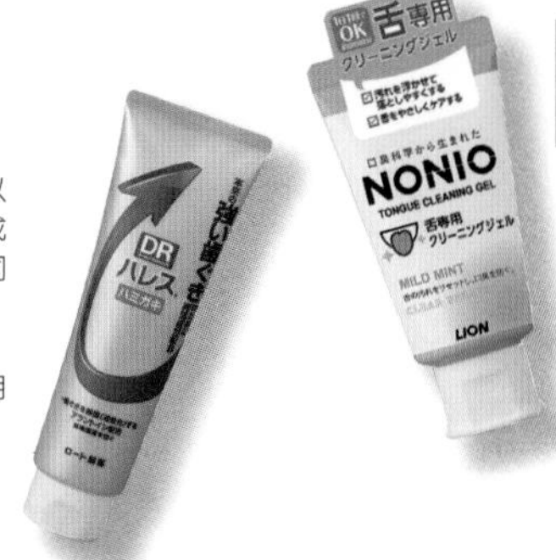

舌頭專用的牙膏
清除口腔異味的來源

ライオン MAKER
45g / 250 円

NONIO
舌専用 クリーニングジェル

專為敏感纖細的舌頭所研發，可搭配舌苔刷一同使用，確實清除舌苔以預防生理性口臭的舌頭專用清潔凝膠。不含研磨劑，不會對舌頭產生太大刺激。

強化牙周護理
口氣清新直到天明的漱口水

アース製薬 MAKER
1,080ml / 880 円
700ml / 698 円
380ml / 598 円

MONDAHMIN
NEXT 歯周ケア

搭配 IPMP 與 CPC 雙重殺菌成分，專為牙周保養對策所開發的漱口水。不只是有效成分滲透力佳，還能長時間發揮功效。睡前使用後，直到隔天早上都還能維持口氣清新。
（医薬部外品）

就連眼睛看不到的凹槽
也一樣能夠閃耀亮白

アース製薬 MAKER
1,080ml / 880 円

MONDAHMIN
ホワイトニング

略帶點稠度，可以搭配牙刷一起使用的漱口水。添加閃耀亮白成分，可以清潔堆積在牙齒表面的污漬，就連牙齒表面的細微凹槽也不放過。

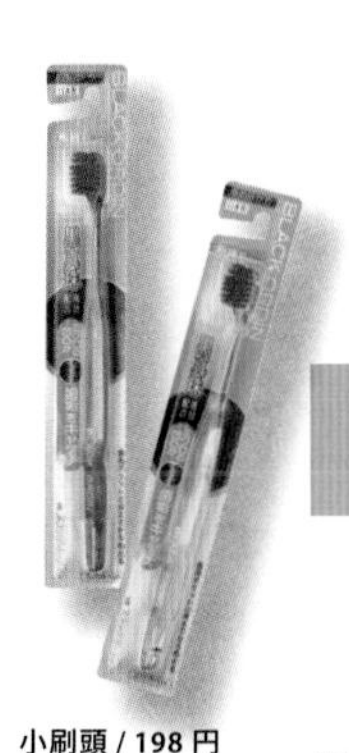

口腔清潔護理

在重要時刻輕輕噴一下
就可立即還你清新好口氣

ライオン MAKER
5ml / 250 円

NONIO
マウススプレー

添加殺菌成分薄荷醇，可用於預防口腔產生異味。另外還搭配濕潤劑，也能同時預防口腔乾燥所產生的異味。
（医薬部外品）

クリアハーブミント / 清新草本薄荷

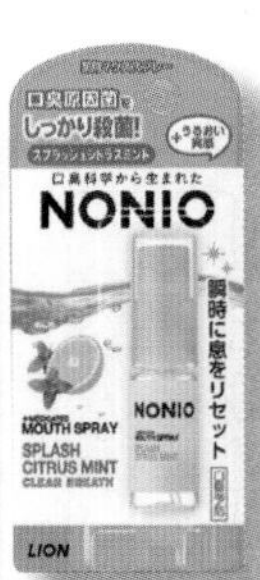

スプラッシュ シトラスミント / 舒暢柑橘薄荷

ピュア フルーティミント / 水感果香薄荷

創業近百年的牙刷專家
利用黑珍珠加工
提升潔淨效率

西脇工業 MAKER

BLACK ORDIN
黒真珠歯ブラシ

採用黑珍珠成分的獨家加工法，可在刷毛表面形成凹凸狀構造。這樣的構造可在不傷害牙齒的情況下，更有效率地清潔牙齒上的髒汙。這系列分為三種刷頭類型以及各有兩種不同刷毛硬度，共有 6 種類型可以選擇。

小刷頭 / 198 円
左：普通毛　右：軟毛

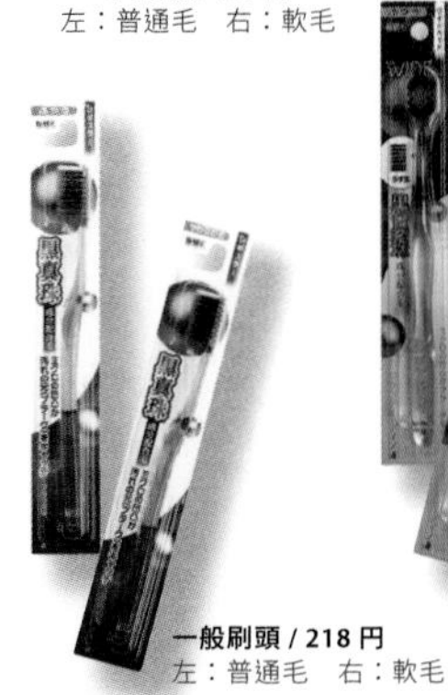

一般刷頭 / 218 円
左：普通毛　右：軟毛

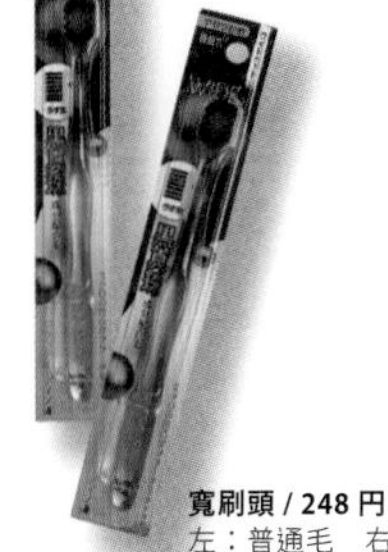

寬刷頭 / 248 円
左：普通毛　右：軟毛

用來對付
口腔乾燥與口臭的小幫手
每天都想使用的口腔滋潤噴霧

アース製薬 MAKER
80ml / 980 円

Helper Tasuke
**MONDAMIN
マウススプレー
うるおいジューシー**

添加 4 種口腔潤澤保濕成分，以及去除口臭因子的無酒精口腔噴霧。特殊設計的噴頭，不會讓噴霧外撒到嘴巴外側。帶有清新的檸檬薄荷香。

只要按下開關
就能讓房間每個角落
都香香的！

アース製薬 MAKER
約 60 天 / 1,280 円

Helper Tasuke
**良い香りに変える
消臭ノーマット
快適フローラルの香り**

採用電蚊香原理，只要打開開關，消臭劑就可將異味變成香味，甚至對於排泄物的臭味也有效果。正常使用下，1 罐約可使用 60 天。使用完後可購買補充罐繼續使用。

任何地方都可使用
簡單一噴就可趕走異味

アース製薬 MAKER
380ml / 880 円

Helper Tasuke
**良い香りに変える
消臭スプレー
快適フローラルの香り**

可以直接噴在移動式馬桶、垃圾桶、衣物以及寢具上，將令人在意的異味變成香味的噴霧。

高齡化社會的生活小幫手

居家照護衛生雜貨新品牌

ヘルパータスケ（Helper Tasuke）

日本人長壽人口眾多，是全球著名的高齡化社會。這樣的社會結構之下，一般民眾最常面臨的問題，就是在家照顧年邁家人的居家照護問題。其實，因為疾病或意外而需要長期臥床的非高齡者也相當多。針對居家照護中，最被重視的清潔與消臭這兩大需求，EARTH 製藥於 2019 年推出居家照護小幫手品牌，希望能為辛苦的照護者們提升居家照護的效率與品質。

隨手放置於廁所當中
助你消除廁所內惱人異味

アース製薬 MAKER
100g / 1,080 円

Helper Tasuke
**Cleverin
トイレの消臭除菌剤
ミントの香り**

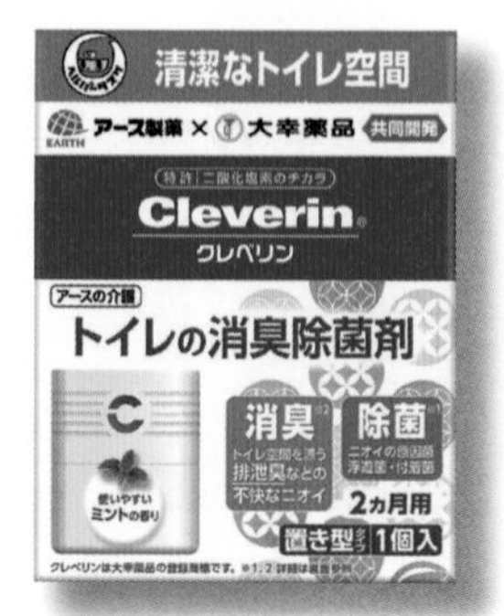

採用大幸製藥 Cleverin 技術，專為廁所環境開發的消臭除菌劑。主要原理是利用二氧化氯消除空氣中細菌與異味分子的能力，讓廁所裡的異味不會一直滯留。

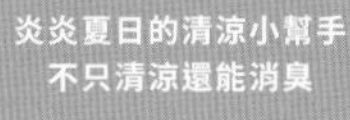

白元アース MAKER

100ml / 358 円

ICE-NON
シャツミスト

ミントの香り
/ 清新薄荷香

エキストラミントの香り
/ 酷涼薄荷香

せっけんの香り
/ 潔淨皂香

出門前在衣服上噴個兩下，只要衣服接觸到肌膚，身體就會感受到一股舒服的薄荷清涼感。除此之外，也能夠防止流汗造成衣物產生異味。

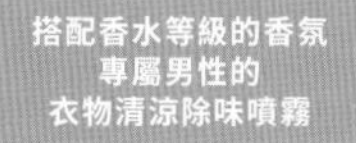

レノア・ジャパン MAKER

50ml / 900 円
200ml / 1,800 円

PROUDMEN.
スーツリフレッシャー クールスプラッシュ

2018年限量上市時，就受到眾多日本男性關注的衣物香氛清涼噴霧。在 2019 年再次推出，而且除原本的 50ml 小瓶裝版本外，還新增 200ml 大瓶裝。喜歡刺激清涼感，又希望自己散發出迷人香味的男性，今年夏天可別錯過了。

日常美妝雜貨

乾燥環境不怕口鼻不舒服
讓微微的薰衣草薄荷香
陪你入眠

花王 MAKER

3 片 / 450 円

MegRhythm
蒸気でホットうるおいマスク ラベンダーミントの香り

花王美舒律繼眼罩系列之後，利用獨家發熱蒸氣技術，開發出能夠滋潤口鼻的蒸氣口罩。舒服的 40 度蒸氣，可持續溫熱 15 分鐘，結束之後也能當一般口罩使用。推薦在乾燥的飛機上等環境中使用，帶有薰衣草薄荷香。

除了擦防曬
還要多這一道防線！

白元アース MAKER

3 枚 / 298 円

be-style
UV カットマスク

ホワイト / 白色

シャインピンク / 粉紅色

可以完整包覆到臉頰眼部下方的大尺寸口罩。採用柔軟且吸濕排氣的素材製作，戴起來沒有悶熱感。夏日外出不只要擦防曬，這樣的大口罩也很需要！

搭配不同花草香調
讓抗菌噴霧用起來更優雅

花王 MAKER
370ml / 350 円

Resesh
除菌 EX フレグランス

來自花王的人氣居家除菌噴霧，在 2019 年春季推出最新的香氛系列。這次以時間為主題設計三款香味，噴在沙發或窗簾等布面家具上，不只能夠抗菌防黴，還能散發出清新迷人的香味。

フォレストシャワーの香り / 晨間清新森林浴

ピュアローズシャワーの香り / 午間優雅玫瑰浴

オリエンタルシャワーの香り / 夜間東方香氛浴

專為布面家具所研發
消臭兼防蟎用噴霧

白元アース MAKER
230ml / 498 円

STYLE MATE
布製品の消臭・ダニよけミスト

搭配抗菌成份，帶有玫瑰花香的布面家具噴霧。簡單一噴，不只能消除布面家具的異味，還能維持 2 ～ 3 天的防蟎效果。

居家衛生清潔

消臭兼防塵蟎入侵
收納衣物時的好幫手

白元アース MAKER
2 入 / 398 円

STYLE MATE
消臭・ダニよけバッグ

可以放在收納衣物的抽屜裡，或是掛在衣櫃中的消臭香氛袋。除了消除衣物中的異味之外，也能夠防止塵蟎入侵衣物收納空間。

ホワイトローズムスクの香り / 白玫瑰麝香

シトラスグリーンティーの香り / 柑橘綠茶香

專為潮濕的氣候環境所開發
衣櫥專用的吸濕芳香掛片

白元アース MAKER
2 入 / 646 円

DRY&DRY UP
クローゼット用
フローラルブーケの香り

掛在衣櫥裡也不會占空間的防潮掛片。在吸收衣櫥中多餘的水氣之後，掛片裏頭的顆粒就會固化成果凍狀。除了吸濕作用外，還能發揮芳香、防霉以及防止衣物變黃等目的。

フローラルブーケの香り / 優雅花香

ホワイトアロマソープの香り / 純淨皂香

吸濕成分搭配活性碳
改善寢具的濕臭問題

白元アース MAKER

2 片 / 980 円

Ikiikimate
ふとんの湿気
爽やかシート

只要鋪在保潔墊或薄型床墊下方，就可吸收寢具的溼氣及異味，非常適合容易流汗的季節，或是長期臥床的患者使用。只要靜置於陽光之下曝曬，待曬乾後就可重複使用。

微香性
オレンジの香り
/ 柑橘香

微香性
グレープフルーツ
の香り / 葡萄柚香

無香性
/ 無香

餐具水壺難以清洗的死角
就靠這瓶來幫忙洗乾淨

花王 MAKER

300ml / 277 円

Cucute
キュキュット
CLEAR 泡スプレー

使用起來超方便，連海綿刷不到的地方，也能輕鬆的洗乾淨。例如保溫杯、茶壺的壺嘴以及鋼製吸管，這些不容易清洗的狹小部位，只要輕輕一壓噴嘴並靜置60秒，去汙消臭的除菌泡就能幫你簡單完成清洗餐具的困擾。

花王運用百年洗淨技術
專為生活衛生所開發
的抗菌洗手泡

花王 MAKER

250ml / 500 円

Bioré GUARD
薬用泡ハンドソープ
ユーカリハーブの香り

採用獨家守護配方，連指甲縫與手指肌膚縫隙裡的髒污細菌都能快速潔淨的尤加利香味洗手泡。適合家中有寵物，或是照顧病患的人使用。就連壓頭都有抗菌加工，可防止細菌滋生。

沒有水也能消毒與潔淨雙手
低酒精刺激配方的乾洗手

ライオン MAKER

230ml / 560 円

kireikirei
薬用ハンドジェル

就算沒有水，也能確實清潔雙手，並且發揮消毒作用的乾洗手。採用低酒精配方，不僅刺激少且無刺鼻的氣味，而且也不會造成手部肌膚水分蒸發而引起雙手乾燥的問題。

簡單一放
就可清潔每天都會使用到
的生活家電

アース製薬 MAKER

3 錠 ×4 包 / 498 円

RAKUHAPI

**コーヒーメーカー・
自動製氷機の洗浄除菌剤**

咖啡機以及冰箱的自動製冰機，是現代人每天幾乎都會使用到的電器。不過，這些機器的內部供水管路，卻很少有機會進行清洗。只要定期使用這個發泡錠，就能簡單清潔這些難以洗淨的生活死角。

來自食物的安心原料
幫助冰箱抗菌防黴

アース製薬 MAKER

498 円

Nonsmell

冷蔵庫用抗菌＋防カビ剤

只要放在冰箱當中，就能針對那些會引發食物腐敗的成因菌或是異味發揮抑制作用。對於仰賴冰箱的現代人來說，是相當重要的居家衛生小物。

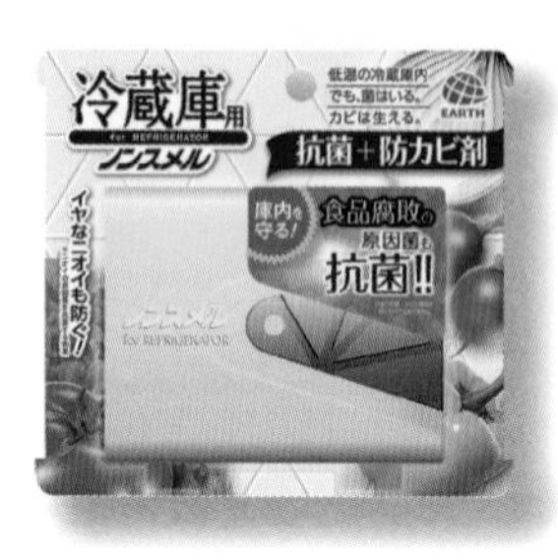

方便性更勝洗衣球
單手就能使用且完全不沾手
的新概念洗衣精

花王 MAKER

Attack

アタック ZERO

日本洗淨專家花王在 2019 年展開洗衣精大革命！不只是採用花王史上最強的洗淨與抗菌成分，這回在容器上也有重大突破。採用噴射壓頭設計，單手就可使用的完全不沾手設計，大幅提升洗衣的方便性。

**ワンハンドプッシュ
/ 直立式洗衣機專用
400g / 500 円**

**ドラム式専用
ワンハンドプッシュ
/ 滾筒式洗衣機專用
380g / 500 円**

加強洗淨浴室裡的汙垢
同時消除難聞的異味

花王 MAKER

380ml / 300 円

Magiclean

**バスマジックリン
デオクリア**

沐浴時飛濺到牆面或殘留於地板的泡泡，以及平時累積的水垢與皂垢，都會造成浴室存在著一股異味。只要用這瓶浴室清潔劑噴上一層泡泡，就可簡單刷去髒汙，並且消除浴室裡的異味。

居家衛生清潔

只要用水沖就好
再也不必辛苦刷浴缸

ライオン MAKER
500ml / 330 円

LookPlus
バスタブクレンジング

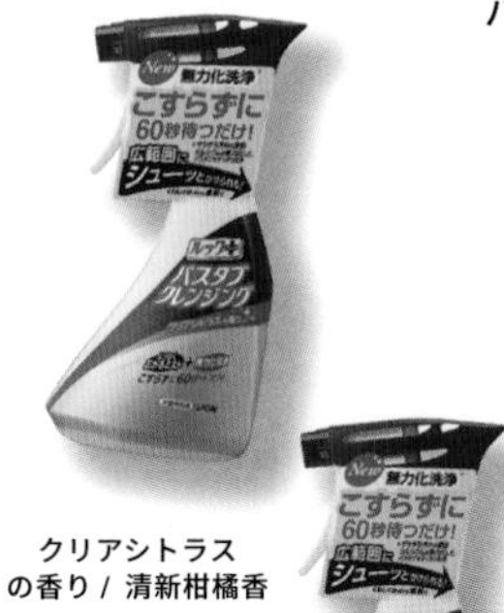

クリアシトラスの香り / 清新柑橘香

フローラルソープの香り / 鮮花皂香

只要將清潔劑噴在浴缸上，靜置 60 秒就能讓浴缸表面的汙垢無力化並浮起。接下來，只要用水一沖，就可以不費吹灰之力的把浴缸上摸起來卡卡或滑滑的污垢沖掉。

簡單貼在馬桶裡
就可維持潔淨 2 星期

アース製薬 MAKER
3.6g×2 個 / 248 円

ToWhite
固形クリーナー 貼るタイプ

シャボンフィズの香り / 潔淨皂香

フラワーパルフェの香り / 怡人花香

フルーティーリーフの香り / 草本果香

只要撕開封膜，將清潔錠貼在馬桶內壁，就可在沖水的同時，發揮清潔、防汙、防霉、防垢以及芳香等五大機能。每個清潔錠都是個別包裝，使用起來方便衛生且不沾手。

不只是清潔而已
也能預防汙垢附著
的廁所清潔劑

花王 MAKER
400ml / 358 円

Magiclean
トイレマジックリン 消臭・洗浄スプレー 消臭ストロング

針對廁所或馬桶周圍的異味，可發揮相當優秀的清潔力以及抗菌力。清潔過後，也能防止汙垢附著於馬桶座或周圍的地板與牆面。

如廁新禮貌運動
靜音設計，使用時不怕被發現

アース製薬 MAKER
50ml / 698 円

ToWhite
トイレ用 1 プッシュデオドライザー

只要按壓一下，就能徹底消除廁所裡的難聞異味，並讓整個空間散發香味。噴射氣體的聲音小，使用時不怕被發現。1 瓶大約可使用 250 次左右。

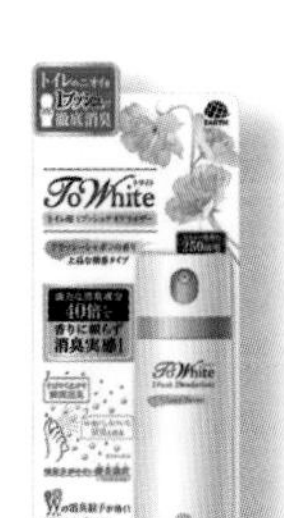

クラッシーシャボンの香り / 經典皂香

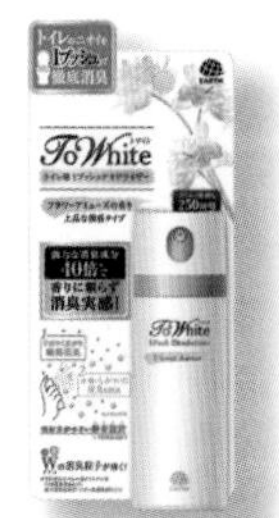

フラワーアミューズの香り / 怡人花香

フルーティーブランの香り / 潔淨果香

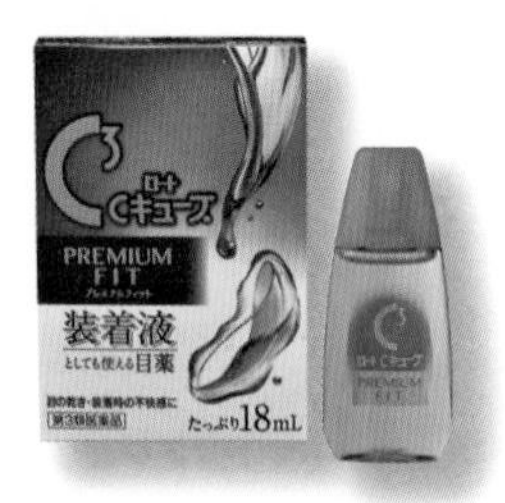

FIT 舒適配戴型

CLEAR 修復機能型

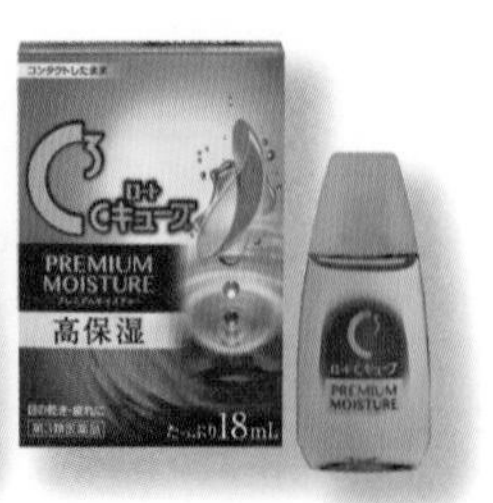

MOISTURE 高保濕型

第 3 類医薬品

MAKER ロート製薬

18ml / 750 円

ROHTO C Cube
プレミアム

樂敦清 C3 是樂敦製藥專為隱形眼鏡族所開發的眼藥水品牌，而這品牌在 2019 年則推出 Premium 升級版。除了任何隱形眼鏡都適用的配方之外，還針對配戴舒適、修復機能以及眼睛乾燥等需求，開發出三種不同的類型。

第 3 類医薬品

MAKER ロート製薬

15ml / 1,500 円

V ROHTO
ドライアイ プレミアム

專為乾燥而疼痛到張不開眼的乾眼問題，樂敦頂級眼藥水系列新推出的綠鑽高保濕版本。除了滋潤眼睛的保濕潤澤成分之外，也添加可以減少眼瞼內側摩擦角膜的護理成分。獨特的油性成分，像在眼睛表面形成一道保護膜般。

第 3 類医薬品

MAKER ライオン

15ml / 800 円

Smile
ホワイティエ コンタクト

針對長時間配戴隱形眼鏡時的疲勞感及不適感，分別以抑制發炎症狀、保護角膜以及促進代謝等方向，特別採用五大護眼成分所開發而成的眼藥水。

OTC 醫藥品

第 1 類医薬品

MAKER アンファー

60ml / 7,223 円

SCALP-D
メディカルミノキ 5

專為男性壯年掉髮問題所開發，米諾地爾（Minoxidil）添加濃度高達 5% 的生髮液。一般來說，至少需要連續使用 4 個月才能有明顯體感。由於是第一類医薬品的關係，只能在有藥劑師執業時的藥妝店才能購入。

指定 第 2 類医薬品

MAKER ライオン

20 錠 / 650 円

BUFFERIN
バファリンライト

BUFFERIN 止痛藥系列當中，藥效較為弱的新版本。止痛成分乙醯水楊酸的劑量僅有基礎版本「BUFFERIN A」的 2/3，而且還搭配護胃成分。另外，成分中沒有加咖啡因及嗜睡成分。

第 2 類医薬品

MAKER ロート製薬

14 錠 / 1,600 円

Jinmart
ジンマート錠

專為蕁麻疹問題所開發的口服錠。主成分是同時具備抗組織胺與抗過敏作用的「Mequitazine」。另外還搭配能夠維持皮膚正常機能，以及能對皮膚發揮作用的維生素 B_2 與 B_6。建議 15 歲以上才能服用。

保養品添加物的保養 Q & A

對於不少注重門面的人來說，保養品可說是每天都要使用的「日常用品」。正因為是每天使用於臉上的東西，許多人除了保養品本身的有效成分之外，對於添加物也會格外注意。

保養品當中的添加物，大部分都是為了提升成分穩定性或使用感而添加。即便保養品的研發技術日新月異，但還是有不少人對其中的添加物抱持疑慮，甚至被一些網路謠言嚇得不知所措。

在這邊，日本藥粧研究室就針對最常見的三大保養品添加物網路謠言，進行深入卻簡單易懂的說明。

謠言 1　保養品中的酒精對肌膚健康有害！？

這幾年市面上的無酒精保養品有著相當不錯的銷售表現。無酒精保養品的出現，是因為極少數人的肌膚在接觸酒精時，會出現過度的過敏反應，並不代表保養品當中的酒精成分有害肌膚健康。網路上甚至曾經瘋傳過，長期使用含酒精的保養品會造成皮膚變薄！其實日本的保養品製造規範相當嚴格，即便市面上大部分的保養品當中都添加有酒精，但因為這些酒精成分對於肌膚的刺激性低，並在適當比例下搭配保濕成分，再加上已確認過其安全性，所以對肌膚不大會有負面傷害。

一般來說，保養品添加酒精的理由有以下幾種：

①**收斂作用**：可促進毛孔收縮。
②**殺菌作用**：可發揮防腐劑的效果。
③**鎮靜作用**：酒精蒸發時的清涼感可使肌膚感到舒適。
④**潔淨作用**：可幫助去除殘留於肌膚上的皮脂與髒汙。
⑤**溶解作用**：幫助保養品中的各種成分均勻溶合在一起。

謠言 2　保養品中的香料會導致肌膚過敏！？

添加在日本保養品當中的香料，都是根據國家標準確認過對肌膚的安全性，所以對肌膚不大會有負面影響。

如同精油療法一般，保養品香味所帶來的身心療癒、放鬆效果，據說都能夠活化人體的免疫系統。因此，除了日本的頂級品牌之外，其實法國的高端品牌保養品也都相當講究保養品的調香效果。

雖然有不少人推崇無香料保養品，但這邊卻有另一個陷阱存在。所謂無香料，並不等於沒有添加物。許多保養品原料都有特殊的氣味，因此才需要這些香料來修飾氣味，藉此提升保養品的使用感。

謠言 3　保養品中的防腐劑真的對肌膚有害嗎！？

保養品跟便當不同，一個便當一餐就可以吃完，但有一定容量的保養品卻沒辦法一口氣用光。隔餐便當會腐敗，沒用完的保養品若沒防腐劑幫忙，也一樣會變質，這樣反而會對肌膚產生負面影響。

保養品中常見的防腐劑為對羥基苯甲酸（Paraben），在日文當中標示為「パラベン」。這種防腐劑無色無味且毒性低，而且抗菌廣度也大，所以常被拿來幫助保養品抗菌防腐。

雖然日本上有不少保養品標榜「無パラベン」，但那並不代表完全未添加防腐劑。添加於保養品當中的防腐劑，大多經過長時間驗證安全性，且實際使用後沒有出現過度不良反應的防腐成分，因此對肌膚不大會有負面的影響。

ビタミンC
胃薬
Good Bye
KEANA
ぽっかり毛穴に

Chapter 8
男性美容特輯

做一個為自己感到自豪的男人

日本原創的全方位男性香氛保養品牌——PROUDMEN.

“ **身上帶著香味，就如同自帶男神光。**

當男人身上帶有清新宜人的香味，就會顯得意氣風發且有自信，如此一來工作上的表現就會更加傑出。這就是 PROUDMEN. 的品牌核心理念。”

日本藥粧研究室第一次接觸 PROUDMEN.，是 2013 年採訪《東京藥妝美研購 2》的時候。那清新脫俗的地中海柑橘香調，搭配時尚沉穩的包裝設計，真是令人一見鍾情。時隔六年，PROUDMEN. 擁有越來越多的愛用者，品牌也逐漸擴大。從最早的一瓶衣物香氛噴霧，到現在肌膚保養、身體保養到口腔護理，成為品項多達 30 個以上的全方位男性保養品牌。

這次日本藥粧研究室首次與一手打造 PROUDMEN. 的 LENOR JAPAN 社長・松岡 潤先生展開對談，除了聊聊 PROUDMEN. 的誕生祕辛之外，也一起討論日本男性保養市場的現況及未來。

日本藥粧研究家・鄭世彬（以下簡稱・鄭）：

聽說松岡先生你 23 歲時進 P&G 衣物清潔商品部門任職，26 歲時自立門戶創立 LENOR JAPAN 這家公司，並且在數年後開發 100% 日本原創的男性香氛保養品牌 PROUDMEN.。想請教一下，當時的日本人應該還不重視男性保養市場，而且也沒有使用香水的習慣，你為何會想從香氛的角度去開發專屬男性的品牌呢？

LENOR JAPAN 社長 · 松岡潤（以下簡稱 · 松岡）：

其實驅使我開發 PROUDMEN. 的原因有很多，不過最具關鍵性的理由，是在我和 @cosme 的兩位創辦人一同到韓國視察時所發生的事。十多年前的日本男性，普遍覺得使用保養品是件「不 man」的事情。相反地，那時韓國已有許多男性專屬品牌，而且當地男性也都能大方地和我們分享他所喜愛的保養品牌。當下我就覺得，日本男性保養市場起步得太慢，我們得做些什麼才行！

鄭：的確，之前和日本男性友人逛街時，每次我一走進藥妝店或美妝店，他們總是因為覺得不好意思，而寧願站在門口等我。

松岡：在過去，那樣的日本男性真的很多。從韓國回到日本之後，我就一直思考著，為何日本的男性保養市場無法活絡起來。當時日本確實有幾個男性保養品牌，但絕大部分是女性保養品牌的「for man」男性版。就日本男性的思維來說，當然會覺得不好意思購買。所以，我便決定打造一個完全專屬男性的全新品牌。

鄭：既然是完全屬於男性的品牌，那怎麼會從香氛的角度切入呢？

松岡：當時有個客戶常來我們公司，他身上總是帶著一股淡淡地、聞起來非常舒服的香味。我認為，適合日本男性的香味不是刺鼻的香水味，而是圍繞在自己周圍的淡香。剛好那時候日本在推動節能 Cool Biz，我觀察到當時的男性開始願意在工作相關的衣物或配件雜貨上消費。在思考一段時間之後，我便決定將**商務**、**儀容**、**香氛**這幾個關鍵字結合起來，開發出衣物香氛噴霧。為期許日本男性能為自己感到自豪，因此我將品牌命名為「PROUDMEN.」。

鄭：多虧有松岡先生的努力，日本的男性才能有更多更適合的選擇。關於 PROUDMEN.，今後有怎樣的發展計劃呢？

松岡：PROUDMEN. 原本是消臭香氛起家的品牌，這兩年則是專注於開發基礎保養系列。今後，品牌仍會持續強化肌膚保養產品，同時迎合時下男性的需求，持續開發能讓男性打理完美儀容的商品。

鄭：就松岡先生來看，未來日本的男性美妝業界的走向會是如何呢？

松岡：「genderless（無性別）」是最近日本最熱門的關鍵字之一，這代表著性別之間的界線越來越模糊。去年法國香奈兒和日本 ACRO 兩家公司，不約而同推出男性彩妝品牌。未來日本或許會和韓國一樣，化妝品會融入男性的生活當中。如此一來日本的男性也會更加注重日常保養，並且帶動整個市場的活絡度。

PROUDMEN.
三大經典 ITEM

PROUDMEN. 三大經典 ITEM：衣物香氛噴霧、體香膏、淡香水。PROUDMEN. 的調香概念來自地中海澄透的柑橘清香。清新卻不失性感的香調，給人一種內斂卻幹練、沉穩但時而活潑的感受。相當符合現代男性同時擁有多種面貌的特質。

PROUDMEN.
スーツリフレッシャー
グルーミング・シトラスの香り

200ml / 1,800 円
15ml / 600 円

PROUDMEN. 的品牌創始品項。在上班前或約會前輕輕一噴，就可消除衣物上因為流汗、抽菸或餐廳油煙所引起的異味，取而代之的則是以香水調香技術所調合而成的迷人的清新海洋柑橘調。除標準瓶裝之外，還有迷你隨身瓶方便隨身攜帶。

PROUDMEN.
グルーミング バーム
グルーミング・シトラスの香り

40g / 2,800 円

用塗的香水。將 PROUDMEN. 的經典香味包覆在體香膏當中，可長時間穩定地釋放出香氣。對於商務人士或上班族來說，是恰到好處的香氛。

PROUDMEN.
オードトワレ
グルーミング・シトラス

50ml / 3,500 円

PROUDMEN. 經典香味淡香水。清新的檸檬與橙香，再伴隨著淡淡的麝香。許多迷戀上體香膏的人，都會希望多擁有一罐這樣的淡香水。

1

PROUDMEN.
フレグランス
スキンウォッシュ
グルーミング・シトラス＋
スパイシー・ウッドの香り

250ml / 2,000 円

一瓶可以從頭洗到腳的香氛沐浴露。無論是急著上班的清晨，或是在健身房運動之後使用，都能讓自己散發出清新的香味。一瓶多用途，出差或旅遊時也能減少行李量。

2

PROUDMEN.
グルーミング
ウォーター

200ml / 1,500 円

沐浴完之後可用於全身的爽膚水。無論是臉部、身體或頭髮都可使用，而且塗抹後帶有一股非常舒服的清涼感，非常適合在天氣炎熱的季節使用。

3

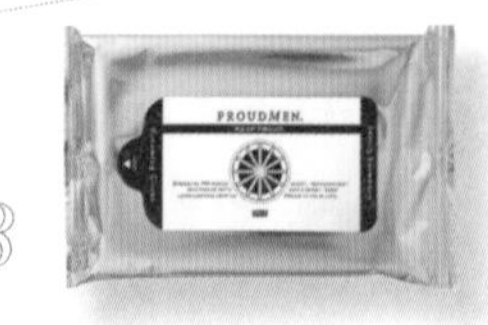

PROUDMEN.
グルーミングシート

12 張 / 380 円

許多男性都有攜帶濕紙巾的習慣，不過這包來自 PROUDMEN. 的溼紙巾不僅能夠擦去黏膩的汗水與皮脂，還能留下舒服的香味。在覺得悶熱煩躁的時候，可以拿來當轉換心境的小物。

PROUDMEN.

PROUDMEN.
臉部基礎保養系列

PROUDMEN.
クレイ
フェイスウォッシュ

120g / 1,800 円

富含礦物質的法國綠泥搭配質地Q彈蒟蒻微粒，可在確實清潔毛孔髒汙的同時，發揮優秀的皮脂吸附作用，讓洗後的肌膚呈現清爽滑嫩。沒有過強的去油力，所以洗後肌膚不會覺得乾澀緊繃。

PROUDMEN.
グルーミング
モイストウォーター

200ml / 2,500 円

專為男性所開發的高保濕化妝水。適合外油內乾，造成保養成分不易滲透肌膚的男性使用。雖說是高保濕型的化妝水，但質地清爽不會在肌膚表面留下不舒服的黏膩感。

PROUDMEN.
グルーミングミルク

100ml / 1,800 円

滲透力表現相當不錯，質地相當清爽，使用後沒有黏膩感的乳液。使用時，帶有一股舒服的微涼感，在刮鬍後也能發揮不錯的舒緩效果。

PROUDMEN.
リバイタライジング
アイクリーム

12g / 2,800 円

2019 年 1 月新推出，能幫助男人打造眼力的抗齡眼霜。包括維生素 A、富勒烯以及麥角硫因這些抗氧化成份在內，總共添加 13 種抗齡及保濕成分。除了眼周之外，也能用來對付嘴巴周圍的小細紋。

PROUDMEN.
UV プロテクトジェル

60g / 1,800 円

添加 5 種保養成分，質地輕透好推不黏膩的防曬凝露。降低男性不喜歡的黏膩感，塗抹之後肌膚也不會泛油光，而且只需一般洗面乳就可卸除。
（SPF50+・PA++++）

日本藥粧研究室的
PROUDMEN.
五大私心推薦

4

PROUDMEN.
グルーミング
スカルプシャンプー

300ml / 2,300 円

採用胺基酸洗淨成分，可溫和洗淨男性特有頭皮髒污的無矽靈洗髮精。溫和不過度潔淨，能防止頭皮反而變得油膩或出現頭皮屑、頭皮癢等問題。使用時，帶有溫和的清涼感，而且髮絲也會顯得強韌有彈性。

5

PROUDMEN.
マウスリフレッシャー

400ml / 2,000 円

採用後味清爽的薄荷柑橘香調所打造的漱口水。搭配柿澀去味成分，以及夏多內葡萄的保濕成分。使用之後的清新感與舒適感，讓漱口也能變成一種享受。

日法品牌同時推出男用彩妝

男性美容保養新時代的來臨——男性美容元年

2018 年底的日本美妝界，發生一件令人驚訝卻又振奮的大新聞。繼純日系男性彩妝品牌「FIVEISM × THREE」於 2018 年 9 月於日本上市後，法國品牌香奈兒也於同年 11 月在日本推出男性彩妝品牌「BOY DE CHANEL」。這兩大品牌劃時代的創舉，將男性的美容習慣推升到全新的境界。針對這個現象，日本媒體甚至將這一年設定為**男性美容元年**。

「BOY DE CHANEL」——化妝是不分性別的行為

高端保養品牌香奈兒所推出的「BOY DE CHANEL」，不只是打破自己百年來的傳統，更為全球美妝保養界投下一顆震撼彈。這一波所推出的品項，包括粉底液、眉筆以及無色唇膏等三種容易入門的品項。嚴格來說，就是強化男性在修容與底妝上的習慣。

有趣的是，香奈兒相中許多韓國年輕男性有化妝習慣這一點，於是將韓國設定為全球首賣地。不僅如此，還邀請韓星李棟旭擔任品牌代言人，這可是香奈兒彩妝形象代言人當中極為罕見的亞洲臉孔，而且是男性美妝的第一位代言人。

「FIVEISM × THREE」——超越既有觀念地實現自我

在日本首度發表男性彩妝的品牌，是和美妝保養品牌 THREE 同屬日本 ACRO 的「FIVEISM × THREE」。品牌概念主打無限可能、實現自我的「FIVEISM × THREE」，在產品類別上的設定就更加自由與多樣化。除帶有潤色效果的保濕液之外，還包括粉底、遮瑕、修容、眉筆、眼影、有色唇膏、腮紅甚至是指彩。只要是女性彩妝有的基本品項，「FIVEISM × THREE」當中一個也少不了。

「FIVEISM × THREE」還有一個相當有趣的特色，就是粉底、遮瑕、修容等品項，全數採用使用簡單俐落，而且不需太多專業技巧就能上手的「棒狀設計」。

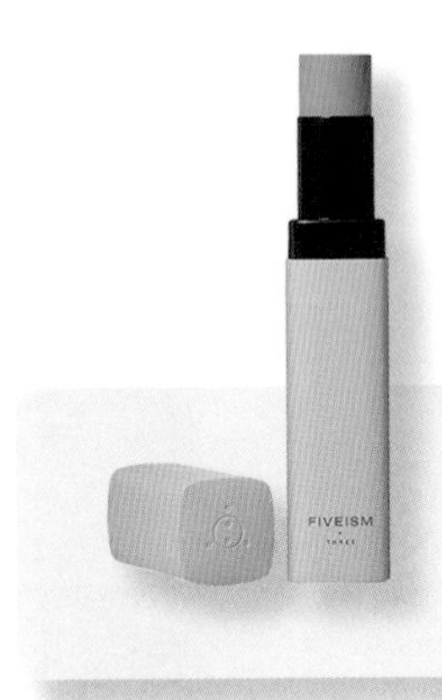

FIVEISM × THREE
ネイキッド
コンプレクション
バー

5,200円

可用來打造自然且健康膚色的裸妝感粉底棒。除了調節膚色及遮飾肌膚上的小瑕疵與色差部位之外，還能拿來遮飾刮鬍後的青鬍渣。全部共有15個色號，無論是任何膚色的人，都能找到適合的顏色使用。就亞洲人的膚色而言，07～09這三個色號最容易上手。

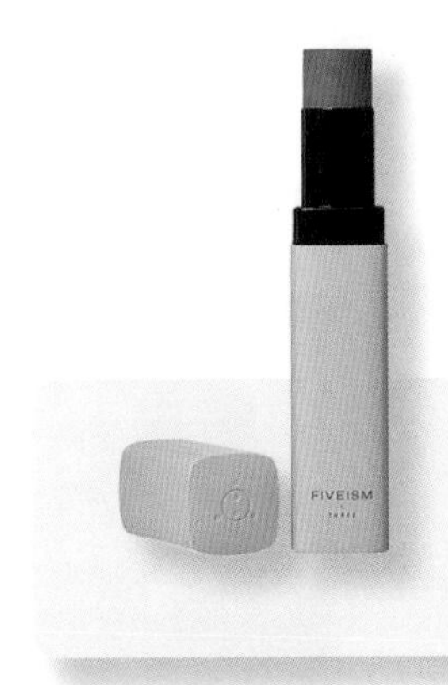

FIVEISM × THREE
コントゥア バー

5,200円

可用來增添臉部立體線條，或是打造小臉視覺效果的修容棒。由淺棕到灰黑共有5個色號，直接塗在臉部外側、下巴、鬢角以下等部位，就可簡單完成自然的陰影感。

FIVEISM × THREE
アイシェードトランス

3,500円

用手指輕沾就可塗抹的眼影膏。除了四個深淺不同的大地色之外，還有卡其色與灰白色，可以利用陰影感讓雙眼看起來更深邃。長條折疊的外盒設計，完全符合手掌較大的男性方便拿取的需求。

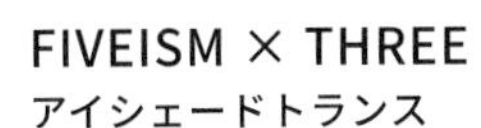

FIVEISM × THREE
アイブロウスティック

2,400円／眉筆管另售 2,000円

設計俐落且眉筆管粗細剛好符合男性拿取的眉筆。從淺棕到黑色共有5個顏色可以選擇，能夠幫男性打造更有型且有神的眉毛。

FIVEISM × THREE
ネイルアーマー

2,200円

從英國老爺車的鈑金烤漆獲得靈感，顏色大多採用深色的藍色系與綠色系。01看似粉紅色，但塗起來幾近透明，且能讓指甲散發出健康的光澤感，相當適合指彩入門男性使用。

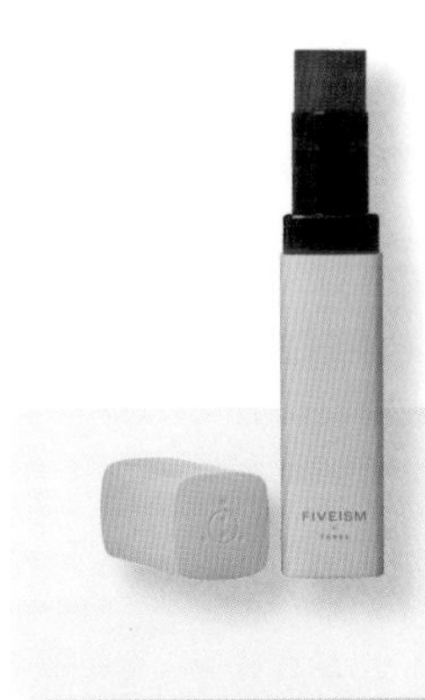

FIVEISM × THREE
メーキャップリムーブ
バー

5,200円

將含碳的卸妝成分濃縮成膏狀的卸妝棒。只要打開蓋子，並將卸妝棒轉出，直接塗在要卸妝的部位即可。體積輕巧好攜帶，不只適合男性，其實外出或旅遊時使用起來相當方便，女性也可以準備一支。

承襲紐約都會男性洗鍊風格

日本原創的高端男性保養品牌——Paul Stuart

Paul Stuart
フェイシャルウォッシュ N
／洗面乳

150g / 1,800 円

Paul Stuart
ボディウォッシュ
／沐浴乳

500ml / 2,000 円

Paul Stuart
モイスチュアライジングリペアセラム
／全效精華液

50ml / 4,000 円

Paul Stuart
薬用リップバーム
／護唇膏

4g / 1,200 円

Paul Stuart
アフターシェーブローション N
／鬍後水

180ml / 2,500 円

創立於 1938 年的 Paul Stuart 是個走優雅古典風的頂級男性西服品牌，其獨到的設計與剪裁，融合古典與現代的元素。不隨波逐流地受流行所牽制的風格，讓任何男性看起來都顯得精明幹練，並且散發出吸引眾人目光的都會男性氣質。

就在 2011 年時，來自紐約的 Paul Stuart 與日本的 KOSÉ 共同攜手，以「當代經典」（Contemporary Classic）作為品牌軸心概念，打造出專屬 30 到 50 歲重視生活品味的男性，充滿都會洗鍊風格的全方位保養品牌。

針對男性特有的外油內乾膚質，因乾燥引起之細紋以及體味等問題，Paul Stuart 推出臉部基本保養、身體清潔保養以及頭部清潔保養等一系列完整的產品。在臉部保養系列方面，為強化男性因刮鬍而顯乾燥的肌膚，採用富含多酚及單寧酸的櫟樹、綠茶、茴香及百里香等多種植萃成分。

在身體保養方面，則是力推採用黑紫米萃取物等保濕成分的沐浴乳。沐浴乳當中含有能夠吸附毛孔髒汙的碳，能伴隨濃密泡洗淨老廢角質。

另一個推薦的單品，則是帶有 SPF25 防曬係數的護唇膏。這條護唇膏採用有機乳油木果由作為保濕基底，塗抹起來帶有舒服的薄荷涼感，而且沒有添加人工香料。

男性的膚質看似油性肌，但其實大多人是缺水的隱性乾燥肌。男性的膚況看似強韌，但在刮鬍刀的摧殘之下，其實顯得相當敏感。人們對於男性肌膚的看法，就是在如此兩極的印象中相互矛盾。

面對如此有挑戰性的課題，日本人氣自然派保養品牌 THREE 針對男性特有的膚質特性及困擾，採用天然植萃成分，搭配香氛表現恰到好處的天然精油，調配出專屬男性的自然派保養品牌 —— THREE For Men Gentling。

THREE For Men Gentling 的基礎保養系列品項包含洗面乳、化妝水、乳液以及護唇膏。無論是哪個品項，都強調採用 96 ～ 100％的天然由來成分，並且在考量男性特有膚質的情況下，實現深層潤澤但表面不泛油光的保濕感。

專為充滿矛盾的男性膚質開發

重視舒緩調香的男性自然派保養品牌 —— THREE For Men Gentling

THREE For Men Gentling 基礎保養系列

エマルジョン／乳液 100ml / 6,500 円
ローション／化妝水 100ml / 5,000 円
フォーム／洗面乳 80g / 3,800 円
リップバーム／護唇膏 4g / 2,500 円

跳脫傳統的束縛與窠臼

展現自由風格的新日系男性保養品牌 —— BOTCHAN

絕大部分的男性保養品牌，都選擇沉穩、優雅、品味或是陽剛等元素來呈現包裝設計風格。不過近來日本的男性保養市場中，卻出現一個宛如彩虹般吸引眾人目光的新品牌「BOTCHAN」。

BOTCHAN 是日文「坊ちゃん」的發音，直譯成中文是「少爺」之意。就如同夏目漱石筆下的少爺一樣，BOTCHAN 的包裝設計完全跳脫男性保養品的設計概念，不僅採用飽和度高的色彩，而且還打破系列同調的傳統設計概念，每個品項都有專屬自己的設計風格。

BOTCHAN 保養系列在考量男性膚質特性下，在保養品開發上強調利用高比例的天然由來成分，搭配保養效果佳的精華成分，同時實現深層保濕與趕走油光的男性保養需求。其中最為特別的產品，就是黃色包裝的修飾乳。不僅可以抑制油光，還能利用光線反射的原理，以柔化視覺的方式修飾男性特有的粗大毛孔問題。

向粗大毛孔說掰掰！

男性也能打造嫩滑肌的男性毛孔護理品牌——毛穴撫子 男の子用

說到日本的毛孔保養專家品牌，就不能不提到包裝上有個充滿昭和風味插畫，為眾多女性解決乾燥型毛孔粗大問題的毛穴撫子紅色系列。針對男性毛孔粗大原因及膚質特性，毛穴撫子也為男性開發藍色的男子用系列。

男性的毛孔粗大問題，大多來自頑固的黑頭粉刺、臉部出油過多以及硬梆梆的老廢角質。為解決這些男性特有的肌膚問題，毛穴撫子男子用系列開發出兩種潔顏商品。無論是哪一種，除了系列最核心的小蘇打之外，都搭配可以洗淨多餘皮脂的木瓜酵素。

另一方面，為改善男性外由內乾的缺水問題，同系列還推出添加補水成分及緊緻毛孔成分，使用後清爽無黏膩感的男性專屬面膜。

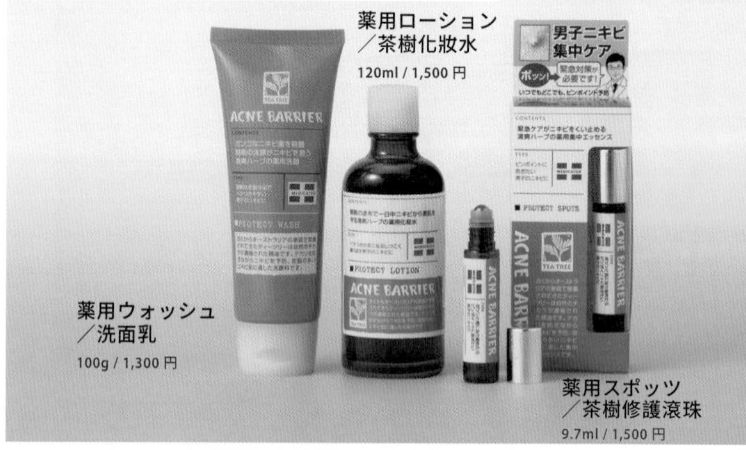

清潔、保濕、控油加抑菌

步驟簡單卻完整的男性抗痘保養品牌——Men's ACNE BARRIER 再見痘痘

對於男性痘痘問題，有時候不只是把臉洗乾淨就能解決問題，而是要兼顧保濕及局部集中護理才行。針對男性皮脂分泌量約為女性兩倍的生理特性，Men's ACNE BARRIER 再見痘痘系列的基本保養品項分別是去油表現佳的洗面乳，再搭配能夠同時保濕及抗菌的化妝水。

在特殊護理方面，則是採用兩種抑菌及抗發炎成分，並搭配滾珠瓶開發出局部滾珠護理精華，可直接塗於冒痘痘的部位，進行集中式的特別護理。

在成分方面，則是以抗痘聖品茶樹精油為中心，再搭配薰衣草精油、尤加利精油、迷迭香精油以及橘子精油等具備舒緩與保濕作用的植萃成分。

讓你清爽潔淨不再當個臭男人！

藥妝店男性身體清潔保養定番品牌——MEN's Bioré

日本藥妝店裡的男性保養品牌不算少，但產品類型同時涵蓋臉部及身體清潔保養的品牌，大概就屬花王 MEN's Bioré 的品項最為齊全。尤其是身體清潔保養，從沐浴乳、爽身濕紙巾到爽身淨味用品，都有相當多的愛用者。

就沐浴乳來說，在強化潔淨男性特有的皮脂分泌量之外，同時也注重保濕成分，並能預防異味產生，甚至還推出一瓶就能從頭洗到腳的 ONE 系列。在爽身濕紙巾方面，則是採用大面積且不易破的材質，並且添加抑菌成份，使用起來清涼又防臭。另外，在排汗爽身淨味產品方面，不使用鋁鹽制汗，而是用耐汗水持久抗菌技術，長時間預防氣味產生。首選能夠直接塗抹腋下的滾珠型，以及針對臭腳丫問題所開發，就算穿皮鞋也不用怕的足用清涼型排汗爽身淨味乳霜。

MEN's Bioré 身體清潔保養系列

日本花王近年來開始著重經營男性髮妝市場，繼 Liese 莉婕一系列專屬男性的髮妝造型品之後，接著在 2019 年 Essential 逸萱秀也為平時有使用造型品習慣的男性，量身打造全新概念的洗潤系列。

根據花王的調查研究結果顯示，平時有使用造型品習慣的日本男性當中，約有 66% 會透過洗兩次頭髮的方式，來徹底洗去頭髮及頭皮上的造型品。為縮短這些男性在洗髮上所耗費的時間，逸萱秀推出名為 FREE&EASY 的新系列。

這系列最大的特色，就是能夠簡單搓出濃密泡，就算只洗一次頭髮，也能徹底洗淨造型品。不僅如此，潤髮乳還能夠讓頭髮顯得滑順，不會在起床後亂翹。而且使用造型品時，頭髮也會變得更容易整理。對於許多有使用造型品習慣的男性而言，是相當不錯的洗潤新選擇。

逸萱秀 FREE&EASY

重視髮型的男性必備

專為髮妝造型品所開發的男性洗潤系列——逸萱秀 FREE&EASY

來自預防醫學概念

日本專業級頭皮洗淨保養品牌——SCALP-D

在日本眾多頭髮洗護品牌當中，SCALP-D 絲凱露有個相當不一樣的特色，那就是他是以頭皮・頭髮專業診所的臨床資料為基底，專為打造健康頭皮所開發的頭皮洗淨保養品牌。其實，只要頭皮健康，所有關於頭髮的煩惱就能解決一大半。

在 2019 年春季時，SCALP-D 相隔兩年推出最新的第 14 代版本。這次的技術性突破，主要來自於頭皮與膠原蛋白間的關聯性研究。從成份來看，SCALP-D 添加 7 種能夠維持頭皮與頭髮健康的成分，再搭配 5 種頭皮柔化成分，輔助養髮成分能確實滲透。對於在意頭皮健康狀態及髮量問題的男性而言，是相當值得參考的品牌。

SCALP-D 系列

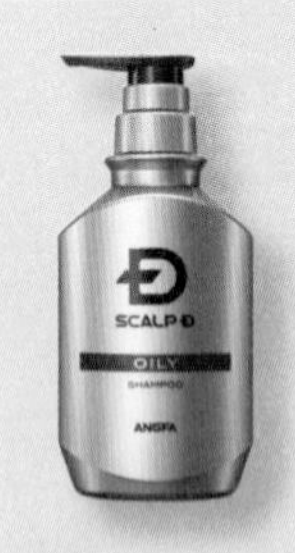

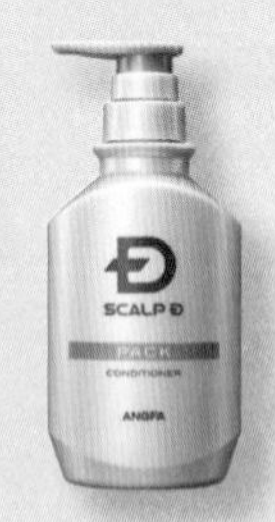

薬用スカルプ
シャンプー オイリー
／油性頭皮用洗髮精
350ml / 3,612 円

薬用スカルプ
シャンプー ドライ
／乾性頭皮用洗髮精
350ml / 3,612 円

薬用スカルプ
パックコンディショナー
／頭皮養護髮膜
350ml / 3,612 円

SCALP-D DIGNITY 系列

シャンプー／洗髮精
350ml / 9,797 円

パックコンディショナー
／頭皮養護髮膜
350ml / 9,797 円

頂尖的科技搭配絕佳的使用感

講究體感的男性豪奢頭皮潔淨養護品牌——SCALP-D DIGNITY

SCALP-D DIGNITY 是日本專業頭皮洗淨品牌 SCALP-D 的頂級系列，堪稱是集結頭皮健康研究團隊多年來的研究結晶，採用獨家複合成分「BARG-6」，可深入頭皮促使頭皮環境更加健康。

不過整個系列最為核心的成分，就是 Capixyl 以及 Kopyrrol 這兩種被運用在生髮劑上的髮絲強健配方。除此之外，還搭配豬胎盤萃取物、燕窩萃取物、米發酵液和人寡肽等四種奢華成分，可輔助髮絲顯得強韌。

在使用感方面，溫和濃密的潔淨泡具備優秀的洗淨力，而且沖淨後可讓髮絲維持蓬鬆及水潤感。在香味方面也同樣相當講究，特別融合清新的水潤柑橘香調及優雅的白花香，調和出脫俗的高質感香氛。

高科技感的瓶身，搭配扎實且有質感的外盒，除了用來犒賞自己之外，用來作為送禮用的禮盒似乎也相當不錯。

日本藥粧研究室的 男性保養私藏推薦

在這一章當中，日本藥粧研究室為大家整理百貨公司、美妝店及藥妝店裡所能買到的男性美妝保養品牌。除了這些代表性品牌之外，有些非主打男性市場，或是非系列化的單品，其實也很適合男性使用。在這邊，日本藥粧研究室就來為大家做個簡單的整理♡

SK-Ⅱ
フェイシャル トリートメント エッセンス

160ml / 17,000 円

自 1980 年上市以來，SK-Ⅱ青春露在全球已經擁有無數粉絲。整罐有 90 % Pitera 的青春露，使用起來質地清爽不黏膩但卻能滋潤肌膚，而且又可同時對抗毛孔、細紋、彈力以及因乾燥引起之黯沉等多種肌膚困擾，也很適合保養怕麻煩的男性使用。

SK-Ⅱ
R.N.A.パワー ラディカル ニュー エイジ ユース エッセンス

30ml / 12,500 円

SK-Ⅱ R.N.A. 抗齡系列最新推出的抗齡精華液使用起來也非常清爽，但卻能同時完成緊緻、毛孔、細紋、光澤等抗齡保養需求。對於懶得用太多罐保養品的男性來說，可說是不錯的小幫手。

SK-Ⅱ
R.N.A.パワー ラディカル ニュー エイジ エアリー ミルキー ローション

50g / 11,500 円

SK-Ⅱ的 R.N.A. 抗齡系列當中，這瓶可以增添肌膚緊緻度的美容乳液也很適合男性使用。推薦給男性的主要原因，是他可以讓肌膚水潤且散發自然光澤，但質地卻又非常輕透，男性所討厭的黏膩感也較低。

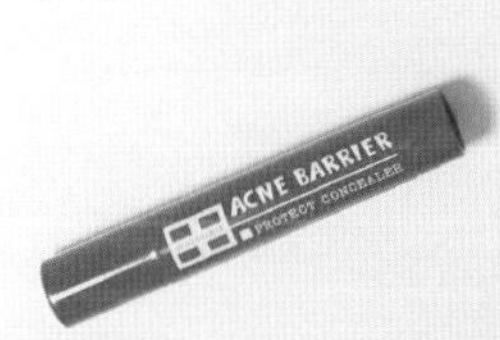

Men's ACNE BARRIER
薬用コンシーラー

5g / 1,300 円

可以直接塗在紅腫或冒白頭的痘痘上，讓痘痘暫時隱形的男性專用遮瑕膏。遮瑕膏本身含有抑菌及抗發炎成分，可以在遮飾的同時，針對痘痘發揮調理機能。從偏白膚色到小麥色，共有 3 個色調可以選擇。

明色
薬用メンズ美顔水

90ml / 800 円

號稱日本最古老痘痘肌專用化粧水・明色美顏水的姊妹品，專門對付男性頑固痘痘的男用美顏水。除了最主要的軟化角質成分水楊酸之外，還有能夠對付痘痘成因菌的感光素 201。在刮鬍之後，也能當成鬍後水使用哦！
（医薬部外品）

GATSBY
あぶらとり紙 フィルムタイプ

70 張 / 210 円

考量男性驚人的出油量，表面設計有許多吸附皮脂微孔的吸油膠片。在覺得滿臉油光，但一般吸油面紙又不夠力的時候，用這包就對了！

國家圖書館出版品預行編目資料

日本藥妝美研購. 5 ： 美研力爆發！不藏私日本藥妝特選搜查 ： 栄養補助食品、男性美容、碳酸保養、藥粧必BUY全攻略 / 鄭世彬著．——初版——新北市：晶冠，2019.07
面；公分．——（好好玩：15）

ISBN 978-986-97438-3-9（平裝）

1. 化粧品業 2. 美容業 3. 購物指南 4. 日本

489.12 108007465

好好玩 15

日本藥妝美研購5

美研力爆發！不藏私日本藥妝特選搜查

栄養補助食品、男性美容、碳酸保養、藥粧必BUY全攻略

作　　者　鄭世彬//日本藥粧研究室
副總編輯　林美玲
協助企劃　芦沢 岳人//株式会社TWIN PLANET
校　　對　鄭世彬．林建志//日本藥粧研究室、林思婷
封面設計　舟木 渉．鈴木 麻美//株式会社TWIN PLANET
美術設計　邱惠儀
攝　　影　林建志//日本藥粧研究室
營 養 師　林雅婷、王偉勳
插　　畫　黃木瑩
出版發行　晶冠出版有限公司
電　　話　02-7731-5558
傳　　真　02-2245-1479
E-mail　ace.reading@gmail.com
部 落 格　http://acereading.pixnet.net/blog
總 代 理　旭昇圖書有限公司
電　　話　02-2245-1480（代表號）
傳　　真　02-2245-1479
郵政劃撥　12935041 旭昇圖書有限公司
地　　址　新北市中和區中山路二段352號2樓
E-mail　s1686688@ms31.hinet.net
旭昇悅讀網　http://ubooks.tw/
印　　製　天印印刷有限公司
定　　價　新台幣360元
出版日期　2019年07月 初版一刷
ISBN-13　978-986-97438-3-9

日本お問い合わせ窓口
株式会社ツインプラネット
担当：芦沢／神部
電話：03-5766-3811　Mail：info@tp-co.jp